高等职业教育智能光电技术应用专业群产教融合新形态教材

高等职业教育智能光电技术应用专业群现场工程师新型活页式教材

智能光电系统设计

主　编　肖冠南　廖逸琪

副主编　郑剑海

参　编　杨超智

西南交通大学出版社

·成　都·

图书在版编目（CIP）数据

智能光电系统设计 / 肖冠南，廖逸琪主编. -- 成都 ：西南交通大学出版社，2024. 8. -- ISBN 978-7-5774-0039-6

Ⅰ. TN2

中国国家版本馆 CIP 数据核字第 2024TQ0461 号

Zhineng Guangdian Xitong Sheji

智能光电系统设计

主　编 / 肖冠南　廖逸琪

策划编辑 / 李芳芳　李华宇　余崇波

责任编辑 / 李华宇

责任校对 / 左凌涛

封面设计 / 吴　兵

西南交通大学出版社出版发行

（四川省成都市金牛区二环路北一段 111 号西南交通大学创新大厦 21 楼　610031）

营销部电话：028-87600564　028-87600533

网址：https://www.xnjdcbs.com

印刷：四川玖艺呈现印刷有限公司

成品尺寸　185 mm × 260 mm

印张　14.5　字数　361 千

版次　2024 年 8 月第 1 版　印次　2024 年 8 月第 1 次

书号　ISBN 978-7-5774-0039-6

定价　49.80 元

课件咨询电话：028-81435775

前言

党的二十大报告指出，统筹职业教育、高等教育、继续教育协同创新，推进职普融通、产教融合、科教融汇，优化职业教育类型定位。

近年来，教育部先后印发《国家职业教育改革实施方案》《职业院校教材管理办法》《“十四五”职业教育规划教材建设实施方案》，明确提出建设一大批校企“双元”合作开发的国家规划教材，倡导使用新型活页式、工作手册式教材并配套开发信息化资源。每三年修订一次教材，其中专业教材随信息技术发展和产业升级情况及时动态更新，本书正是按照此要求进行编写的。

本书为高等职业教育产教融合新形态教材、现场工程师新型活页式教材，系成都职业技术学院中国特色高水平专业群产教融合项目建设成果之一，编写理念是基于智能光电系统，从理论到实践、由浅入深来进行项目化教学。全书共分为 13 个项目，主要介绍常用电子元器件、常见集成电路、常见电路模块、STM32 基础知识、嵌入式 C 语言、电平与信号、常见信号传输技术、智能光电功能电路设计与仿真、智能光电基础编程实践（口袋机）、智能光电电路设计实战、智能光电综合编程实践、智能光电产品拓展案例、智能光电运维部署等内容。本书适合作为高职高专院校智能光电技术应用等专业智能光电系统设计课程教材。

本书具有以下特点：

1. 突出产教融合特征

学校和企业共同开发，企业人员深度参与，突出体现“以学生为中心”“做中学，做中教”等职业教育理念和产教融合类型特征。

2. 任务驱动的项目化教学

每个项目均由若干个具体任务组成，每个任务均将相关知识和职业岗位基本技能融合，将知识和技能学习结合任务完成过程来进行。在完成任务的进程中，既拉近教学与职业岗位需求的距离，又兼顾知识的系统性和完整性。

3. 充分反映最新生产技术、工艺和规范

深度对接行业、企业标准，紧扣智能光电技术应用专业人才培养能力目标，内容选取重点突出行业性、实用性、科学性和操作性，充分反映最新生产技术、工艺、规范和未来技术发展。

4. 配套有丰富的数字资源，方便线上线下混合式教学

配套有丰富的数字资源，包含微课视频、课件、习题等。这些资源均可通过扫描书中相应位置的二维码或登录数字教育平台进行学习，方便学习者提前学、现场学、巩固学，实现线上线下混合式教学，充分体现了“互联网+职业教育”的新要求。

5. 采用新型活页教材形式

采用活页装订形式，每个模块相对独立，可以根据技术革新或实际需求取出或加入新内容：新技术内容、活页作业、学习笔记、功能插页等。

6.“润物细无声”地融入课程思政元素

坚持落实立德树人根本任务，注重学思结合、知行统一，增强学生勇于探索的创新精神和善于解决问题的实践能力。

本书由成都职业技术学院肖冠南、廖逸琪担任主编，北京杰创永恒科技有限公司郑剑海担任副主编，成都职业技术学院杨超智参编。

由于作者团队水平有限，书中难免存在不足之处，敬请各位读者批评指正，以便我们能及时修改和完善。

编　者

2024 年 7 月

扫一扫获取数字资源

目 录

项目一　常用电子元器件

【项目目标】

（1）掌握常用电子元器件的特性及功能。
（2）掌握常用元器件的基本用法。

1.1　电　阻

电荷在导体中运动时，会受到分子和原子等其他粒子的碰撞与摩擦，碰撞和摩擦的结果形成了导体对电流的阻碍，这种阻碍作用最明显的特征是导体消耗电能而发热（或发光）。物体对电流的这种阻碍作用，称为该物体的电阻。

对电流具有一定阻碍能力的器件称为电阻器，电阻器在电路中的符号是 R，单位是欧姆（Ω）。

电阻器在电路中的作用有分压、分流、限流等，如在单片机的发光二极管（Light Emitting Diode，LED）控制电路中，往往给 LED 串接一个限流电阻，以控制流过 LED 的电流的大小，从而控制 LED 的亮暗程度；如果要测量某电压，而该电压超过测量范围，则往往由 2 个电阻构成分压电路，按比例取出合适大小的电压供测量。

图 1-1 是电阻器的电路图符号和实物图，图（a）所示的两种符号均表示电阻器，其中左侧是国际符号，右侧是国内符号。在同样一张图纸中，建议只选用一种电路图符号，避免造成混乱。

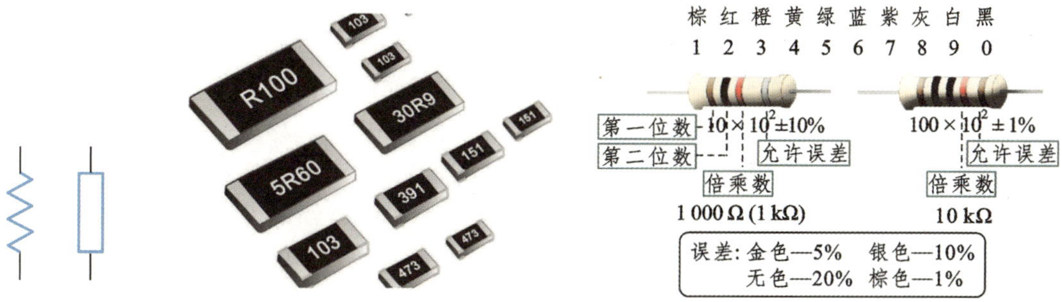

（a）　　　　（b）

图 1-1　电阻的两种表示符号和实物图

1.2 电　感

电感是一种电磁感应现象，是穿过线圈截面的磁通量的改变所感应出的感应电压大小。当线圈通过电流后，在线圈中形成磁场感应，感应磁场又会产生感应电流来抵制通过线圈中的电流。这种电流与线圈的相互作用关系称为电的感抗，也就是电感，单位是亨利（H）。

电感线圈是用绝缘导线（如漆包线、纱包线等）绕制而成的电磁感应元件，也是电子电路中常用的元器件之一，其符号和实物见图 1-2。电感是用漆包线、纱包线或塑皮线等在绝缘骨架或磁心、铁心上绕制成的一组串联的同轴线匝，它在电路中用字母 L 表示，主要作用是对交流信号进行隔离、滤波或与电容器、电阻器等组成谐振电路。

图 1-2　电感的符号及实物

电感是一个储能元器件，当其中有电流时，就会将能量储存在电感中；当流过电感的电流变化时，电感储存的能量也跟着变化。

电感现象分自感和互感，自感电压取决于自感系数和电流变化得快慢，如下：

$$u_L = L\frac{\mathrm{d}i_L}{\mathrm{d}t}$$

1.3 磁　珠

磁珠是一种特殊的元器件，兼具电阻和电感的特性，可以等效为电阻和电感的串联。磁珠比普通的电感有更好的高频特性，即有更好的阻高频的能力，可以用于高频滤波。虽然磁珠和电感都具有“隔交通直”的功能，但是也有不小的区别。比如，电感的磁材料是开放的，磁力线一部分通过磁心，一部分通过空气；而磁珠的磁材料是封闭的，几乎所有的磁力线都封闭在磁环内，更“干净”。磁珠的单位是欧姆（Ω），一般是 100 MHz 时的阻抗值。另外，即使参数相同的磁珠，其在滤波性能上也会有巨大差异。电感的滤波原理是把电能转化为磁能，再把磁能重新转化为电能（噪声）或者辐射（EMI），而磁珠是将电能转化为热能。电感是储能元件，在滤波时可能与电容自激；而磁珠是耗能元件（R），与电容协同工作时不会自激。

在电路中，为了描述磁珠和电阻、电感的区别，往往用 FB 等符号代表磁珠，但图形符号往往用电感的，如图 1-3 所示。

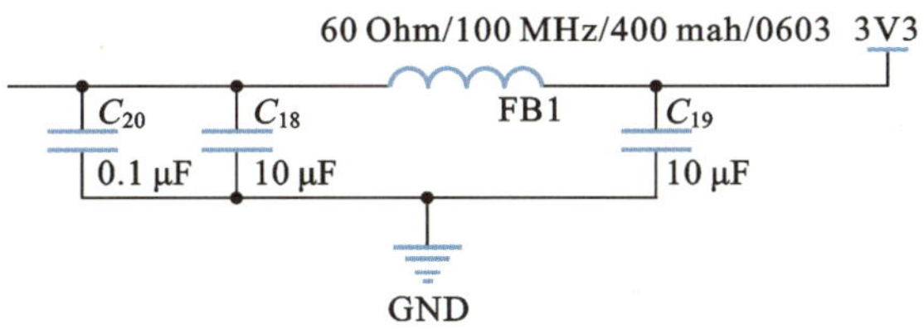

图 1-3　磁珠在电源滤波电路中的使用

1.4　电　容

电容，又称作电容量，是电子设备中大量使用的电子元件之一，广泛应用于隔直、耦合、旁路、滤波、调谐、能量转换、控制电路等方面。

电容是指在给定电位差下的电荷储藏量，记为 C，国际单位是法拉（F）。一般来说，电荷在电场中会受力而移动，当导体之间有了介质，则阻碍了电荷移动而使得电荷累积在导体上，造成电荷的累积储存，储存的电荷量则称为电容。电容分为电解电容、固体电容等。

图 1-4 是电容器的电路符号和实物，其中 C_1 是普通电容，C_2 和 C_3 是极性电容。104 表示 C_3 的容量是 10×10^4 pF = 0.1 μF，105 表示 C_4 的容量是 10×10^5 pF = 1 μF。

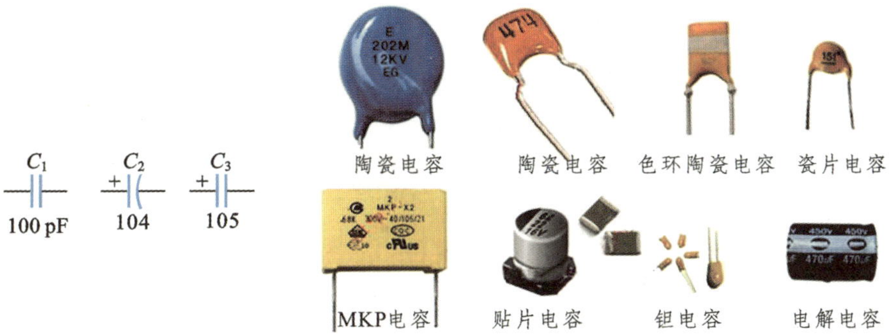

图 1-4　普通电容和极性电容

1.5　二极管

二极管是最常用的电子元件之一，它最大的特性就是单向导电，也就是电流只可以从二极管的一个方向流过。二极管的作用有整流、检波、稳压、调制等。二极管可用作开关，完成开关作用的二极管称为开关二极管。由于二极管具有单向导电性，在正向电压作用下电阻很小，相当于通路，类似于开关打开状态；而在反向电压作用下电阻很大，相当于断路，类似于开关断开状态。二极管具有的这种开关特性，使得其可以组成各种逻辑电路。二极管的结构及电路符号如图 1-5 所示。

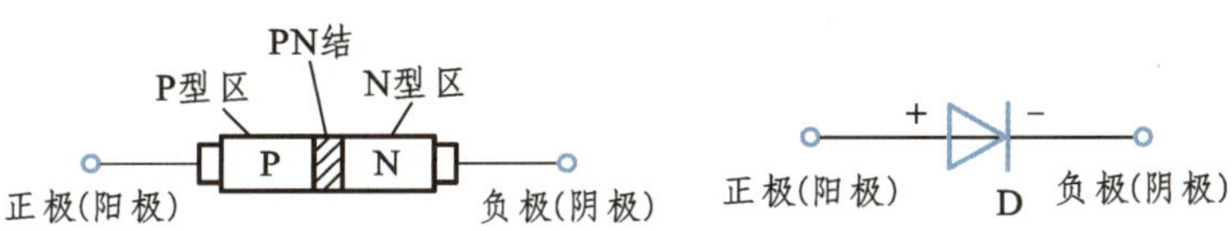

图 1-5　二极管的结构及电路符号

稳压二极管是一种工作于反向击穿状态的面结型硅二极管，在稳压电路中串入限流电阻，限制稳压二极管击穿后的电流值，使得其击穿状态可以一直保持下去。

起显示作用的二极管称为发光二极管（LED），经常应用于计算器等显示器上，例如计算机硬盘的指示灯、充电器的指示灯等都是发光二极管在生活中的应用。发光二极管是一种常见的指示型二极管，在其通过毫安量级的电流时，能发出光线，起到指示的作用。目前的发光二极管可以发出红、白、黄、绿、蓝、紫等多种颜色。

图 1-6 是 LED 控制电路，LED1 用来指示是否有 3.3 V 的电压，如果有 3.3 V，LED1 点亮；如果没有 3.3 V，LED1 熄灭。LED2 可以受单片机某引脚（如 PA0）的控制，若 PA0 输出低电平，LED2 点亮，反之熄灭。

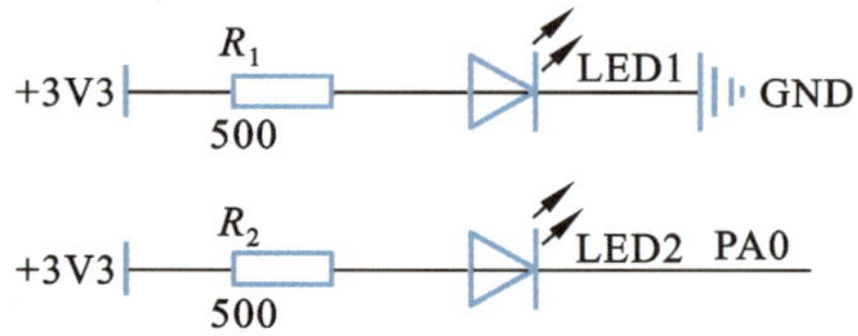

图 1-6　LED 电路

1.6　三极管

三极管，全称为半导体三极管，也称双极型晶体管、晶体三极管，是一种电流控制电流的半导体器件。其作用是把微弱信号放大成幅度值较大的电信号，因此也用作无触点开关。三极管是半导体基本元器件之一，是电子电路的核心元件。三极管的结构是在一块半导体基片上制作两个相距很近的 PN 结，两个 PN 结把整块半导体分成三部分，中间部分是基区，两侧部分是发射区和集电区，排列方式有 PNP 和 NPN 两种，如图 1-7 所示。

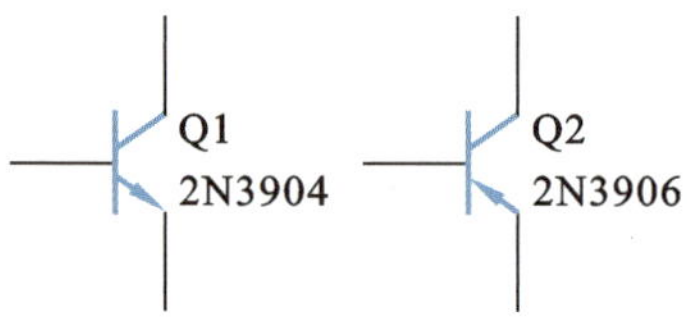

图 1-7　NPN 及 PNP 三极管

三极管有三种工作状态，即放大、饱和、截止，这三种工作状态对应两种应用，即把三极管用作放大管，或者把其用作开关管。放大管工作在放大状态，开关管工作在饱和及截止状态。

1.7　晶　振

晶振是晶体振荡器的简称，是一种利用晶体作为频率选择元件来获得逆压电效应的电子振荡器。晶振工作的基础是晶体的压电特性，压电特性是指晶体表面上的电压信号会转化为压力信号而使得晶体产生变形，反过来若外力使晶片变形，则两极上金属片又会产生电压。如果给晶片加上适当的交变电压，晶片就会产生谐振（谐振频率与石英斜面倾角等有关系，且频率一定）。晶振工作时电能和机械能相互转化，在共振的状态下工作可以提供稳定、精确的单频振荡。在通常工作条件下，普通的晶振频率绝对精度可达百万分之五十。

石英晶体振荡器的特性优于陶瓷谐振器，因为其具有更高的稳定性、更高的质量、更低的成本和更小的尺寸。

图 1-8 是晶振及其典型应用电路，其电路符号是 Y。晶振频率的选择和单片机等的特性有关，如 STM32F1 系列的 ARM 要求晶振频率为 4~16 MHz，那么选择晶振时就需要在这个范围之内，如 8 MHz 或 12 MHz 都是常见的选项。晶振的两个引脚一般用小电容接到地，这两个引脚同时接到微控制器的高速 OSC_IN 和 OSC_OUT。

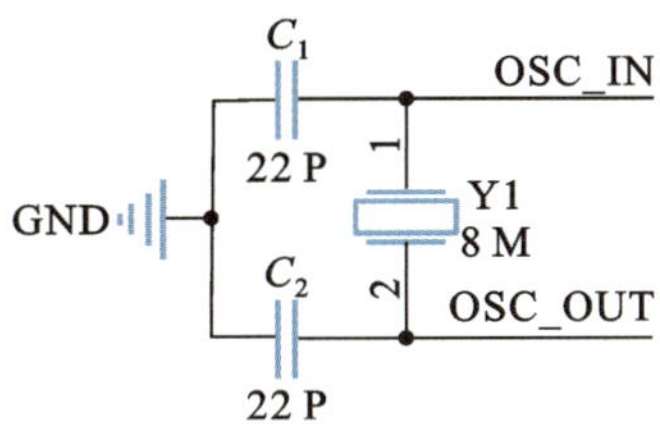

图 1-8　晶振

【项目小结】

本项目介绍了几种最常用的电子元器件及其使用方法，这些元器件在电路中扮演着不可或缺的重要作用，需要大家在后续的学习中多思考，多提问，如某个电阻的阻值为什么取这个数据，其可变化范围是多少，某电容器在电路中起什么作用，是否可去掉或替换，等等。这些思考将有助于同学们在未来取得更大的成绩和进步。

【习题】

1. 图 1-3 中的电容分别起什么作用?
2. 图 1-6 中的电阻是什么样的电阻?请说明其功能。
3. 三极管有几种工作状态? 如果一个三极管用作开关管，那么其工作在哪两种工作状态?
4. 三极管可用作（　　）管或（　　）管。

项目二 常见集成电路

【项目目标】

（1）了解集成逻辑门电路及其使用方法，尤其是 74 系列芯片。

（2）了解运算放大器的基础知识，并掌握其基本应用电路。

（3）了解单片机及 ARM，为后续程序设计做好准备。

（4）了解 CPLD 和 FPGA。

集成电路（Integrated Circuit，IC）俗称芯片，是一种微型电子器件或部件。集成电路采用一定的工艺，把一个电路中所需的晶体管、电阻、电容和电感等元件及布线互连在一起，制作在一小块或几小块半导体晶片或介质基片上，然后封装在一个管壳内，成为具有所需电路功能的微型结构。其中所有元件在结构上已组成一个整体，使电子元件向着微小型化、低功耗、智能化和高可靠性方面迈进了一大步。下面仅介绍几款常用的 IC。

2.1 逻辑门电路

逻辑门电路是指用于实现各种各样的基本逻辑运算、常用复合逻辑运算的电子电路，简称门电路。按集成度划分，逻辑门电路可分为分立元件门电路和数字集成门电路。分立元件门电路用若干分立的半导体器件和电阻、电容等元件连接形成。数字集成电路将大量的分立元件和门电路单元集成在一块很小的半导体基片上，形成一个微缩化的“片上系统”。目前，应用最广泛的集成门电路有 CMOS 和 TTL 两大类。

TTL 集成逻辑门电路速度更快，但功耗较大，不适于制造超大规模集成电路。CMOS 集成逻辑门电路功耗非常低，发热量小，易于集成。

在所有门电路芯片中，74 系列的门电路是一大类功能完备的集成门电路，如 7400 是 2 输入端与非门，7401 是集电极开路 2 输入端四与非门，7402 是 2 输入端四或非门，7404 是六反相器等。该系列的集成门电路超过 160 种。

2.2 运算放大器

运算放大器是一个内含多级放大电路的电子集成电路。其输入级是差分放大电路，具有高输入电阻和抑制零点漂移能力，其中 e_{im} 是反向输入端，e_{ip} 是同相输入端，如图 2-1 所示。中间级主要进行电压放大，具有高电压放大倍数，一般由共射极放大电路构成；输出极 e_o 与负载相连，具有带载能力强、低输出电阻特点。

运算放大器的应用非常广泛，一般有同相比例运算放大、反相比例运算放大、加法器、微分、积分、有源滤波等很多类型的应用电路。

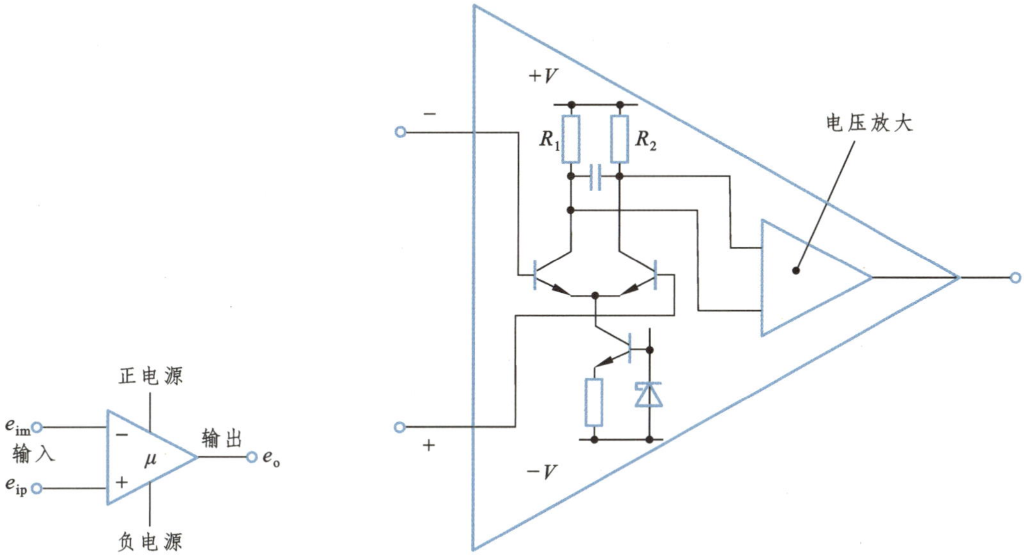

（a）符号与端子　　（b）运算放大器的内部结构

图 2-1　运算放大器及内部结构

2.3　单片机

单片机是集成电路的一种，是将具有数据处理能力的中央处理器 CPU、随机存储器 RAM、只读存储器 ROM、多种 I/O 口和中断系统、定时器/计数器等（可能还包括显示驱动电路、脉宽调制电路、模拟多路转换器、A/D 转换器等电路）集成到一块硅片上而构成的一个小而完善的微型计算机系统。虽然单片机只是一个芯片，但从组成和功能上看，它已具有计算机系统的属性，为此称它为单片微型计算机 SCMC（Single Chip Micro Computer），简称单片机。

单片机以 INTEL 的 8031、8051 最为出名，其中 8051 单片机（简称 51 单片机）曾经是流行了很多年的代表性产品，目前在许多设备中还有应用。图 2-2 所示为 STC 公司的 8H1K08 单片机。

图 2-2　STC 公司的 8H1K08 单片机

2.4 ARM 微控制器

ARM（Advanced RISC Machine）处理器是 ARM 公司设计的低功耗的第一款 RISC 微处理器。ARM 处理器本身是 32 位设计，但也配备 16 位指令集，一般来讲，比等价 32 位代码节省功耗达 35%，却能保留 32 位系统的所有优势。

ARM 公司设计集成电路版图，然后通过授权的方式提供版图给其他的半导体制造公司，因此，目前市面上有很多公司都有 ARM 产品。

ARM 引进了操作系统，使得其很多的应用都可以在操作系统端完成，这也是其最大的优势之一。

图 2-3 所示为一款 ARM 芯片，名称为 STM32F407ZGT6，也是本书选用的控制芯片。

图 2-3　ARM 芯片 STM32F407ZGT6

2.5 CPLD/FPGA

CPLD（Complex Programmable Logic Device），是一种较 PLD 更为复杂的逻辑元件。CPLD 是一种用户根据各自需要而自行构造逻辑功能的数字集成电路。其基本设计方法是借助集成开发软件平台，用原理图、硬件描述语言等方法，生成相应的目标文件，通过下载电缆（“在系统”编程）将代码传送到目标芯片中，实现设计的数字系统。

FPGA（Field-Programmable Gate Array），即现场可编程门阵列，是在 PAL、GAL、CPLD 等可编程器件的基础上进一步发展的产物。

FPGA 作为专用集成电路（ASIC）领域中的一种半定制电路而出现的，既解决了定制电路的不足，又克服了原有可编程器件门电路数有限的缺点。以硬件描述语言（Verilog 或 VHDL）所完成的电路设计，可以经过简单综合与布局，快速地烧录至 FPGA 上进行测试，是现代 IC 设计验证的技术主流。这些可编辑元件可以被用来实现一些基本的逻辑门电路（如 AND、OR、XOR、NOT）或者更复杂一些的组合功能（如解码器或数学方程式）。在大多数的 FPGA 里面，这些可编辑的元件里也包含记忆元件，如触发器（Flip-Flop）或者其他更加完整的记忆块。

系统设计师可以根据需要通过可编辑的连接把 FPGA 内部的逻辑块连接起来，就好像一个电路试验板被放在了一个芯片里。一个出厂后的成品 FPGA 的逻辑块和连接可以按照设计者而改变，所以 FPGA 可以完成所需要的逻辑功能。

【项目小结】

本项目介绍了几类最常用的集成电路，主要分为逻辑门电路、单片机、ARM、CPLD、FPGA 等。由于集成电路种类繁杂，很难给出一个统一的分类，加之每个人对常用集成电路的理解不一样，因此这部分内容仅是为了后续学习而提供的基础性知识，部分内容需要在后续加深理解，提高认知。

【习题】

1. 请查找 7404 的真值表，并简述该芯片的使用方法。
2. 请查找单片机最小系统电路，并简述其基本电路构成。

项目三 常见电路模块

【项目目标】

（1）学会分析常见、基本的电源电路模块，理解电源电路在一个电路中的重要性。
（2）掌握基础电路模块，如开关电路、运放类电路、ADC 转换电路。
（3）掌握晶振电路、复位电路等嵌入式电路基础单元。

3.1 电源电路

电源电路是指提供给用电设备电力部分的电路及其电路形式，一般有交流电源和直流电源之分。

电源电路一般可分为开关电源电路、稳压电源电路、稳流电源电路、功率电源电路、逆变电源电路、DC-DC 电源电路、保护电源电路等。

下面介绍几种常用的电源电路。

3.1.1 三端集成稳压电源

三端集成稳压电源以正电压输出的 78××系列和负电压输出的 79××系列比较常见，其中××表示固定电压输出的数值，如 7805、7806、7809、7812、7815、7818、7824 等，指输出电压是+5 V、+6 V、+9 V、+12 V、+15 V、+18 V、+24 V。79××系列也与之对应，只不过是负电压输出。这类稳压器的最大输出电流为 1.5 A，塑料封装（TO-220）最大功耗为 10 W（加散热器）；金属壳封装（TO-3）最大功耗为 20 W（加散热器）。LM7805 的典型应用电路如图 3-1 所示。

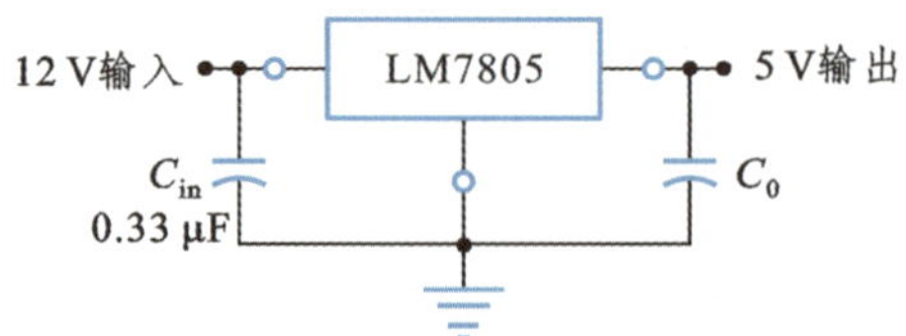

图 3-1 LM7805 典型应用

3.1.2 5 V 电源电路示例

输出 5 V 的电源有多种选择，如降压型电源管理芯片 LM2596S-5.0，其应用电路如图 3-2

所示，输入的 12 V 直流电压经 LM2596S-5.0 后输出稳定的 5 V 直流电压，输出电流可达 3 A。也有采用开关电源方式的，如图 3-3 所示，TPS54332 输出 1 MHz 的开关信号，该开关信号的占空比受外电路参数的调节，当参数选定后，电路的输出电压可以稳定到 5 V。

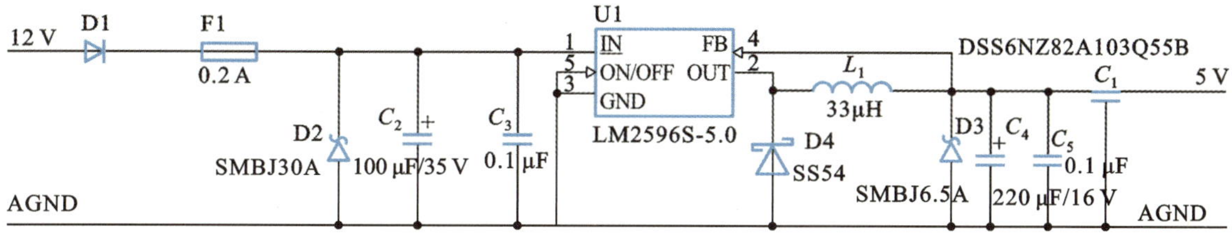

图 3-2 降压型芯片 LM2596S-5.0 输出 5 V

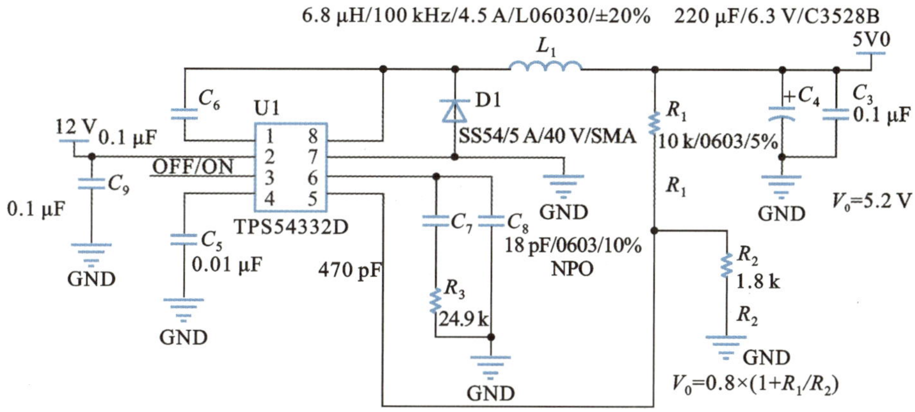

图 3-3 开关电源芯片 TPS54332 输出 5 V

3.1.3 5 V 转 3.3 V 电源电路示例

电路中，ARM 芯片等一般需要 3.3 V 的供电电压，这时候，5 V 转 3.3 V 的电路就成为必要。常见的芯片有 ASM1117-3.3 V 或 REG1117-3.3 V。图 3-4 所示为利用 REG1117-3.3 V 将 5 V 转成 3.3 V 的电路。

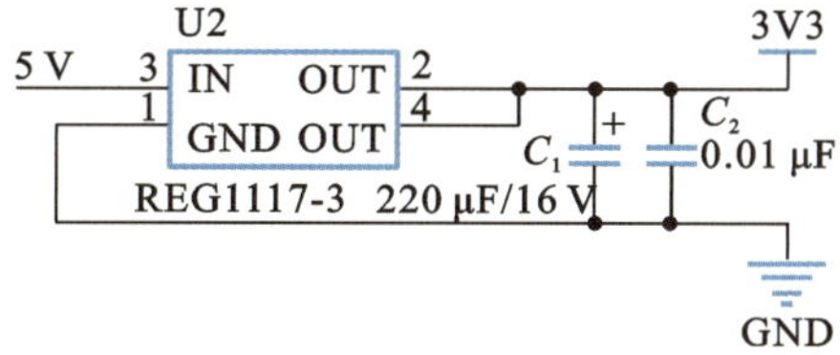

图 3-4 5 V 转 3.3 V 电源芯片

3.2 开关电路

开关电路有数字开关电路、模拟开关电路、机械开关电路等。开关电路的输入和输出通常表现为两种状态，即高电平或低电平。如图 3-5（a）所示，当 DI01 的输入是高电平时，NPN 晶体管 Q1 饱和导通，DO01 被拉到低电位；当 DI01 的输入是低电平时，Q1 截止，DO01 被拉到高电位。如图 3-5（b）所示，当 DI02 的输入是高电平时，PNP 晶体管 Q2 截止，DO02 输出低电位；当 DI02 的输入是低电平时，Q2 饱和导通，DO02 被拉到高电位。

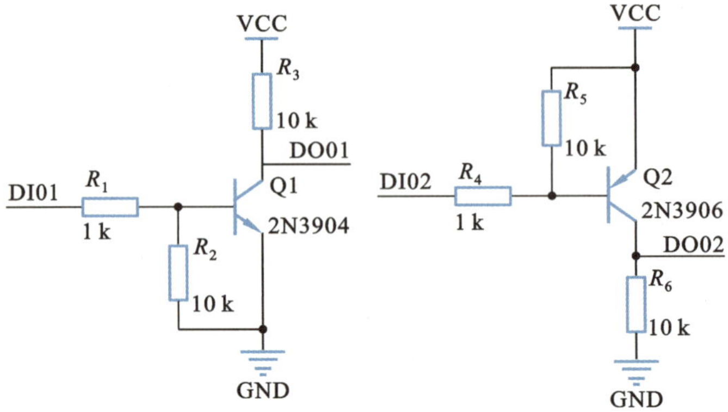

图 3-5　由三极管所构成的开关电路

3.3　同相比例运算放大电路

同相输入放大电路的典型电路如图 3-6 所示，信号电压 V_{in} 通过电阻 R_{46} 加到运放的同相输入端，输出电压 V_{out} 通过电阻 R_{37} 和 R_{47} 反馈到运放的反相输入端，构成电压串联负反馈放大电路。

根据虚短、虚断的概念可求得

$$V_{out} = (1+R_{47}/R_{37})V_{in}$$

所以，该电路实现同相比例运算。

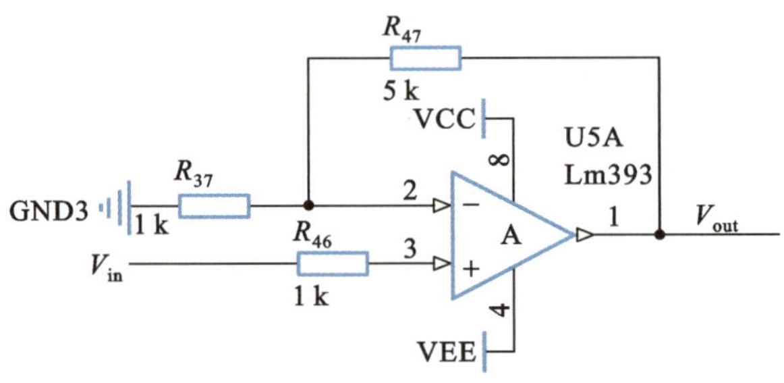

图 3-6　同相比例运算放大器电路

3.4　反相比例运算放大电路

反相比例运算放大电路如图 3-7 所示，信号电压 V_{in} 通过电阻 R_{30} 加到运放的反相输入端，输出电压 V_{out} 通过反馈电阻 R_{32} 反馈到运放的反相输入端，构成电压串联负反馈放大电路。

根据虚短、虚断的概念可求得

$$V_{out} = -(R_{32}/R_{30})V_{in}$$

该电路实现反相比例运算放大，输出反相。

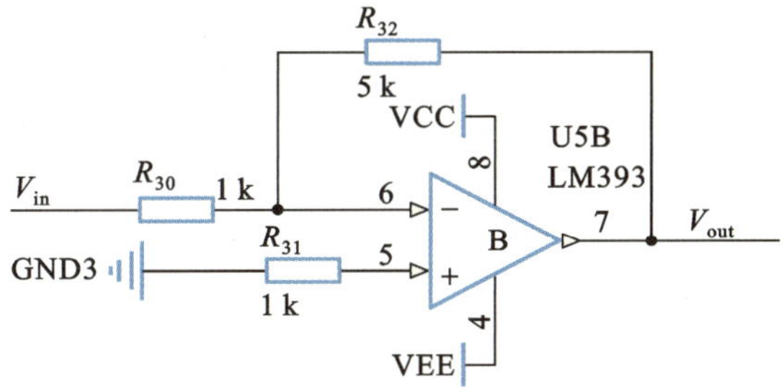

图 3-7　反相比例运算放大电路

3.5　运算放大器构成比较器

图 3-8 所示为一个比较器电路，输入电压 V_{in} 经 R_{10}、R_{12} 分压后，和 U6B 同相输入端的电压值进行比较，大于 U6B 同相输入端的电压时，输出接近 VEE，小于 U6B 同相输入端的电压时，输出接近 VCC。

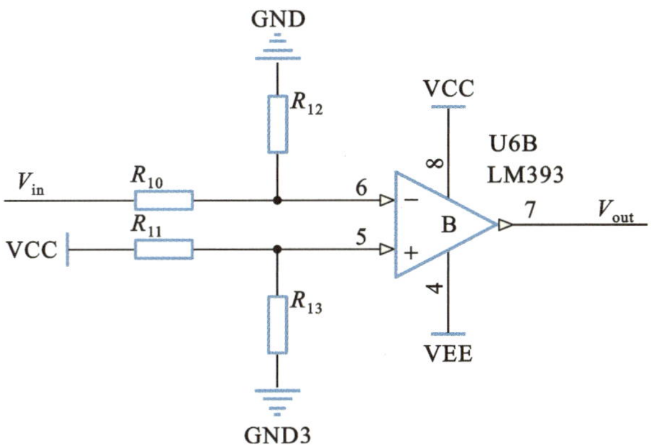

图 3-8　比较器电路

3.6　运算放大器构成加法器

用运算放大器可以构成反相加法器电路，实现若干个电压信号的加法运算，如图 3-9 所示。

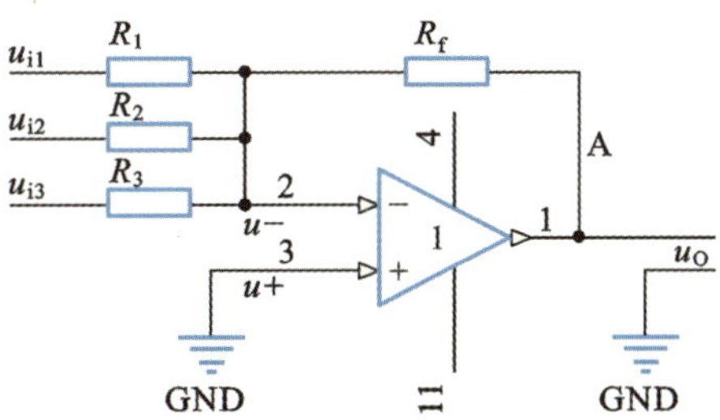

图 3-9　反相加法器电路

由于虚断特性，输入运算放大器的电流为 0；又由于虚短特性，$u- = u+$，有

$$\frac{u_{i1}}{R_1}+\frac{u_{i3}}{R_2}+\frac{u_{i3}}{R_3}=-\frac{u_o}{R_f}$$

因此

$$u_o=-R_f(\frac{u_{i1}}{R_1}+\frac{u_{i2}}{R_2}+\frac{u_{i3}}{R_3})$$

如果 $R_1=R_2=R_3$，则

$$u_o=-R_f/R_1(u_{i1}+u_{i2}+u_{i3})$$

图 3-10 是由运算放大器构成的同相放大器，输入电压和输出电压之间的关系为

$$u_o=\left(1+\frac{R_{fb}}{R}\right)\left(\frac{R_2//R_3}{R_1+R_2//R_3}u_{i1}+\frac{R_1//R_3}{R_2+R_1//R_3}u_{i2}\right)$$

如果 $R_1=R_2=R_3$，则

$$u_o=\left(1+\frac{R_{fb}}{R}\right)\frac{1}{3}(u_{i1}+u_{i2})$$

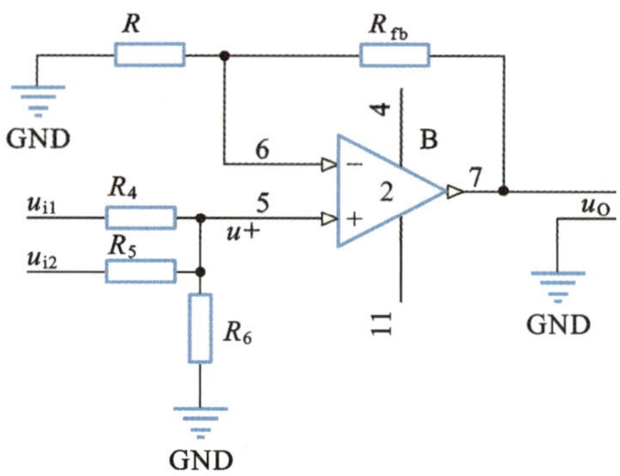

图 3-10　同相加法器

3.7　ADC

ADC（Analog to Digital Converter）是数模转换的意思，即将模拟量转换为数字量。ADC的基本转换原理可分为采样保持电路（Sample and hold）、量化（Quantizer）、编码（Coder）等。采样是将一个时间上连续变化的模拟量转化为时间上离散变化的模拟量。将采样结果储存起来，直到下次采样，这个过程叫作保持。模拟信号通过 ADC 转换成数字信号的这一过程称为量化。将量化的数据进行编码，即可输出数字信号。

图 3-11 所示为量化编码示意图，如果按照 1 V 的间隔编码，则可用 000 代表电压 0≤V<1，001 代表电压 1≤V<2，010 代表电压 2≤V<3，011 代表电压 3≤V<4，100 代表电压 4≤V<5，101 代表电压 5≤V<6，110 代表电压 6≤V<7，111 代表电压 7≤V<8。如果将量化台阶间隔减小，则测量的精度会更高。

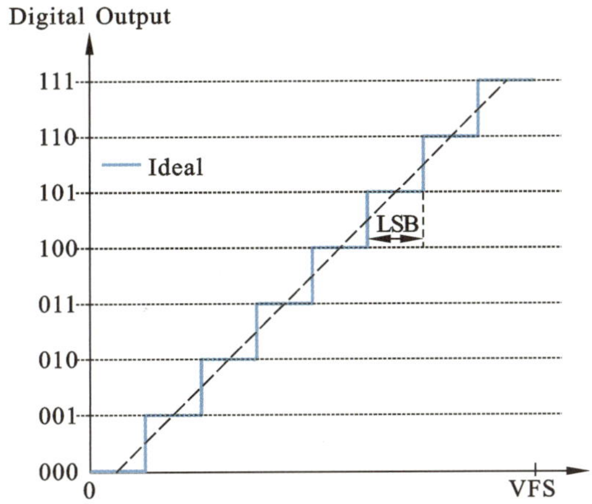

图 3-11　量化编码示意图

微控制单元（Microcontroller Unit，MCU）均具有 ADC 功能，一般都有很多个 ADC 输入通道。以 STM32F407 为例，共有三个 ADC（ADC1~3），每个 ADC 有 12 位、10 位、8 位和 6 位可选，每个 ADC 有 16 个外部通道。如果选 12 位 ADC，输入参考电压 3.3 V，则 0 V 对应 0x000，3.3 V 对应 0xFFF，其他的电压值可按比例计算。编写好程序后，获得的 ADC 值即是 12 位的数字量。

3.8　晶振电路

在数字电路中，时钟起着至关重要的作用。时钟电路提供数字电路的时序控制的标准时刻，以便让数字电路在特定时刻完成特定任务。如果没有一个时序控制的标准时刻，整个数字电路就不知道什么时刻该做什么事情。

可以用 RC、LC 等谐振电路获得时钟信号，但这些电路的振荡频率并不稳定，在对时钟要求较高的电路中，必须使用石英晶体振荡电路。

石英振荡器简称晶振（Crystal），它是时钟电路中最重要的部件，其主要作用是向显卡、网卡、主板等配件的各部分提供基准频率。普通的晶振频率绝对精度可达百万分之五十。

图 3-12 是典型的晶振电路，其中图（a）是普通的晶振电路，需 2 个小电容以及 MCU 内部的放大器构成晶振电路；图（b）是有源晶振，通电即可以输出时钟信号。

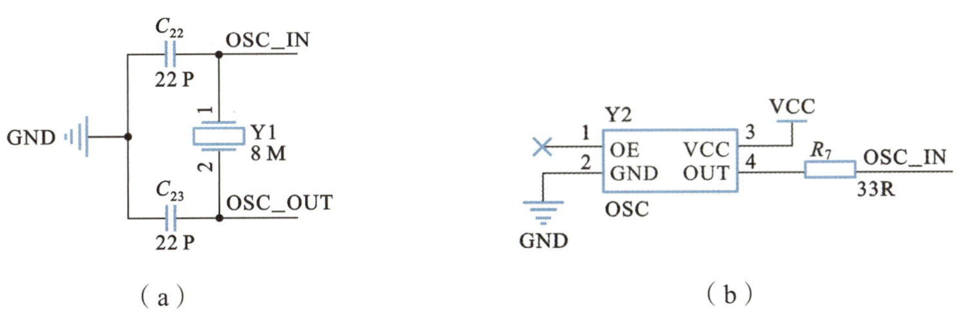

图 3-12　无源及有源晶振电路

3.9 复位电路

复位电路，就是让电路尤其是有 MCU、CPU 的电路恢复到起始状态的电路。有几种手段可以实现复位，一是在电路通电时马上进行复位操作，名为上电复位；二是在必要时手动操作，名为按键复位；三是根据程序或者电路运行的需要自动进行复位，名为软件或程序复位。

图 3-13 中由 R_{23}、S_3、EEC4 所构成的电路是比较常见的复位电路。在通电瞬间，电容器 EEC4 两端没有电荷，因此 RESET 端的电压为低电平，系统复位，即上电复位。为了确保复位，EEC4 和 R_{23} 可以取得较大一点，以使低电平的时间较长（一般需要 20 ms 以上）。随着电容器充电的进行，RST 电位逐渐升高，超过复位阈值电压后，复位结束，系统正常工作。复位电路的参数能否满足要求，可以用公式 $\tau = RC$ 进行计算。

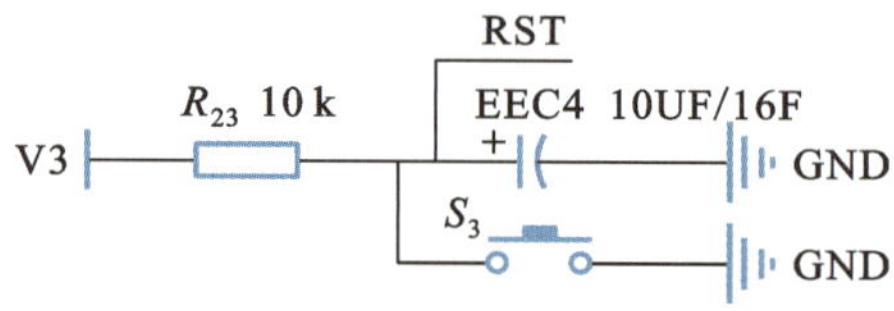

图 3-13　复位电路

在系统运行时，如果按下按键 S3，则 RESET 电位又被拉低，可以实现按键复位。

【项目小结】

本项目介绍了几类最常用的集成电路，其中电源电路几乎是每个电路都有的电路模块，也是一个电路最容易产生故障的地方，开关电路、运算放大器电路等是后续必须用到的基础电路模块，需要学习者掌握其工作原理。

【习题】

1. 查找 ASM1117-3.3 芯片的典型应用电路，并在图纸上自己设计一个 5 V 转 3.3 V 的单元电路。
2. 写出同相比例运算放大器和反相比例运算放大器的放大倍数计算公式。

项目四　STM32 基础知识

【项目目标】

（1）掌握 STM32F40X 的基础架构、时钟系统、库函数等。
（2）掌握 Keil MDK 软件的使用方法。

4.1　STM32F40x 系列芯片的系统架构及总线

STM32F40x 系列芯片的总线结构见图 4-1，该总线结构是一个“CPU+外设”的系统。

从原理上来说，除 Cortex-M3 内核以及相关总线之外的单元，均可以被称为外设（Peripherals），如通用输入输出端口（General Purpose Input/Output Port，GPIO）、数模转换器（Analog-to-Digital Converter，ADC）、通用同步/异步串行接收/发送器（Universal Synchronous/Asynchronous Receiver/Transmitter，USART/UART）、定时器（Timer，TIM）、闪存（FLASH）、直接内存访问（Direct Memory Access，DMA）等。要使用相关外设，需要对外设相关的寄存器进行正确配置，而后面要介绍的标准在配置寄存器方面具备很大的便利，减轻了学习者的工作量，降低了入门台阶。

STM32 内核可通过 AHB 总线、AHB/APB 桥控制外设，也可以通过 DMA 模块，直接操作或读取外设。

4.2　STM32F40x 系列芯片的时钟系统

时钟电路主要给 CortexM3 内核及外设提供时钟信号，时钟信号对 ARM 就像心跳对人一样重要。

ARM 内部都是由许多诸如触发器等构成的时序逻辑电路组成的，只有通过时钟才能驱动 ARM 一步步地工作。如果没有时钟信号，触发器的状态就不能改变，相应的电路就不能正常工作。另外，为了降低功耗，可以选择性地打开需要使用的外设时钟。

STM32F40x 系列芯片的时钟系统框图见图 4-2，又称时钟树。STM32F40x 系列芯片的时钟系统需要通过时钟输入、倍频、分频等实现对各部分的时钟输出。

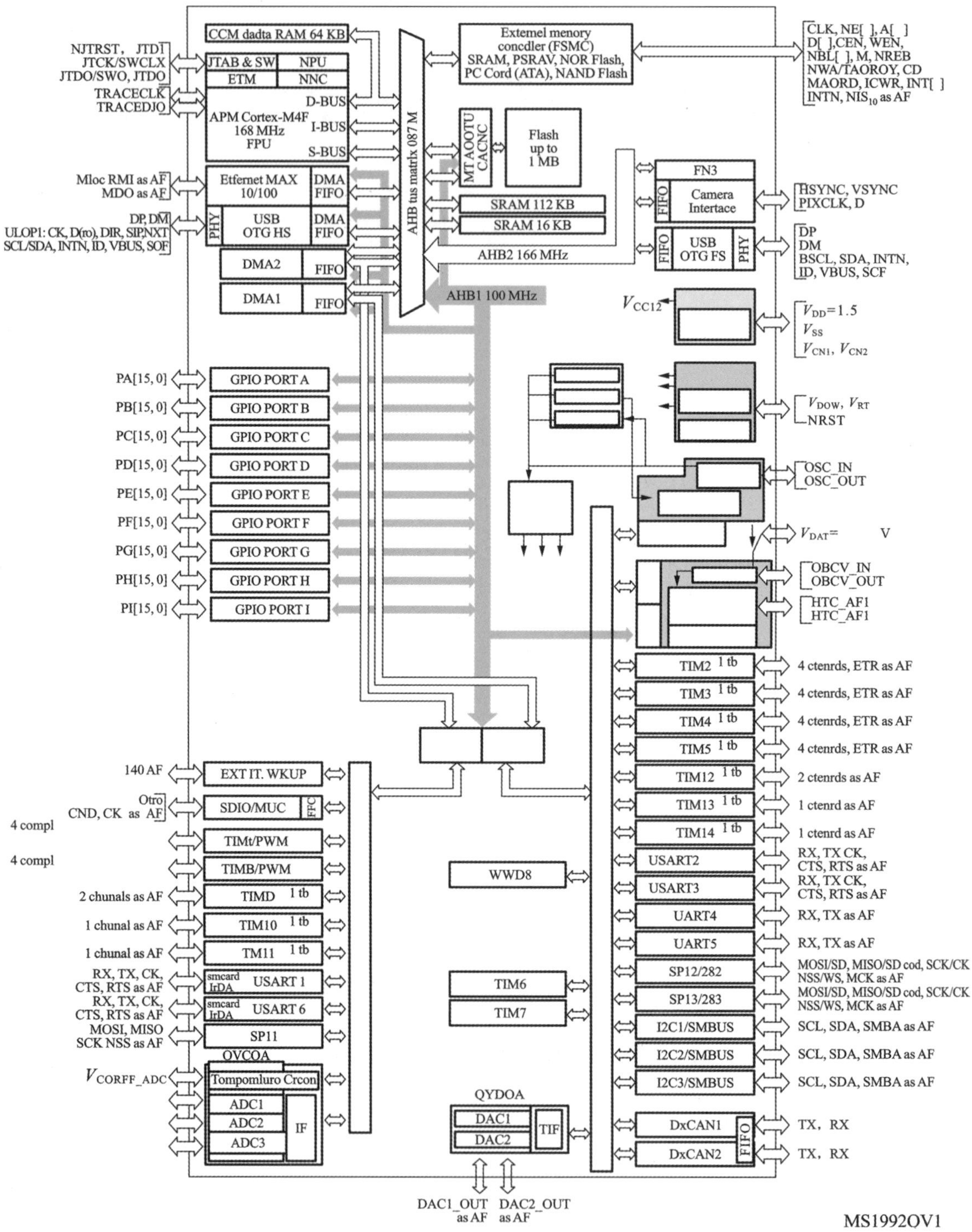

图 4-1　STM32F40x 系列芯片的总线结构

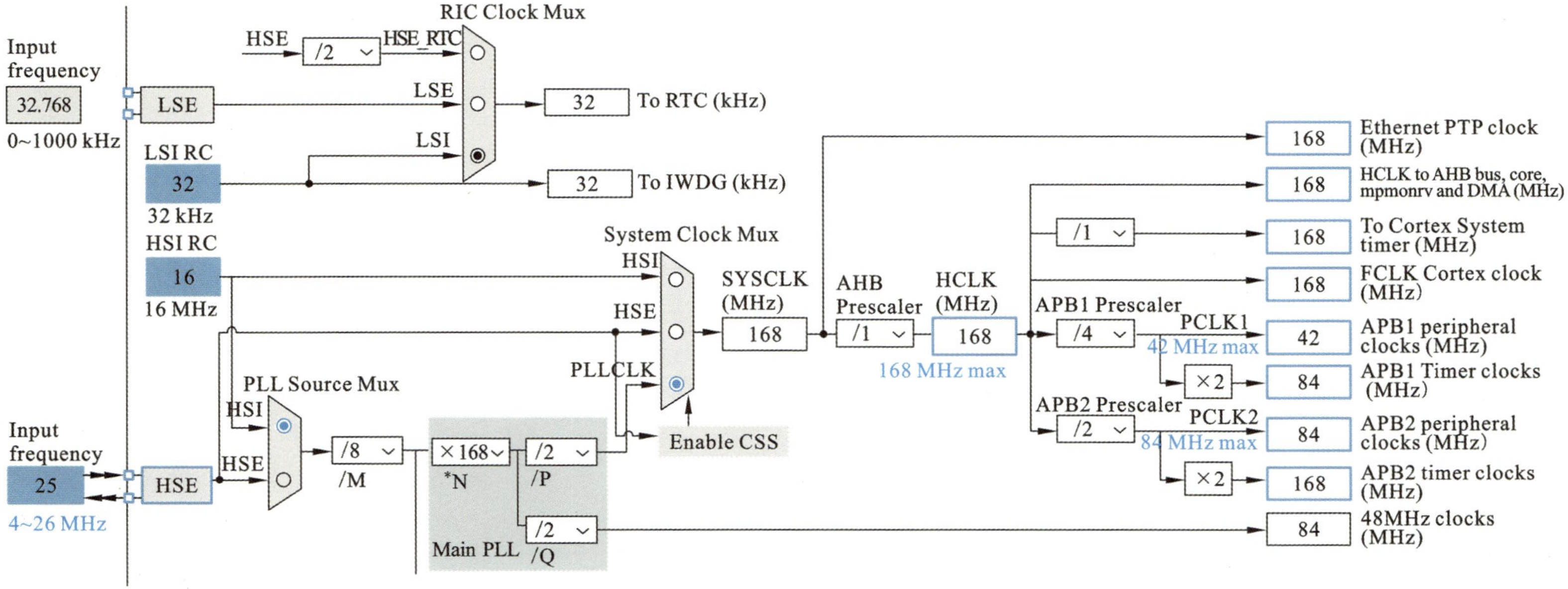

图 4-2 STM32F407 的时钟树

STM32F40x 有多个时钟源，分别是高速外部时钟（High Speed External Clock，HSE）、低速外部时钟（Low Speed External Clock，LSE）、高速内部时钟（High Speed Internal Clock，HSI）、低速内部时钟（Low Speed Internal Clock，LSI）。

HSE 一般在 4~26 MHz，由外部晶体振荡器提供，并经锁相环（Phase Locked Loop，PLL）倍频等处理后作为系统时钟；LSE 也由外部晶体振荡器提供，一般取 32.768 kHz，常用于实时时钟（Real_Time Clock，RTC）；HSI 为 16 MHz，上电默认启动，精度不高；LSI 约 30 kHz，精度不高，一般用于看门狗定时器等。对时钟源信号处置有切换、配置、倍频、分频等程序设计内容。

对系统时钟的学习，学习者需要关注时钟源、系统时钟、相关外设时钟等，这些通过软件 STM32CubeMX 均可以轻松配置。

4.3 STM32 标准库、HAL 库、LL 库简介

嵌入式技术通过编写程序来实现控制、测量、数据传输等目的。嵌入式技术表现出来均是对芯片引脚的读写，但是从根本上来说，则在于对嵌入式芯片内部寄存器的读写，即向寄存器写入数据，或从寄存器读出数据。编写程序的过程，即是对寄存器的读写过程。有两种方式可以实现对寄存器的操作：一是直接操作寄存器；二是通过库函数操作寄存器。

下面的程序是直接操作寄存器让 PA0 置 1 的例子。

```
GPIOA->BSRR |= 0x00000001;                    //直接操作寄存器，PA0 置 1
```

下面介绍几种可以操作 STM32 寄存器的函数库。

ST 公司为开发者提供了非常方便的开发库，主要有标准外设库 SPL（Standard Peripheral Library）、HAL 库（Hardware Abstraction Layer）、LL 库（Low Layer）三种。标准外设库提供了很多的库函数，使用时只需要进行库函数的调用即可，程序的编写、维护效率很高；HAL 库基于一个配置软件 STM32CubeMX，类似于图形化编程，在配置方面非常直观形象，使用简单，程序的可读性很强，尤其适合于初学者。LL 库也可以通过 STM32CubeMX 产生，更加小型化，更加精简，只是硬件的覆盖率还不是很高。下面提供引脚控制的几个例子，以体现几种编程方式的差异：

```
GPIO_SetBits(GPIOA,GPIO_Pin_0);                              //SPL 库，PA0 置 1
HAL_GPIO_WritePin(GPIOA,GPIO_Pin_0, GPIO_PIN_SET);           //HAL 库，PA0 置 1
LL_GPIO_SetOutputPin(GPIOA,GPIO_PIN_0);                      //LL 库，PA0 置 1
```

相对而言，标准外设库开发最早，也较为成熟，因此本书的开发均采用标准库。HAL 库具有轻便、易使用、可读性强、硬件覆盖率高等特点，感兴趣的同学可以自己依据二维码开发使用。

图 4-3 所示为 STM32 标准库的结构，其中 Libraries 是最重要的一个目录，该目录包含库函数与启动文件等，是标准库的实体部分。Libraries 文件夹下又有两个子文件夹：CMSIS 和 STM32F10x_StdPeriph_Driver。

CMSIS 子目录：STM32F10x 的内核库目录，核心子目录为 CM3，其余目录可忽略。CM3 下又有两个子目录：CoreSupport 和 DeviceSupport。

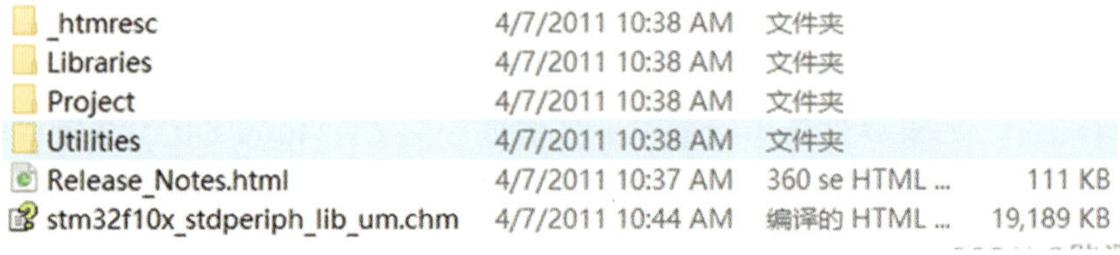

图 4-3　STM 标准库

CoreSupport 子目录：内有两个重要文件，一个是 core_cm3.c（内核通用源文件），另一个是 core_cm3.h（内核通用头文件）。上述文件位于 CMSIS 核心层的核内外设访问层，由 ARM 公司提供，包含用于访问内核寄存器的名称、地址定义等内容。

4.4　STM32F407ZGT6 的端口、引脚、外设

STM32F407ZGT6 有 144 个引脚，有 PA、PB、PC、PD、PE、PF、PG 共 7 个完整的端口，这 7 个完整的端口共有 16×7 = 112 个独立引脚。以 PA 端口为例，有 PA0~PA15 共 16 个引脚。

打开 STM32F407 文档，可以看到引脚说明，如查找 USART1 关键词，可以找到如图 4-4 所示的引脚描述，PA9 既可以是普通的引脚，又可以是 USART1 的发送引脚；PA9 还有第三功能，可以是 TIM1 的脉冲编码调制（Pulse Width Modulation，PWM）信号输出引脚之一。PA9 还有其他的功能。

42	68	101	E15	120	PA9	I/O	FT	→	USART1_TX/TIM1_CH2/ I2C3_SMBA/DCMI_D0/ EVENTOUT	OTG_FS_VBUS
43	69	102	D15	121	PA10	I/O	FT	→	USART1_RX/TIM1_CH3/ OTG_FS_ID/DCMI_D1/ EVENTOUT	

图 4-4　STM32F407ZGT6 的 USART1 引脚

其他的引脚也有类似的功能，即有第一、第二等功能。在不同功能间期切换，称为引脚的复用，可通过编程实现。

STM32F407 的端口和引脚还有一个称谓，即通用输入输出，英文缩写为 GPIO，因此，PA 等同于 GPIOA，PB 等同于 GPIOB，PA0 等同于 GPIOA.0，PC10 等同于 GPIOC.10，以此类推。

STM32 的所有 GPIO 引脚都可以配置成输入或输出模式。输入模式又分为模拟输入、浮空输入、上拉输入、下拉输入；输出模式又分为推挽输出、开漏输出、推挽复用、开漏复用等。

STM32F407ZGT6 有 6 个串口，分别是 USART1~3、USART6、UART4~5；STM32F407ZGT6 有 14 个定时器，即 TIM1~14；STM32F407ZGT6 有 3 个 ADC，即 ADC1~3，其他外设可自行查找资料了解。

Keil 安装与使用

4.5　Keil MDK 编程软件介绍

本书采用 MDK 集成开发工具，使用的版本是 KEIL MDK 5.24（以下简称 Keil）。Keil 软

件可在 Keil 网站下载并安装。安装成功后，还需要安装 STM 的器件包，如 Keil.STM32F1xx_DFP.1.1.0.pack 等。为了下载程序到开发板，需要安装 ST-LINK 仿真器驱动，或者 JTAG 仿真驱动（JLink/JTrace）。如果要进行串行通信，还需要安装 CH340 或 CP2102 等串口驱动。

安装完成后，可以新建或打开一个现有的工程，如图 4-5 所示。

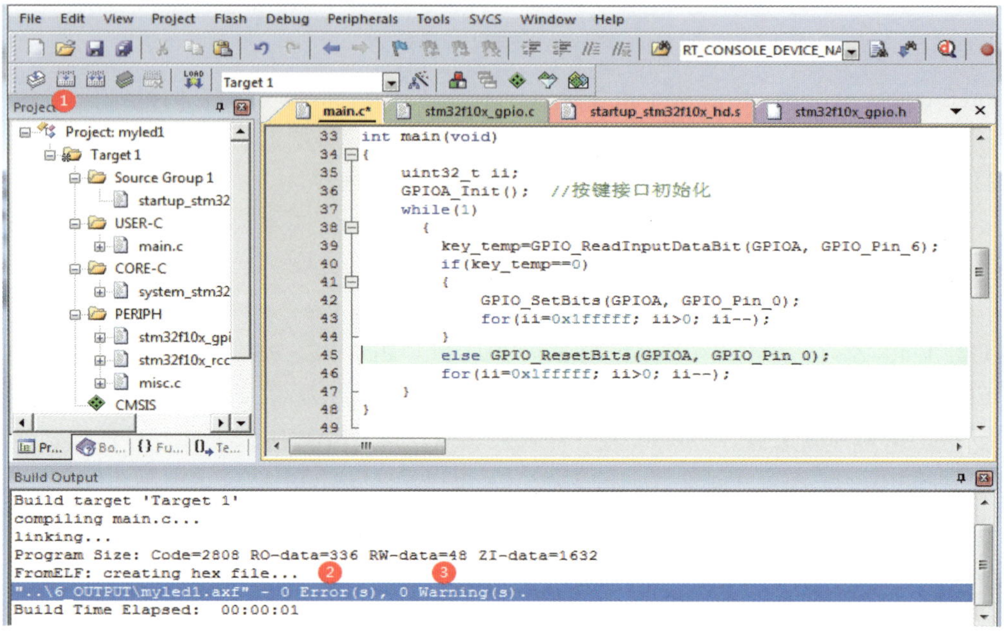

图 4-5　工程界面

在工程的左边是工程栏，右边会显示每个文件中的内容，例如双击工程中的 main.c 文件，就会在右边显示这个文件的内容，见图 4-5。点击图 4-5 左上角标记为①的编译按钮（Bulid），就会开始编译，并在 Build Output 区显示编译结果，例如“……0 Error(s), 0 Warning(s)”，表示 0 个错误和 0 个警告。如有错误，则需要排除错误后再下载程序。

【项目小结】

本项目介绍了 STM 公司的一款 ARM 芯片大类 STM32F40X，该系列芯片又可以分为 STM32F407、STM32F429 等芯片系列，每个系列芯片包含很多芯片。在后续的开发中，主要用 STM32F407，因此这部分内容是基础性的内容。本书的编程软件是 Keil，因此在 4.5 节对此集成开发环境做了介绍。

【习题】

1. STM32F40x 系列芯片的时钟源有哪些？
2. STM32F40x 系列芯片的开发，有哪些库函数？本书采用哪种库函数？
3. Keil 能进行软件仿真吗？

项目五　嵌入式 C 语言

【项目目标】

（1）通过对嵌入式 C 语言的学习，掌握 C 语言的基本语法，并了解嵌入式 C 语言的若干要点。

（2）学会分析程序的执行过程，进而理解嵌入式 C 语言与普通 C 语言的区别，即嵌入式 C 语言需要驱动硬件，因此它更多地处于往复循环过程中。

5.1　数据类型

C 语言中有 int、char、float 等数据类型，在嵌入式程序编写时，这些数据类型依然可用，不过嵌入式 C 语言中，对正整数做了一些特殊的定义，如 uint8_t、uint16_t、uint32_t 等。uint8_t 表示 8 位的无符号字符型数据，可从 0 取到 0xFF；uint16_t 表示 16 位的无符号字符型数据，可从 0 取到 0xFFFF；uint32_t 表示 32 位的无符号字符型数据，可从 0 取到 0xFFFFFFFF。

举例来说，如果写定义一个名为 n1 的变量，可写：uint8_t n1 = 0xFF;

但是，如果 uint8_t n1 = 0xFFF;在编译时会有警告，因为 uint8_t 的最大值是 0xFF，0XFFF 已经超过其取值范围。

在有些系统中，也有用 U8、U16、U32 分别表示 8 位、16 位、32 位无符号字符型数据的。

uint16_t 比 uint8_t 多占用了 1 倍的存储空间，因此在编写程序时，可依据数据的大小选用不同的数据长度来定义。

5.2　结构体

5.2.1　C 语言中的结构体

结构体是 C 语言中的一种数据类型，是由不同类型的数据组合成的一个整体，这些组合在一个整体中的数据是互相联系的，这样的数据结构称为结构体。举例来说：

```
struct date    // 声明一个结构体类型
{
int year;
```

```
int month;
int day;
    }
```

data 是一个结构体，也是一种数据类型，其中的三个成员用来表示年、月、日，具有明显的共性联系。

再举例：

```
struct    student
{
int num;
char name[20];
char sex;
int age;
struct date birthday;
char addr[30];
}student1, student2;
```

student 是一个结构体类型，其中的一个成员是 struct date birthday，这个成员本身也是一个 data 类型的结构体，结构体变量名是 birthday。

student1 和 student2 是 student 类型的结构体变量。

成员的赋值方式举例：

```
student1.num = 10010;
student1.birthday.month=7;
```

此时，如果再定义一个指针变量 p，指向结构体 student，即 struct   student   *p;

则可以通过指针 p 给结构体变量 student1 或 student2 赋值。方法如下：

```
p=& student1;
（*p）.num=10011;等价于 student1.num=10011;
```

在 C 语言中，为了使用方便和使之直观，可以把 (*p).num 改用 p->num 来代替，它表示 *p 所指向的结构体变量中的 num 成员，同样，(*p).name 等价于 p->name。

5.2.2 嵌入式语句中的结构体举例

嵌入式系统中大量用到结构体，在使用时，也可以把其看成一种特殊的数据类型，例如：

```
typedef struct
{
   __IO   uint32_t   CRL;
   __IO   uint32_t   CRH;
   __IO   uint32_t   IDR;
   __IO   uint32_t   ODR;
   __IO   uint32_t   BSRR;
```

```
    __IO   uint32_t   BRR;
    __IO   uint32_t   LCKR;
} GPIO_TypeDef;
```

就是定义了一个名为 GPIO_TypeDef 的结构体，其含有 CRL 等 7 个成员。

#define　GPIOA_BASE　(APB2PERIPH_BASE + 0x00000800UL)语句表示将 GPIOA 端口的地址赋给 GPIOA_BASE。

#define GPIOA ((GPIO_TypeDef *)GPIOA_BASE)语句中，((GPIO_TypeDef *) GPIOA_BASE)表示将 GPIOA_BASE 强转换为指针类型的结构体，而整句表示用 GPIOA 替代(GPIO_TypeDef *) GPIOA_BASE。那么现在 GPIOA 就表示以 GPIOA_BASE 为基地址、类型为 GPIO_TypeDef 结构体的一个指针，所以程序里可以用 GPIOA->CRL = 等给成员赋值。

如果没有指向，单纯用 GPIO_TypeDef-> ODR = 赋值没有任何意义，因为并没有明确的指向。

5.3　顺序、循环与选择

C 语言的语句执行有顺序、循环、选择三种次序。下面以某个程序段为例来进行说明。

```
while (a>b)
  {
      key_value=HAL_GPIO_ReadPin(GPIOA, GPIO_PIN_6);   //语句 1
        if(key_value==0)
        {
            HAL_GPIO_WritePin(GPIOA, GPIO_PIN_0, 0);   //语句 2
            HAL_GPIO_WritePin(GPIOA, GPIO_PIN_1, 0);   //语句 3
            HAL_GPIO_WritePin(GPIOA, GPIO_PIN_2, 0);   //语句 4
            }
        else
        {
            HAL_GPIO_WritePin(GPIOA, GPIO_PIN_0, 1);   //语句 5
            HAL_GPIO_WritePin(GPIOA, GPIO_PIN_1, 1);   //语句 6
            HAL_GPIO_WritePin(GPIOA, GPIO_PIN_2, 1);   //语句 7
            }
  }
```

顺序语句：语句 2~4、语句 5~7 均是顺序执行的语句，如果持续执行到这里，则按照从上到下的顺序依次执行。

循环语句：while (a>b){…}是一个 while 循环，如果 a>b 一直成立，则此 while 循环会一直循环下去，即一直会执行 HAL_GPIO_ReadPin、HAL_GPIO_WritePin 等函数。除了 while 外，还有 for 循环、do{…}while 循环等。

选择语句：if(key_value==0){…}/else{…}语句是一个选择语句，在执行完 HAL_GPIO_ReadPin 函数后，if 和 else 只能二选一，即要么执行语句 2~4，要么执行语句 5~7。

5.4 程序执行过程分析、中断

如前所述的 while (a>b){…}循环，在实际应用中，往往写成 while (1){…}，即将比较的结果直接设定为 1，即永远为真。进入这个循环后，就是进入一个无穷循环，或者说会一直循环下去的循环。

嵌入式系统还有一种机制，叫中断。中断后，可以离开此 while (1){…}循环而去做其他的事情。能够引起中断的因素有定时器计数溢出、外部中断、串口中断等。当有若干个中断事件同时出现时，优先级较高的中断优先处理；高优先级的中断会打断低优先级的中断去执行。

5.5 指针、指针函数与函数指针

5.5.1 指针

指针是 C 语言中的一个重要概念，也是掌握 C 语言比较困难的部分。指针也就是内存地址，指针变量是用来存放内存地址的变量，在同一 CPU 构架下，不同类型的指针变量所占用的存储单元长度是相同的，而存放数据的变量因数据的类型不同，所占用的存储空间长度也不同。有了指针以后，不仅可以对数据本身，也可以对存储数据的变量地址进行操作。

1. 指针运算符*

指针运算符*的功能是取指针变量所指向地址中的内容，与取地址运算符&的运算是互逆的，它是单目运算符。指针运算符的运算对象必须是地址，可以是已赋值的指针变量，也可以是变量或数组元素的地址，但不能是整数，也不能是非地址型的变量。运算结果就是地址对应的变量。

2. 取地址运算符&

取地址运算符&的功能是取变量的地址，它是单目运算符。取地址运算符的运算对象必须是已经定义的变量或数组元素，但不能是数组名。运算结果是运算对象的地址。

3. 指针的声明

指针的标识是*号，指针的声明举例：

```
int *p;          // 声明一个 int 类型的指针 p
char *p          // 声明一个 char 类型的指针 p
int *arr[10]     // 声明一个指针数组，该数组有 10 个元素，其中每个元素都是一个指向
int 类型对象的指针
int (*arr)[10]   // 声明一个数组指针，该指针指向一个 int 类型的一维数组
int **p;         // 声明一个指针 p ，该指针指向一个 int 类型的指针
```

5.5.2 指针函数

指针函数：顾名思义，它的本质是一个函数，不过它的返回值是一个指针。其声明的形式：

```
ret *func (args,…);
```

式中，func 是一个函；args 是形参列表；ret *作为一个整体，是 func 函数的返回值，是一个指针的形式。

```
    # include <stdio.h>
# include <stdlib.h>
int * func_sum (int n)
{
    if (n < 0)
    {    printf("error:n must be > 0\n");            exit(-1);      }
    static int sum = 0;         //static 修饰静态变量，存放在数据段
    int *p = &sum;
    for (int i = 0; i < n; i++)
    {            sum += i;       }
    return    p;
}
```

5.5.3　函数指针

与指针函数不同，函数指针的本质是一个指针，该指针的地址指向了一个函数，所以它是指向函数的指针。函数的定义是存在于代码段，因此，每个函数在代码段中，也有着自己的入口地址，函数指针就是指向代码段中函数入口地址的指针。其声明形式如下：

```
ret (*p)(args,…);
```

式中，ret 为返回值；*p 作为一个整体，代表的是指向该函数的指针；args 为形参列表。其中 p 被称为函数指针变量。

【项目小结】

本项目介绍了嵌入式 C 语言，通过学习知道，嵌入式 C 语言保持了 C 语言的优点、语法、结构等，但是嵌入式 C 语言又有其自己的特点及特殊性，这主要体现在嵌入式 C 语言用来驱动硬件，嵌入式 C 语言需要应对异常，嵌入式 C 语言需要循环反复执行。

【习题】

1. 各写出一个 for 循环、while 循环、do-while 循环。
2. 简述函数的形参和实参的含义及使用场合。

项目六 电平与信号

【项目目标】

（1）学习与数电、通信相关的一些概念，如电平、差分、串行、并行等。

（2）掌握一些串行信号，如 I^2C、SPI、485 等。

6.1 电平与数字信号

在模拟电路中有电压的概念，即电压属于模拟量，表示的是两点电位之间的电势差，而电平则是逻辑量，有逻辑高、逻辑低等不同的值，是数字电子技术的基本概念。电平其实就是电压的不同电位。

高低电平是电路上某个点的电压的高低，如在逻辑电路里面，高于某个数值被称为高电平，而低于这个数值，就可以称之为低电平。

在数字通信中，一般用二进制数字 1 和 0 的组合来表示数字量。二进制数字 1 和 0 在电路中，体现为不同的电压值，或电压范围。例如，对于 3.3 V 供电的 ARM 系统，1 对应高电平，即 3.3 V；0 对应低电平，即 0 V。对于 5 V 供电的单片机电路系统，1 对应高电平，即 5 V；0 对应低电平，即 0V。

6.2 TTL 与 RS232

TTL（Transistor-Transistor Logic）电平信号规定，+5 V 等价于逻辑 1，0 V 等价于逻辑 0（采用二进制来表示数据时）。这样的数据通信及电平规定方式，被称作 TTL（晶体管-晶体管逻辑电平）信号系统。这是计算机处理器控制的设备内部各部分之间通信的标准技术。3.3 V 供电的 ARM 系统，也称为 LVTTL，即低压 TTL。

RS-232C 标准（协议）的全称是 EIA-RS-232C 标准，其中 EIA（Electronic Industry Association）代表美国电子工业协会，RS（Recommended Standard）代表推荐标准，232 是标识号，C 代表 RS232 的最新一次修改（1969），在这之前，有 RS232B、RS232A。它规定连接电缆和机械、电气特性、信号功能及传送过程。常用物理标准还有 EIARS-422A、EIA RS-423A、EIARS-485。这里只介绍 EIA RS-232C（简称 232 或 RS232）。例如，目前在 IBM PC 机上的 COM1、COM2 接口，就是 RS-232C 接口。EIA-RS-232C 对电气特性、逻辑电平和各种信号线

功能都作了规定。

在 TxD 和 RxD 上：逻辑 1(MARK) = –3~–15 V，逻辑 0(SPACE) = +3~+15 V，即负逻辑。RS232 电平常见于计算机的 COM 口，接口即常见的 DB9。

6.3　串行信号与并行信号

串行（Serial）与并行（Parallel）相对应。串行通信是指使用一条数据线，将数据一位一位地依次传输，每一位数据占据一个固定的时间长度。并行通信一般指用若干根数据线同时传送若干位数据，如用 8 根数据线传输 8 位数据。

串行信号和并行信号均是单端信号，即均是相对于地线的信号。在非计算机的电子电路中，串行通信最为普遍。

6.4　差分信号与单端信号

差分传输是一种信号传输的技术，区别于传统的一根信号线一根地线的做法，差分传输在这两根线上都传输信号，这两个信号的振幅相等，相位相差 180°，极性相反。在这两根线上传输的信号就是差分信号。信号接收端比较这两个电压的差值来判断发送端发送的是逻辑 0 还是逻辑 1。在电路板上，差分数据线的走线必须是等长、等宽、紧密靠近且在同一层面的两根线。

6.5　I^2C

I^2C（IIC）串行总线一般有两根信号线，一根是双向的数据线 SDA，另一根是时钟线 SCL。所有接到 I^2C 总线设备上的串行数据 SDA 都接到总线的 SDA 上，各设备的时钟线 SCL 接到总线的 SCL 上。

I^2C 的运用，例如在铁电存储器中，用铁电存储数据就是用的 I^2C 总线协议。24C0x 类 EEPROM 存储芯片，即是采用的 I^2C 总线结构。

6.6　SPI

SPI（Serial Peripheral Interface），即串行外设接口，是 Motorola 公司推出的一种同步串行接口技术，是一种高速的、全双工、同步的通信总线。SPI 规定了两个 SPI 设备之间通信必须由主设备（Master）来控制从设备（Slave）。一个 Master 设备可以通过提供 Clock 以及对 Slave 设备进行片选（Slave Select）来控制多个 Slave 设备，SPI 协议还规定 Slave 设备的 Clock 由 Master 设备通过 SCK 管脚提供给 Slave 设备，Slave 设备本身不能产生或控制 Clock，没有 Clock 则 Slave 设备不能正常工作。

Master 设备会根据将要交换的数据来产生相应的时钟脉冲（Clock Pulse），时钟脉冲组成了时钟信号（Clock Signal），时钟信号通过时钟极性（CPOL）和时钟相位（CPHA）控制着两个 SPI 设备间何时数据交换以及何时对接收到的数据进行采样，来保证数据在两个设备之间是同步传输的。SPI 是一个环形总线结构，由 NSS、SCK、MISO、MOSI 构成，主要是在 SCK 的控制下，两个双向移位寄存器进行数据交换。

SPI 有主从两种工作方式。在主模式下，SPI 为其他节点的 SCK 引脚提供串行时钟，数据从 MOSI 引脚输出，从 MISO 引脚输入。主控制器写入数据到寄存器 TXBUF 便启动发送，数据从 TXBUF 传送到 DAT 中再通过 MOSI 引脚发送出去，先发送最高位；同时，主控制器接收到的数据通过 MISO 引脚移入寄存器 DAT 的最低位。当选定数量的位数发送完时，整个数据发送完毕，紧接着接收完毕（通过 MOSI 引脚发送的 DAT 的数据最高位每移出一位后就会从 MISO 引脚移入一位到 DAT 最低位）。首先将接收到的数据传送到寄存器 RXBUF，并进行右对齐，供 CPU 读取。

在从动方式下，数据从 MISO 引脚移出并由 MOSI 引脚移入。SCK 引脚作为串行移位时钟的输入。

为了接收数据，串行外设接口等待网络主控制器送出的 SCK 信号，然后它将 MOSI 引脚上的数据移入 DAT 寄存器。如果从控制器同时也发送数据，则必须在 SCK 信号开始之前把数据写入 RXBUF 或 DAT 寄存器中。

6.7 485 信号

485 是一种串行通信标准，该标准规定了信号传输电压、线路阻抗等。485 信号在两根传输线之间传输，这两根传输线分别是 A 和 B，A、B 之间传输的是差分信号。发送驱动器 A、B 之间的正电平在+2 ~ +6 V，是一个逻辑状态，负电平在−2 ~ −6 V，是另一个逻辑状态。另有一个信号地 C，在 RS-485 中还有一使能端。使能端是用于控制发送驱动器与传输线的切断与连接。当使能端起作用时，发送驱动器处于高阻状态，称作第三态，即它是有别于逻辑 1 与 0 的第三态。

【项目小结】

本项目内容偏重于信号。从信号的角度看，有模拟信号与数字信号，串行信号与并行信号，SPI、I^2C、485 信号等。深入理解以上内容，有助于学习者提高学习效率。

【习题】

1. 简述 I^2C 信号如何区分 1 和 0。
2. 如何将 TTL 信号转换为 485 信号？可通过一个具体的芯片说明。

项目七　常见信号传输技术

【项目目标】

（1）了解若干有线传输媒介。
（2）了解若干信号转换芯片及典型电路。

7.1　有　线

信号传输技术可以分为有线和无线。有线通信有确定的传输线，如计算机内部的排线、电路中的信号走线、USB 线、串口线、双绞线、光纤等；无线通信的媒介，如 433 MHz 的射频、2.4G 的 ZigBee、蓝牙、LORA、WiFi、NB-IoT 等。

下面以 STM32F407 的通信为例来分别讲解。STM32F407 有 6 个串口，分别是 USART1~3、USART6、UART4~5。

7.1.1　TTL 转 USB

STM32F407 的串口输出的是 TTL 信号，此信号可以直接接到 TTL 转 USB 模块进入计算机，通过计算机上的串口助手观察串口发送的信号，如图 7-1 所示。

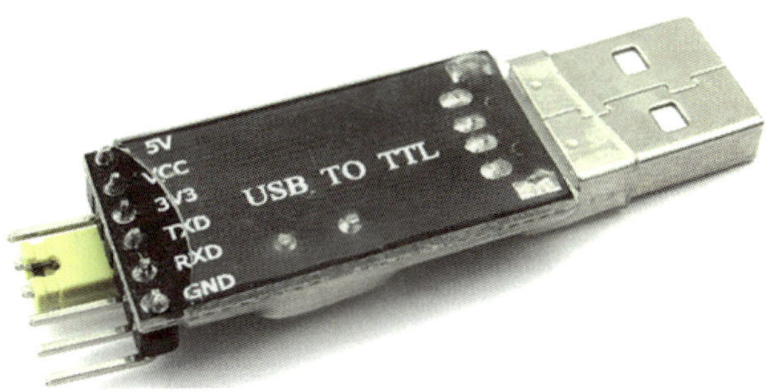

图 7-1　TTL 转 USB 模块

7.1.2　TTL 转 232

TTL 信号可以通过 232 芯片转换为 232 信号后，再通过串口线进入计算机，或者经过 232

转 USB 进入计算机，再通过串口助手接收，如图 7-2 所示。

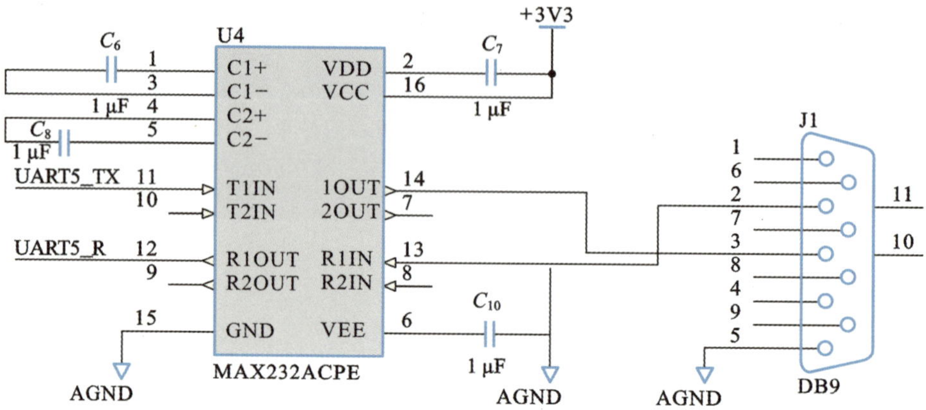

图 7-2　TTL 转 232 电路

7.1.3　TTL 转 485

TTL 信号经 485 芯片后，可转化为 485 差分信号，如图 7-3 所示。SP3485 的 2、3 引脚接在一起，接到 485 信号的控制引脚，如果 CTRL_485 为低电平，则 485 芯片可以接收 485 信号，即可以接收来自 A-B 的差分信号；如果 CTRL_485 为高电平，则 UART4_TX 信号可以经 485 芯片，从 A-B 传输出去，因此，CTRL_485 控制传输方向。

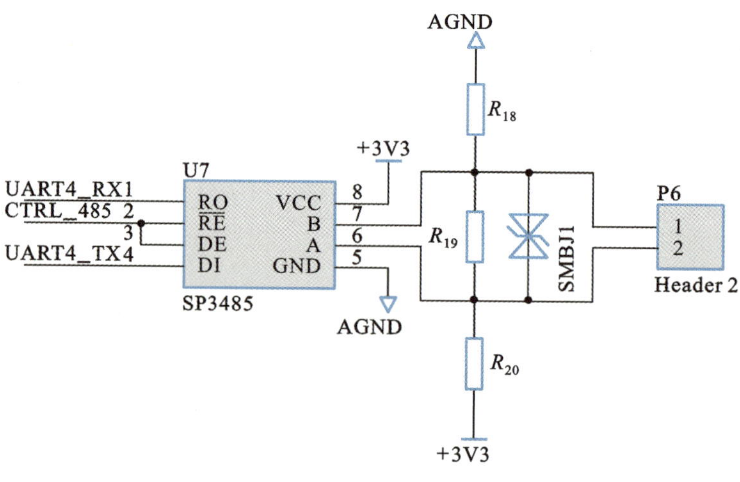

图 7-3　TTL 转 485 接口电路

7.2　无　线

TTL 信号可以直接接到无线发送模块发送出去，如图 7-4 所示。无线发送模块有 433 MHz、2.4GHz 的 ZigBee、GPRS、蓝牙、WiFi、LORA、NB_IoT 等。无线通信的最小配置是一发一收，即必须有无线发送模块和无线接收模块才能构成一个无线系统。

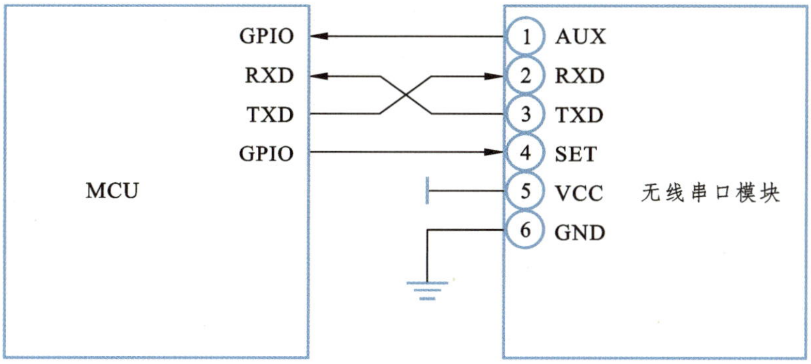

图 7-4　TTL 转无线

【项目小结】

本项目介绍了若干信号传输技术，以及一些典型应用电路，其中的传输技术均为数据串行通信，即信号沿着 1 根信号线进行传输。信号传输技术，在设备间建立起通信联系，是物联网应用技术的基础。

【习题】

1. 简述如何使用 TTL 转 USB 模块。
2. 简述图 7-3 的电路原理。

项目八 智能光电功能电路设计与仿真

【项目目标】

（1）了解远程仿真平台的特点。

（2）学会搭建远程在线仿真平台。

（3）通过编写程序，实现对远程仿真平台的操作，进而对设计进行验证。

智能光电产品涉及知识面与技术点较广，智能光电产品或项目需要整体进行规划，通常以团队合作的方式进行项目实施。总体来说，智能光电产品项目开发周期由 6 部分组成，分别为阶段 1 市场调研与需求分析、阶段 2 智能光电方案设计、阶段 3 智能光电电路设计、阶段 4 智能光电编程设计、阶段 5 智能光电装调及工艺、阶段 6 智能光电产品部署运维（应用），如图 8-1 所示。

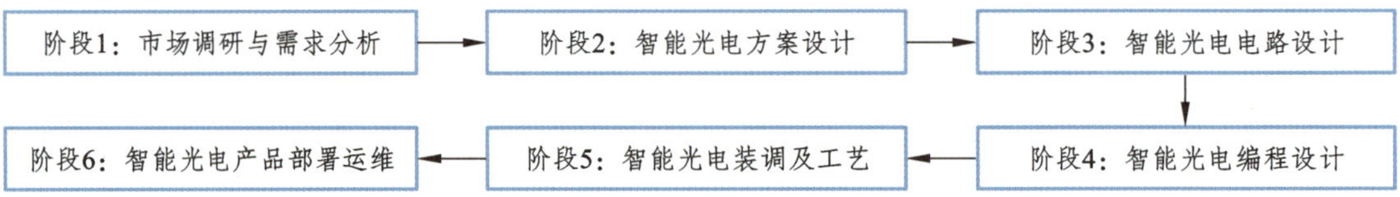

图 8-1　智能光电开发的 6 个阶段

在教学实施过程中，可以把智能光电开发的每个阶段理解为一个典型工作任务，具体各阶段具体实施内容可以在具体工作任务中体现。由图 8-1 可知，在阶段 1 市场调研与需求分析完成后，需要进行阶段 2 智能光电方案设计。

市场调研与需求分析通常要考虑需求分析切入点、需求分析方法、竞品分析、需求获取的途径、需求分析的实际意义等几方面，原始需求通常是由客户或者用户提出的，智能光电开发团队需要透彻地理解客户或用户提出的需求，对需求加以分析，将需求与技术层面对接，然后将其转化为技术要求，只有通过对需求进行有效分析，并进行需求验证，才能制定与实际相贴合的方案。

智能光电方案设计应从需求、目的、方式、方法、任务进度、人员部署安排、执行相关标准等方面进行具体、周密且具备很强可操作性的规划。方案的制定是一个复杂且具有创造性的设计规划，要求设计者将用户需求分解为技术可实施的方案。

智能光电产品功能电路设计就是对技术方案的初步验证，为了方便教学和快速对技术方案的验证，可采用远程云端硬件实验平台进行初步的方案设计和验证，并通过编写程序代码，对设计方案做可行性验证。

智能光电产品常用外围硬件功能电路通常由以下几部分功能电路组成。

（1）电源管理：智能光电产品系统会有各种电压需要适配，更有部分功能电路需要独立供电，如模拟电路、数字电路、通信隔离电路都需要独立供电，需要利用硬件电路搭配不同的电压以满足智能光电设备不同功能组件的电压要求，需要考虑 EMI/EMC 等特殊情况，如图 8-2 所示。

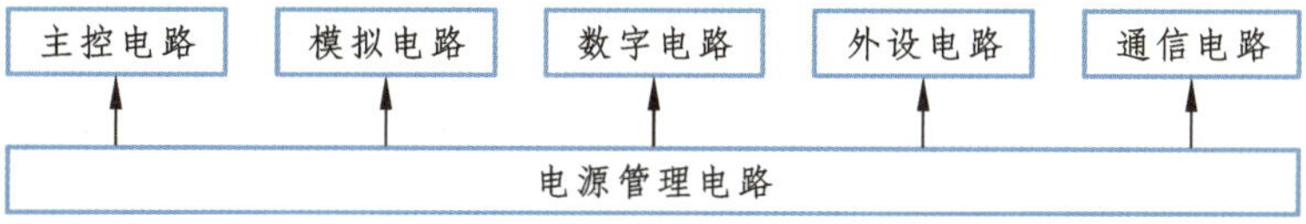

图 8-2 电源管理电路框图

（2）输入接口：作为一个智能光电产品，必然会包含输入电路，输入电路包括模拟信号输入电路、开关信号输入电路、频率信号输入电路等电路。首先说明的是，输入是一个统称的说法。常用的输入功能组件有键盘、功能按键、A/D 转换接口电路、传感器、音频输入接口、开关信号等。图 8-3 所示为常用输入接口功能电路框图。

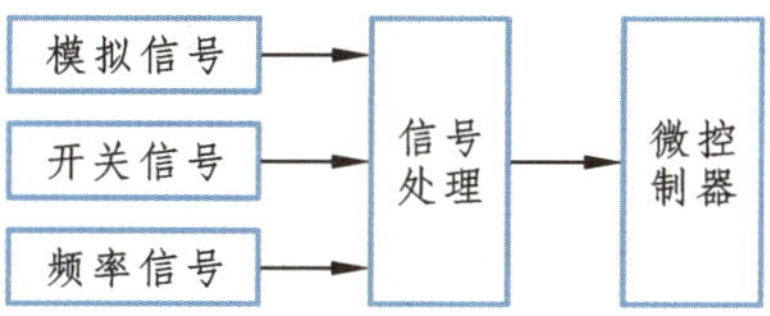

图 8-3 输入接口电路框图

（3）输出接口：与输入接口电路概念相对应，输出接口电路也是一种通信电路，用微处理器与外设直接进行数据、状态、控制交互。常用输出接口电路有显示设备、指示设备、驱动执行设备、可编程接口、外设适配器，如图 8-4 所示。

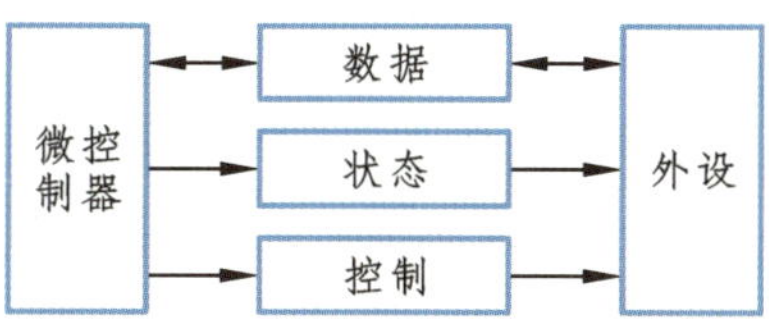

图 8-4 输出接口电路框图

（4）信号调理：信号流入/流出主控系统时可能为单个信号，或是一串脉冲，可以是单一端口，也可是多个端口并行。信号调理电路是把模拟信号、数字信号转换为稳定、可靠、可以被微处理器识别或采集的电信号的电路，见图 8-5。信号调理电路常用于传感器信号的调理，传感器信号不能直接转换为数字信号，传感器采集到电信号后信号调理电路就对信号进行量化，如温度、压力、光强度、湿度、气体浓度等物理量的测量应用。

数字信号调理主要包括消抖、滤波、隔离、电平兼容、保护等电路。

模拟信号调理主要包括放大、衰减、滤波、模数转换、隔离、补偿等电路。

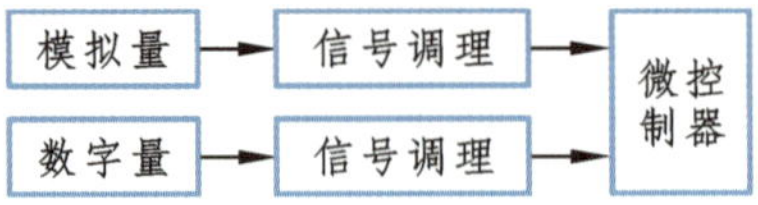

图 8-5　信号调理电路框图

（5）存储电路：存储器是一种时序逻辑电路，是一种数字器件。智能光电硬件产品发展日新月异，需要的数据存储空间和程序存储空间也在不断加大，随着电子技术与加工工艺的发展，存储器件也在不断发展，小体积与大容量存储器种类也比较多。存储器一般分外设存储器和内部存储器件，从功能上可以分为 ROM 和 RAM 存储器件。良好的存储电路读写速度应该高于或等于主控单元电路，同时存储容量较大，价格也相对较低。在智能光电产品中，存储器是用来存储程序和数据信息的部件。常见的外设存储芯片有 SD 卡、NAND FLASH、SRAM、DRAM、EEPROM 等相关芯片。

（6）接口防护电路：智能光电产品根据应用场景不同，防护级别也是不同的，防护电路是出于智能光电产品保护以及产品安全方面考虑而设计的。总体来说，防护电路可以分为输入输出防护、板级防护以及整机防护等，主要涉及缓冲、防雷、浪涌、EMI、EMC、静电、防反接、过压过流防护等措施，如图 8-6 所示。

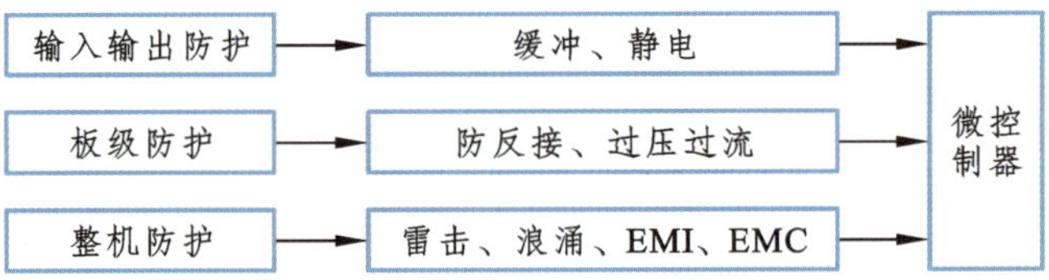

图 8-6　接口防护电路框图

智能光电产品相比于传统硬件产品，是通过软硬件的结合，使设备具备智能化的功能产品。作为一个智能光电产品，其用户需求、功能定义、产品设计等都离不开方案的设计，通过对用户进行需求分析后并进行方案设计，在设计方案时进行功能验证，论证需求转换为产品的可行性，利用远程远端硬件实验平台进行功能电路方案的虚拟仿真验证，同时为后续实体软硬件开发以及实现设备的智能化与后期优化升级留下余地。

利用远程云端硬件实验平台进行虚拟仿真是智能光电应用开发全部设计中起到承前启后的一个重要的环节，可对智能光电基本外设功能电路方案进行设计验证，为后续的方案设计与开发奠定基础。本书选用远程云端硬件实验平台，电路虚拟仿真主控单元为 STM32F4 系列 ARM 芯片。

8.1　远程云端硬件实验平台仿真及使用

智能光电产品功能电路由多个单元模块组成，设计智能光电电路逻辑功能模块，首先要详细了解设计需求和方案，从需求中整理出需要设计的功能，结合实际需求和方案对主控芯片进行合理选型，理清信号通路，需要细分每一个功能模块电路，理解每一个电子元件的作用，然后选用成熟且稳定性与可靠性较高的电路对外围驱动电路进行合理设计，最后对各部分设计好的功能模块电路进行实际的功能性验证。

设计与仿真智能光电产品是智能光电应用开发中的一个典型工作任务，利用远程云端硬件实验平台作为工具或载体，平台既融入了管理模式，又可进行相关实验的虚拟仿真，在实践环节分四个方面的典型工作任务：搭建智能光电外围电路、硬件编程语言练习、学习模块化外设编程、综合实验仿真。

以本专业学科理论知识点为主线，利用远程云端硬件平台进行实操强化训练，剖析专业相关的知识点与知识面，然后分析实验项目涉及的典型工作任务，有针对性地开展本智能光电应用开发相关课程实验教学，进行项目方案的仿真与验证，完成学习者技术技能的培养，如图 8-7 所示。

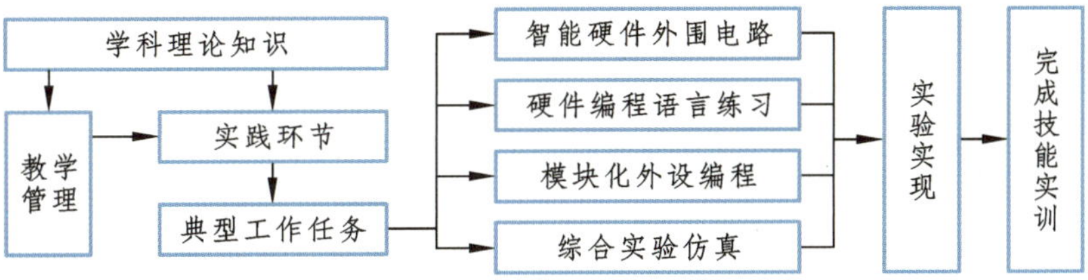

图 8-7　远程云端硬件实验平台组成及使用框图

8.1.1　远程云端硬件实验平台简介

远程云端硬件实验平台采用先进的 B/S 架构，既兼顾了传统智能光电开发相关专业领域实验系统的硬件特征形式，又结合了大数据、云计算技术，是可以进行线上远程操作先进硬件的实验平台。在校学生以及工程技术人员可以利用远程线上的方式随时随地不受时空和条件限制进行相关智能光电产品方案的虚拟仿真电路设计与编程验证。远程云端硬件实验平台后台为真实的系统硬件板卡，可通过以太网将所有的实验运行数据上传至云端服务器，并通过 B/S 架构在浏览器界面实时反馈实验结果。该平台自带系统管理系统，分为教师端和学生端，满足教师布置作业任务、提交作业任务，并可以实时观察学生端操作情况等功能。

远程云端硬件实验平台的登录界面如图 8-8 所示。

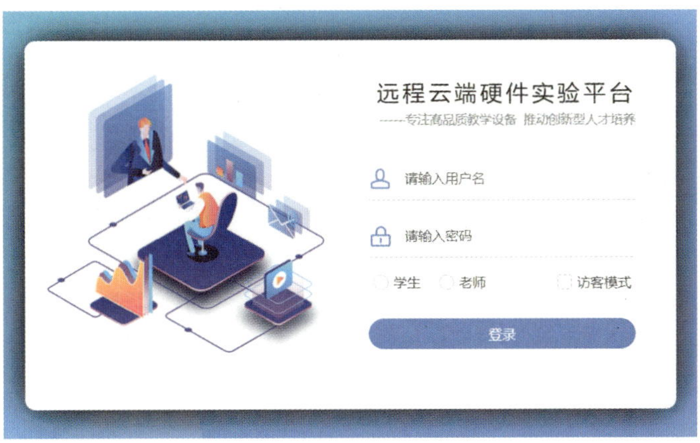

图 8-8　远程云端硬件登录平台

众所周知，主控单元芯片是智能光电产品不可缺失的一部分，尤其是近些年，科技飞速发展，技术领域也在不断提高，芯片制造工艺也在不断提高，处理器性能越来越高，不断发展的主控芯片已经能够满足智能光电产品各方面的需求，但不同的主控单元芯片还是存在较大的差异，所以在智能光电产品设计之初对主控芯片进行选型，发挥芯片最佳的性能。

该教学平台采用目前主流的处理器作为主控单元芯片，运行主频高，可以流畅运行各种实验，学生通过该平台，既可以在平台进行智能光电电路方案的虚拟仿真与编程，又可以了解到嵌入式技术发展趋势。

选择正确的智能硬件产品主控单元，不仅可以节约成本，还可以使设计结果更加明确。远程云端硬件实验平台有四个不同的开发平台，分别为 XLINX、51 单片机、STM32、Altera 远程云端实验平台。通过需求综合分析，选择适当的主控单元芯片进行方案设计。

8.1.2　远程云端硬件实验平台的组成

远程云端硬件实验平台由管理端、教师端和学生端组成，其中教师端提供了登录、学生信息监控、学生操作记录监控、实验管理、FPGA 板卡连接状态监控、学生实时操作信息监控、实验面板等功能，专为教学管理与教学实验量身定制。图 8-9 所示为系统主页。

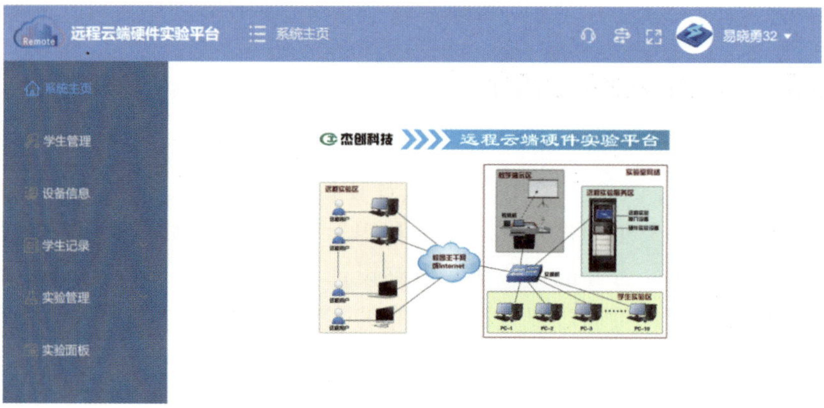

图 8-9　系统主页

实验面板是远程云端硬件实验平台的核心功能之一，学生在实验面板上可进行虚拟电路框架的搭建，以及本地程序向真实的仿真实验板卡程序烧写的功能，如图 8-10 所示。

图 8-10　实验面板

在实验面板上有基础器件、实物器件、逻辑器件等可供同学们开展相关实验。基础器件有

PWM 输入、多位输入、多位输出、脉冲输入、模拟量输入、频率测量输出、位输入、位输出实验；实物器件有 LED 指示灯实验、独立按键控制实验、矩阵按键控制实验、拨码开关实验、蜂鸣器实验、独立数码管实验、四位数码管实验、8×8 点阵实验、16×16 点阵实验、LCD1602 液晶屏实验、LCD12864 液晶实验、TFT 全彩屏实验、步进电机控制实验、直流电机实验、舵机实验、语音播放实验；逻辑器件有 MCU、逻辑分析仪等；还有本地串口设备、串口调试助手、网络调试助手等。图 8-11 对主要器件进行了集中展示。

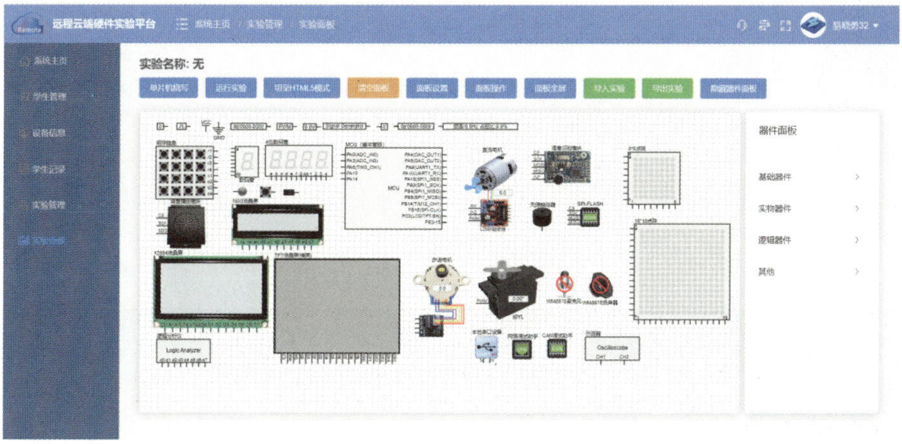

图 8-11　主要器件展示

利用远程云端硬件实验平台可进行多个智能光电应用场景的电路搭建与虚拟仿真，平台基本包含常用智能光电产品外围的器件，学生或工程技术人员在进行理论知识学习后可利用远程云端硬件实验平台各种实验器件进行实验测试，同时通过对实物器件的自由搭配，组合多应用场景，进行方案的虚拟仿真验证测试。

8.1.3　远程云端硬件实验平台仿真电路搭建

远程云端硬件实验平台提供多种智能光电常用基本器件和实物器件，用户可使用器件进行组合，搭建基于多个场景的硬件电路，通过编程进行实验。

下面以搭建按键点灯实验为例，进行搭建虚拟仿真电路配置实验演示。

1. 添加自定义 MCU

（1）打开器件面板中的“逻辑器件”，如图 8-12 所示，其中基本管脚（MCU）和自定义管脚（MCU）均为逻辑器件，其中“基本管脚”中包含基本常用外设引脚，“自定义管脚”的逻辑器件模型可通过设计需要灵活配置进行实验操作。

（2）鼠标左键选中“自定义管脚（MCU）”并向左侧实验图纸区域拖拽，弹出“自定义 MCU 管脚设置”对话框，如图 8-13 所示。在对话框中可进行输入与输出管脚配置。

本案例配置一个输入引脚和一个输出引脚的功能。

添加输入管脚：单击“输入管脚配置”选项卡，单击“添加管脚”按钮，选择 PB0 作为输入模式，如图 8-14 所示。PB0 的 BIT 位数选择 1，然后单击“确定”按钮。如果是多位并行输入引脚，则可以根据实际情况选择添加输入 BIT 位数，远程云端硬件实验平台支持最高

16 位 BIT 的添加。

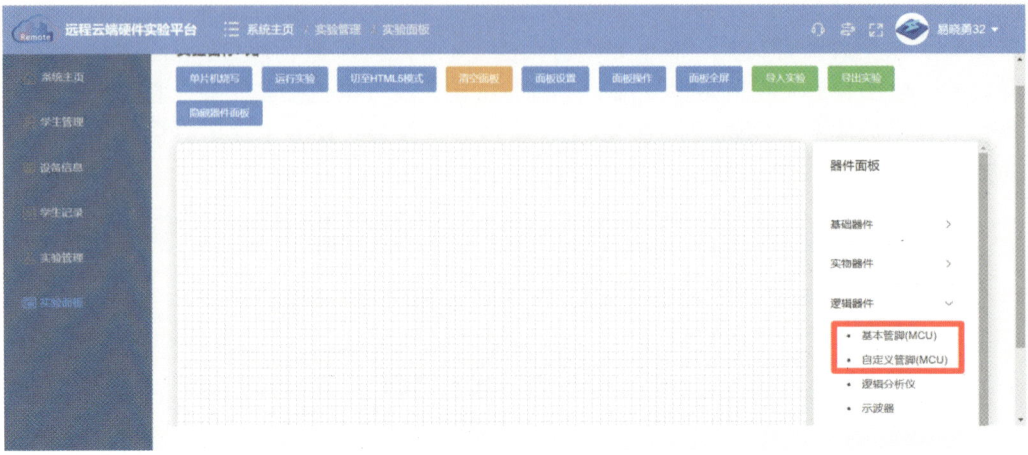

图 8-12　添加 MCU

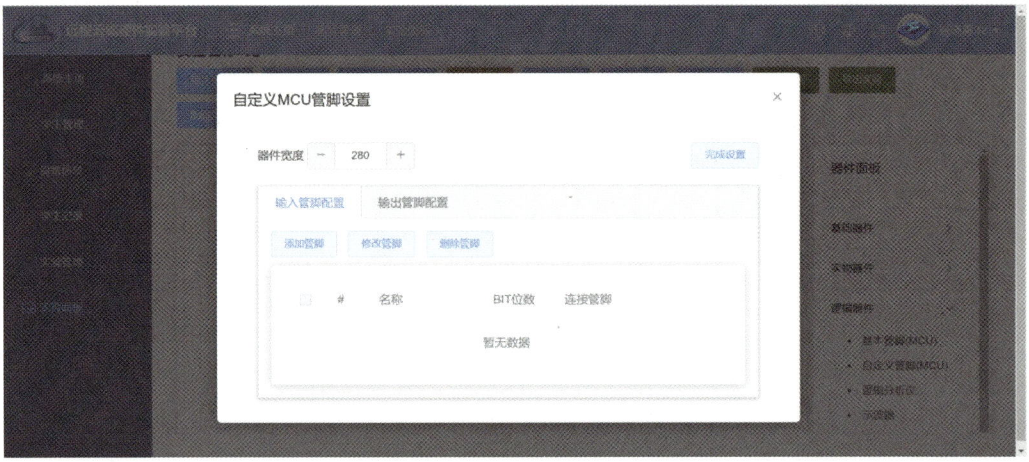

图 8-13　自定义 MCU 管脚

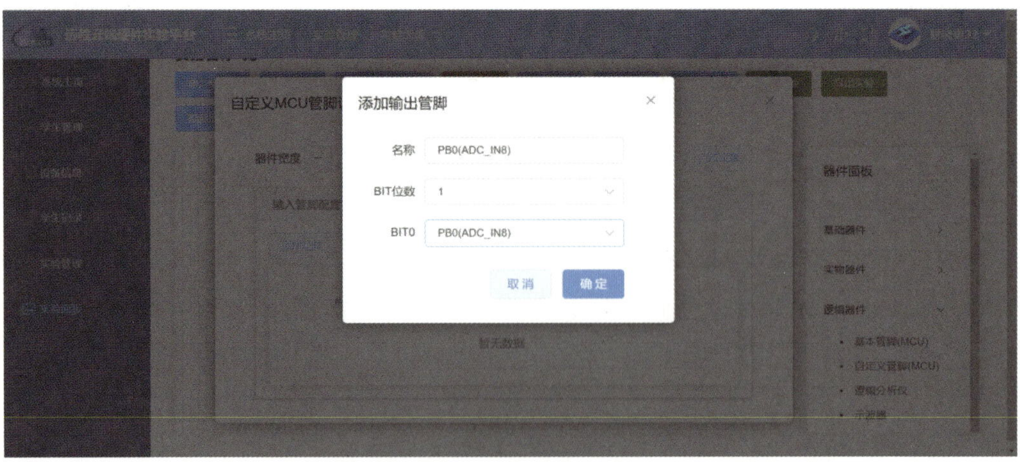

图 8-14　添加 MCU 输入管脚

添加输出管脚：单击“输出管脚配置”选项卡，然后单击“添加管脚”按钮，选择 PA4 作为输出模式，如图 8-15 所示。BIT 位数选择 1，如果是多位并行输出引脚，则可以根据实际情况选择添加输出 BIT 位数，远程云端硬件实验平台支持最高 16 位 BIT 的添加。

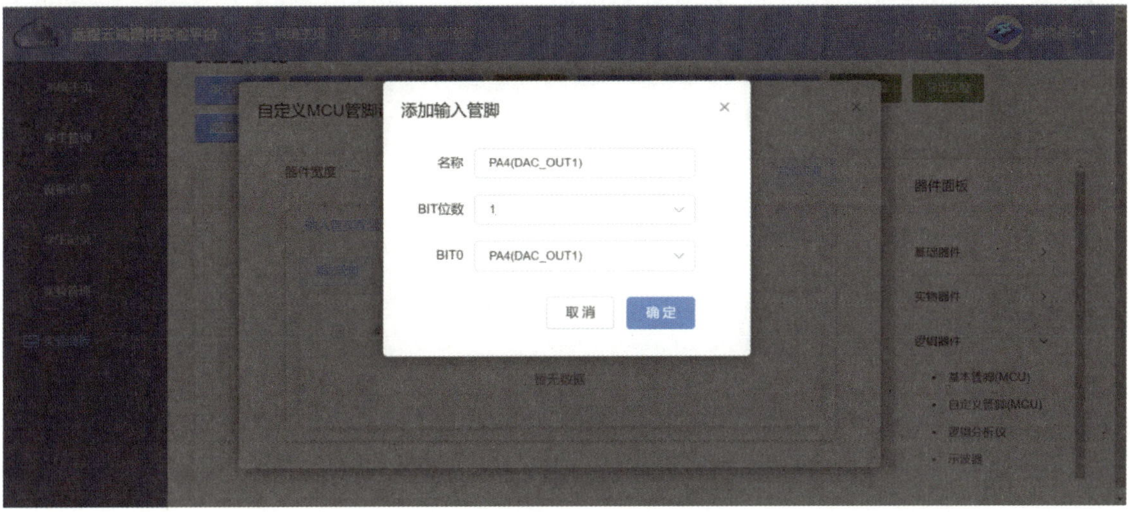

图 8-15　添加 MCU 输出管脚

单击“确定”按钮完成 MCU 的添加。将 MCU 拖拽到“实验面板”中央位置，其中 MCU 左边为 PA4，即输出管脚，右边为 PB0，即为输入管脚，如图 8-16 所示。“器件面板”中的输入相关器件，如模拟量输入、按键等只能连接到 MCU 右边管脚，LED 灯、数码管等输出器件只能连接到 MCU 的左边管脚。

图 8-16　MCU 添加完成

2. 添加独立按键

打开“器件面板”中的“实物器件”，用鼠标左键单击“按键”按钮，选中“按键”按钮，然后将按钮拖拽到左侧实验图纸区域。弹出如图 8-17 所示的对话框。点击编辑参数，按键触发边沿配置为“下降沿”模式。若程序配置按键下降沿触发或低电平有效，则在编辑参数触发边沿为“下降沿”，反之则为“上升沿”。

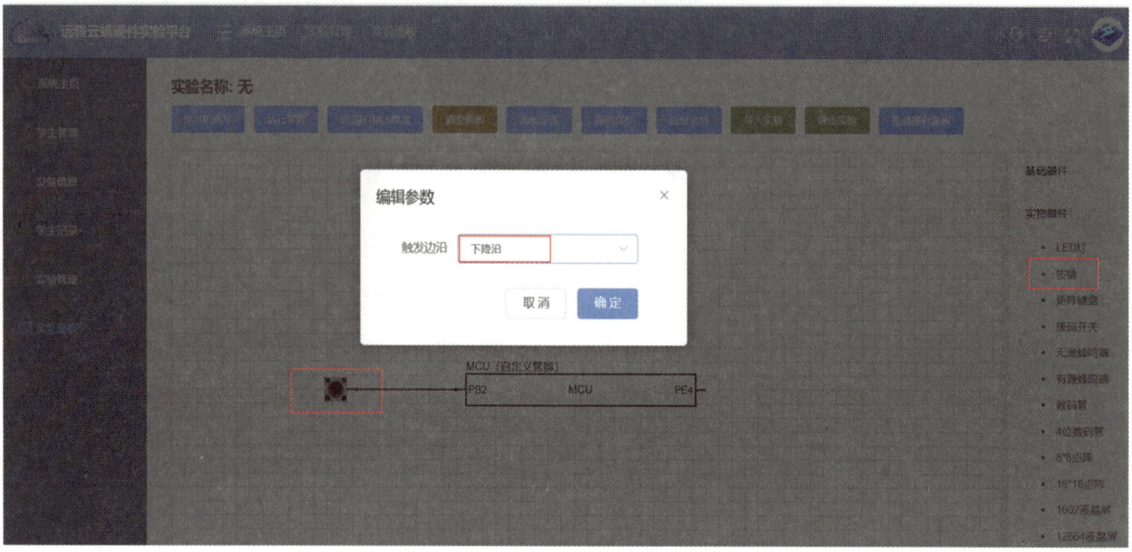

图 8-17　添加按键

3. 添加一个 LED 灯

打开器件面板中的“实物器件”，鼠标左键选中“LED 灯”向左侧实验图纸区域拖拽。弹出如图 8-18 所示的对话框。点击编辑参数，将 LED 灯配置为“红色”。

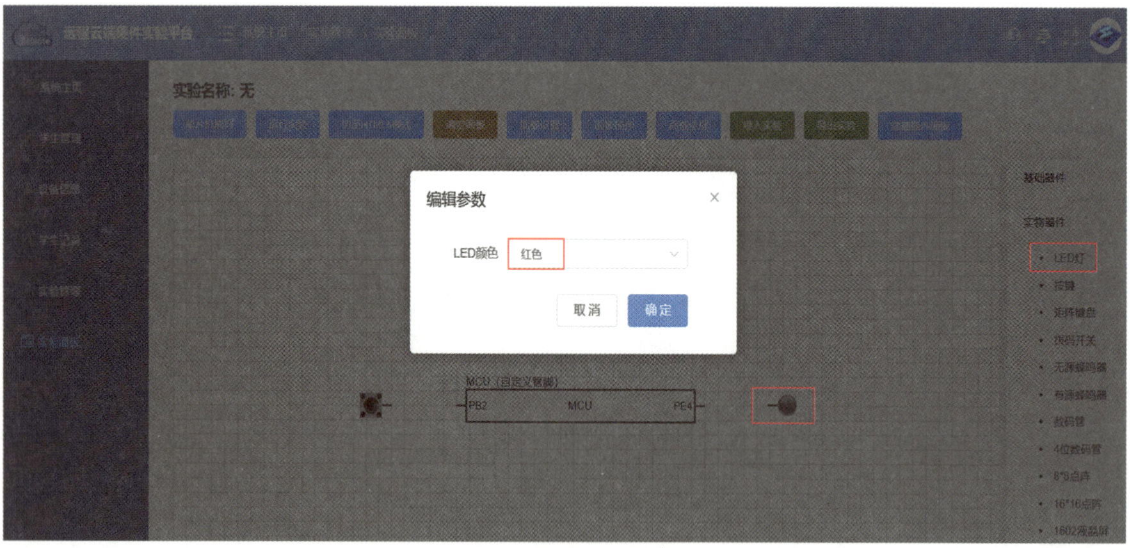

图 8-18　添加 LED 灯

4. 管脚连接

用鼠标点击器件的引脚后，再点击另一个器件的引脚，可以将逻辑器件管脚与器件管脚相连接，如图 8-19 所示。连接后的管脚上有个黑点，则表示连接成功。

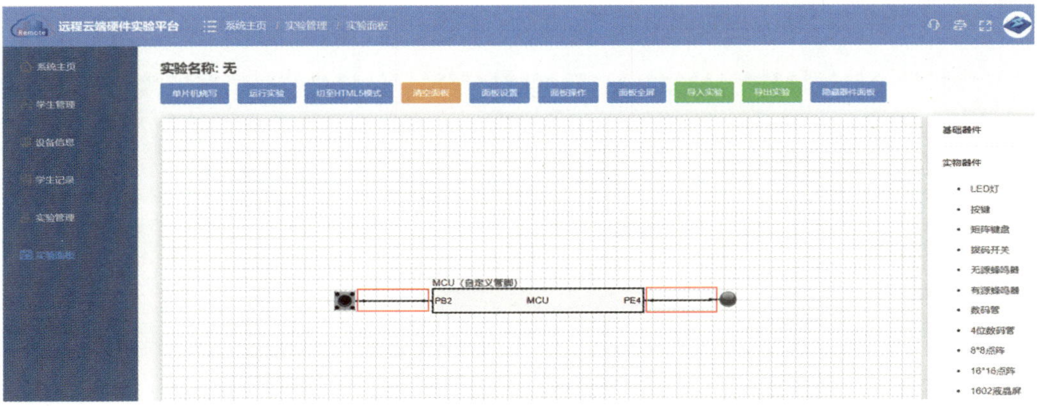

图 8-19　元器件引脚连接

8.1.4　远程云端硬件实验平台实验仿真（按键输入、LED 初始化）

远程远端硬件实验平台需根据需求进行电路设计，硬件仿真电路设计完成后，需要进行代码验证，进行项目实测。

项目主要逻辑：按下按键，按键弹起后 LED 点亮，再次按下按键，按键弹起后 LED 灯熄灭。

解压源程序文件，找到名为 LED 的文件夹，打开 Project 文件夹，双击“LED.uvproj”图标（绿色图标），即可打开项目工程。点击 main.c，即可开始修改其中的若干语句进行程序编写。

1. 编写软件程序

（1）编写 LED 端口输出配置函数：

```
/***************************************************************************
***
函数原型：void LED_Config_Init(void)
函数功能：LED 端口初始化函数，配置为输出模式
输入参数：无
输出参数：无
***************************************************************************
***/
void LED_Config_Init(void)
{
    GPIO_InitTypeDef   GPIO_InitStructure;                    //定义 GPIO 端口结构体变量
    RCC_AHB1PeriphClockCmd(RCC_AHB1Periph_GPIOE, ENABLE); //使能 GPIOB 时钟
    GPIO_InitStructure.GPIO_Pin =          GPIO_Pin_4;
    GPIO_InitStructure.GPIO_Mode =   GPIO_Mode_OUT;       //普通输出模式
    GPIO_InitStructure.GPIO_OType =   GPIO_OType_PP;       //推挽模式
    GPIO_InitStructure.GPIO_Speed =   GPIO_Speed_100MHz; //100MHz
    GPIO_Init(GPIOE, &GPIO_InitStructure);                 //初始化
}
```

（2）编写按键端口输入配置函数：

```
/*****************************************************************************
***
函数原型：void KEY_Config_Init(void)
函数功能：按键端口初始化函数，配置为输入模式
输入参数：无
输出参数：无
*****************************************************************************
***/
void   KEY_Config_Init(void)
{
  GPIO_InitTypeDef   GPIO_InitStructure;                    //定义 GPIO 端口结构体变量
  RCC_AHB1PeriphClockCmd(RCC_AHB1Periph_GPIOA, ENABLE);    //使能 GPIOB 时钟
  GPIO_InitStructure.GPIO_Pin =       GPIO_Pin_2;           //定义计 PB2
  GPIO_InitStructure.GPIO_Mode =   GPIO_Mode_IPU;           //普通输入模式
  GPIO_InitStructure.GPIO_Speed = GPIO_Speed_100MHz;        //100MHz
  GPIO_InitStructure.GPIO_PuPd =    GPIO_PuPd_UP;           //上拉
  GPIO_Init(GPIOB, &GPIO_InitStructure);                    //初始化
}
```

（3）编写主函数逻辑功能：

```
/**********************************************************************
函数原型：void int main(void)
函数功能：主函数
输入参数：无
输出参数：0
**********************************************************************/
int main(void)
{
        delay_init(168);//设置单片机主频为 168MHz
        LED_Config_Init();//LED 端口初始化函数
        Key_Config_Init();//KEY 端口初始化函数
        while(1)
        {
         if(GPIO_ReadInputDataBit(GPIOB,GPIO_Pin_2) == 0)//判断按键是否按下
        {
              delay_ms(20); //延时消抖函数
              while(GPIO_ReadInputDataBit(GPIOB,GPIO_Pin_2) == 0);//等待按键弹起
              GPIO_ToggleBits(GPIOE,GPIO_Pin_4);     //LED 端口电平状态翻转
```

```
            }
        }
}
```

2. 编译代码并生成 HEX 文件

打开 Keil 软件编写代码，点击工具栏上的魔法棒按钮，选择“Options for Target”→“Output”选项，在 Create HEX File 选项前打钩，然后点击 Build 按钮，或者按 F7 键进行程序的编译，编译成功即可产生 HEX 文件。

编译成功，在 Build Output 窗口会显示 0 个错误、0 个警告（有时候会有警告，但是警告不影响程序的使用）。

完成代码编写后需要进行单片机烧写。点击实验面板中的“单片机烧写”，找到对应工程目录下的 HEX 文件，双击选中文件。将 HEX 文件下载到远程板卡中。等待出现“MCU 程序配置成功”字样，表示后台板卡程序烧写成功，如图 8-20 所示。

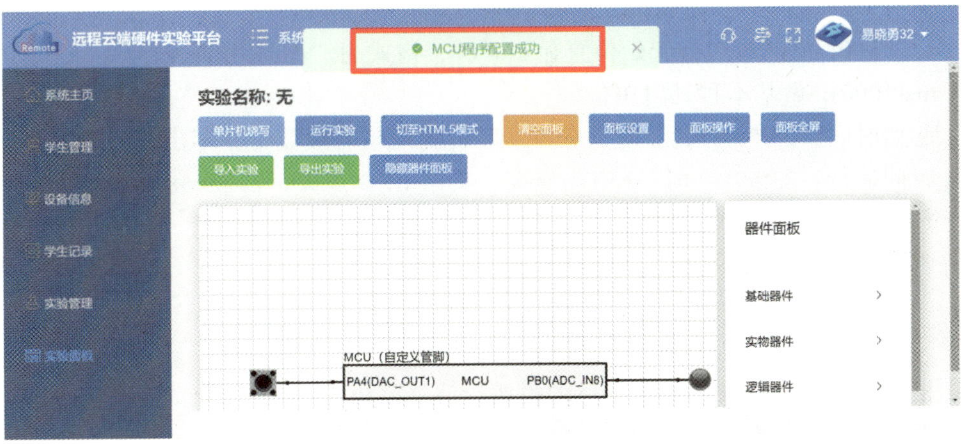

图 8-20　程序远程烧写成功

烧写成功后点击“运行实验”，按下按键可以看到 LED 灯点亮，再次按下按键 LED 灯熄灭，实验运行成功，如图 8-21 所示。

图 8-21　实验现象

8.2 设计与仿真典型案例

在 8.1 节中对远程云端硬件实验平台组成及使用进行了详细介绍，本节内容列举一些基于远程云端硬件实验平台的案例。

8.2.1 声光报警实验

1. 任务说明

设计一个功能电路，以 1602 液晶屏作为显示屏幕，实现一个简易的 LCD 时钟功能，当时间为 00:00:00 时，蜂鸣器和 LED 进行声光报警提示。

2. 任务功能

（1）LCD1602 液晶第一行起始位置显示“CLOCK”字样。

（2）所有 LED 点亮 1 s 后熄灭，蜂鸣器鸣响亮 1 声后关闭。

（3）LCD1602 液晶第二行起始位置显示时钟，格式为“小时:分钟:秒钟”，使用阻塞型函数 delay_ms(1000); 做基本秒延时单位。

（4）起始时间：23:59:55，小时、分钟、秒钟为两位有效数字，不足两位时用 0 补齐。

（5）时间运行：23:59:57 时，LED1 点亮，其余 LED 熄灭；23:59:58 时，LED2 点亮，其余 LED 熄灭；23:59:59 时，LED3 点亮，其余 LED 熄灭；00:00:00 时，全部 LED 点亮 1 s 后熄灭，蜂鸣器鸣响 1 s 后停止。

3. 设计步骤

（1）根据任务功能要求，选择合适的模块，放置模块元件。

（2）根据要求配置模块属性。

（3）用导线将元件模块连接。

（4）用 Keil 编译环境根据任务要求进行程序设计编程。

（5）编译完成后，生成 HEX 文件，将 HEX 文件上传到远程云端硬件实验平台。

（6）点击“运行”，测验硬件和程序的正确性，完成任务说明中的功能。

（7）任务完成后保存完整工程文件，导出电路.epl 文件。

4. 搭建电路

在远程云端硬件实验平台实验面板搭建功能仿真电路，功能仿真电路整体由以下几部分组成。

（1）自定义 MCU（合并 PE0-7 为 8 位并行引脚）。

（2）1602 液晶屏（合并 DB0-7 为 8 位并行引脚）。

（3）有源蜂鸣器。

（4）LED 灯。

仿真参考电路如图 8-22 所示，具体要求按照“任务功能”要求进行操作。

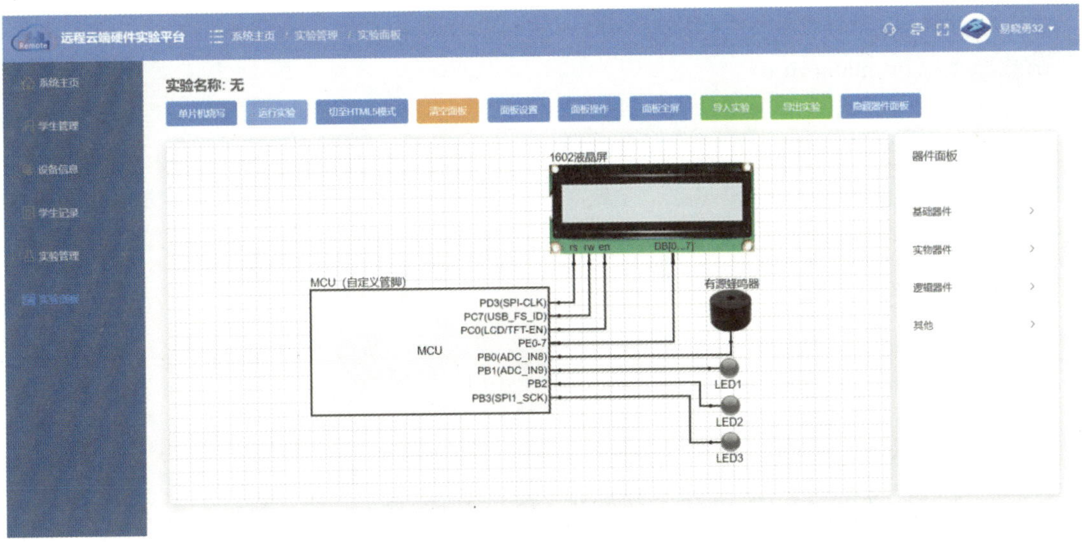

图 8-22　声光报警虚拟仿真实验电路图

5. 编写程序

（1）编写 LED 端口配置函数。在 8.1.4 节已配置 PB0 为推挽输出模式，即 GPIO_Mode_Out_PP，本实验需要将 PB1、PB2、PB3 均配置成推挽输出模式，故可在 8.1.4 节的基础上进行修改，主要语句如下：

```
GPIO_InitStructure.GPIO_Pin =  GPIO_Pin_1 |
                               GPIO_Pin_2 |
                               GPIO_Pin_3;   //使能 GPIOB 端口 1.2.3 引脚
GPIO_Init (GPIOB, &GPIO_InitStructure);      //配置端口
```

在图 8-22 中，PB0 控制蜂鸣器，故需要将 PB0 也配置成推挽输出模式，方法相同。

（2）编写主函数：

```
void LED_Cofig_Init(void); //声明 LED 端口初始化函数
void Buzzer_Cofig_Init(void);     //声明蜂鸣器端口初始化函数
#define LED1_ON      GPIO_SetBits(GPIOB,GPIO_Pin_1)    //LED1 点亮函数宏定义
#define LED1_OFF     GPIO_ResetBits(GPIOB,GPIO_Pin_1)  //LED1 关闭函数宏定义
#define LED2_ON      GPIO_SetBits(GPIOB,GPIO_Pin_2)    //LED2 点亮函数宏定义
#define LED2_OFF     GPIO_ResetBits(GPIOB,GPIO_Pin_2)  //LED2 关闭函数宏定义
#define LED3_ON      GPIO_SetBits(GPIOB,GPIO_Pin_3)    //LED3 点亮函数宏定义
#define LED3_OFF     GPIO_ResetBits(GPIOB,GPIO_Pin_3)  //LED3 关闭函数宏定义
#define BUZZER_ON    GPIO_SetBits(GPIOB,GPIO_Pin_0)    //蜂鸣器开启函数宏定义
#define BUZZER_OFF   GPIO_ResetBits(GPIOB,GPIO_Pin_0)  //蜂鸣器关闭函数宏定义
u8 SS = 55;   //定义秒钟变量
u8 MM = 59;  //定义分钟变量
u8 HH = 23;   //定义时钟变量
char Str[10]={0}; //定义一个字符串
```

```
/*****************************************************************
函数原型：int main(void)
函数功能：主函数
输入参数：无
输出参数：无
*****************************************************************/
int main(void)
{
        delay_init(168);              //初始化系统时钟 168Mhz
        LCD1602_Init();               //初始化 1602 液晶屏
        Buzzer_Cofig_Init();          //初始化蜂鸣器端口函数
        LED_Cofig_Init();             //初始化 LED 端口函数
        LCD1602_Show_Str(0, 0, "CLOCK");  //液晶输出字符串 CLOCK
        while(1)
        {
         SS ++;                  //秒钟自加
         if(SS > 59)             //秒大于 59
         {
              SS = 0;            //秒钟清零
              MM ++;             //分钟自加
              if(MM > 59)  //分大于 59
              {
                   MM = 0; //分钟清零
                   HH ++;  //小时自加
                   if(HH > 23)//时大于 23
                   {
                        HH = 0;//时清零
                   }
              }
         }
        if              (SS == 57 && MM == 59 && HH==23)//当时间为 23:59:57 时
        {
              LED1_ON;   LED2_OFF;   LED3_OFF;        //LED1 点亮，其余灯熄灭
        }
        else if (SS == 58 && MM == 59 && HH==23)  //当时间为 23:59:58 时
        {
              LED1_OFF;  LED2_ON;    LED3_OFF;  //LED2 点亮，其余灯熄灭
        }
```

```
        else if (SS == 59 && MM == 59 && HH==23)  //当时间为 23:59:59 时
        {
            LED1_OFF;  LED2_OFF;  LED3_ON;    //LED3 点亮，其余灯熄灭
        }
        else if (SS == 00 && MM == 00 && HH==00)  //当时间为 00:00:00 时
        {
            LED1_ON;   LED2_ON;   LED3_ON;    //所有 LED 灯开启
            BUZZER_ON;                        //蜂鸣器鸣响一声
        }
        else                                  //其他情况
        {
            LED1_OFF;  LED2_OFF;  LED3_OFF;   //所有灯都关闭
            BUZZER_OFF;                       //蜂鸣器关闭
        }
        sprintf(Str,"%02d:%02d:%02d",HH,MM,SS);//格式化输出，将十进制数转换为字
符串
        LCD1602_Show_Str(0, 1, Str);          //液晶显示字符串
        delay_ms(1000);                       //延时 1s
    }
}
```

6. 实验现象

将程序文件进行编译，点击实验面板中的“单片机烧写”，将编译生成的 HEX 文件烧写到后台板卡中，烧写成功后点击“运行实验”，可以看到时钟在运行，如图 8-23 所示。

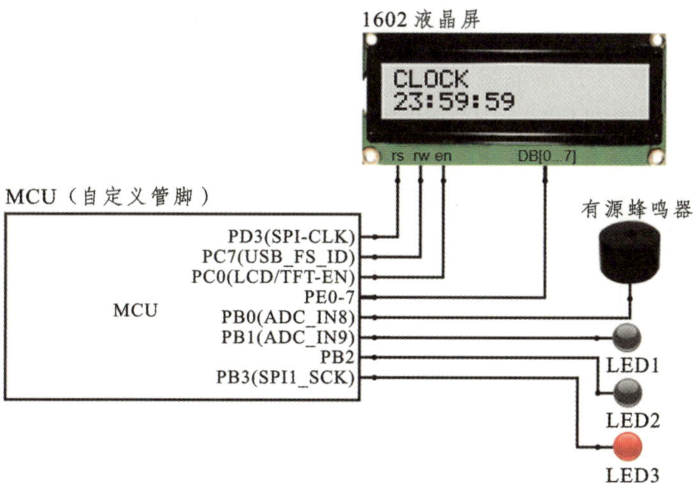

图 8-23　实验现象

8.2.2 智能回收桶实验

在实际项目开发前可利用远程云端实验平台对项目方案中的功能电路进行仿真验证，提高项目开发效率。

本节以智能回收桶部分功能虚拟仿真为案例，利用远程云端硬件实验平台，对智能回收桶开发方案中的部分功能进行虚拟电路搭建与功能验证。

1. 任务说明

以智能回收桶基础功能为例，分析产品需求，并对部分功能进行虚拟仿真验证。通过对客户进行需求调研及市场分析，总结出以下基础功能。

（1）触摸控制智能回收桶开启与关闭。

（2）智能回收桶经常置于厨房，要求智能回收桶具备可燃气体检测功能。

（3）智能回收桶开启与关闭时进行声光提示。

（4）检测到可燃气体时进行声光报警提示。

（5）具备液晶提示，人机操作界面交互友好。

2. 任务功能

将产品需求功能转换为远程远端硬件实验平台虚拟仿真功能电路，要求具备以下功能：

（1）触摸控制智能回收桶开启与关闭，使用实物器件中按键与直流电机进行虚拟电路设计；可燃气体检测，使用基础器件中的模拟量输入进行虚拟电路设计；声光提示与报警，使用实物器件中 LED 与蜂鸣器进行虚拟电路设计；人机操作界面，使用实物器件中 1602 液晶屏进行虚拟电路设计。

（2）LED 点亮 1 s 后熄灭，蜂鸣器鸣响亮 1 声后关闭。

（3）LCD1602 液晶第一行起始位置显示“ADC：<参数 1><参数 2>”，其中<参数 1>为 ADC 测量原始值，<参数 2>为 ADC 测量原始值换算的电压值。

（4）直流电机为停止转动状态。

（5）按下按键，LED 点亮，有源蜂鸣器鸣响 1 声后停止，LED1 随之熄灭。

（6）直流电机正转 3 s 后液晶显示 OPEN，正转速度（300±10）r/min，表示回收桶开启；直流电机停止 3 s；直流电机反转 3 s 后停止不转，反转速度（−300±10）r/min，液晶显示 CLOSE，表示回收桶关闭。

（7）液晶实时显示模拟量测量原始值与换算值（换算出的电压值），当电压值超过 1.65 V（精度±0.1 V）时，蜂鸣器鸣响，LED 点亮；反之，蜂鸣器停止鸣响，LED 熄灭。

3. 设计步骤

（1）根据任务功能要求，选择合适的模块，放置模块元件。

（2）根据要求配置模块属性。

（3）用导线将元件模块连接。

（4）用 Keil 编译环境根据任务要求进行程序设计编程。

（5）编译完成后，生成 HEX 文件，将 HEX 文件上传到远程云端硬件实验平台。

（6）点击“运行”测验硬件和程序的正确性，完成任务说明中的功能。

（7）任务完成后保存完整工程文件，导出电路.epl 文件。

4. 搭建电路

在远程云端硬件实验平台实验面板搭建功能仿真电路，功能仿真电路整体由以下几部分组成。

（1）自定义 MCU（合并 PE0-7 为 8 位并行引脚）。

（2）1602 液晶屏（合并 DB0-7 为 8 位并行引脚）。

（3）有源蜂鸣器。

（4）LED 灯。

（5）直流电机。

（6）按键输入（远程平台配置为下降沿）。

（7）模拟量输入。

仿真参考电路如图 8-24 所示，具体要求按照“任务功能”要求进行操作。

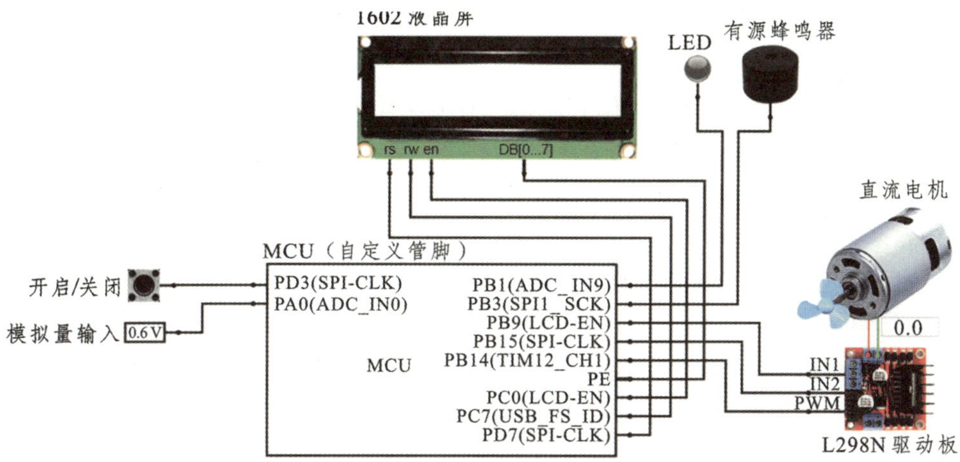

图 8-24　智能回收桶虚拟仿真实验电路

在图 8-24 中，除了按键、LED、蜂鸣器之外，多出了模拟量的输入和电机驱动。模拟量从 PA0 输入，故需要配置 ADC 转换器，又因为 PA0 是 ADC1 的通道 0，故需要进行 ADC 相关配置。用 PB9、PB15 控制电机的正转和反转，通过 PB14 输出 PWM 来控制电机的转速。

5. 编写程序

（1）编写 LED 端口配置函数。如图 8-24 所示，本实验的 LED 控制引脚是 PB1，因此需要将 PB1 配置成推挽输出模式，配置方法见 8.1.4 节。

（2）编写蜂鸣器端口配置函数。如图 8-24 所示，蜂鸣器控制引脚是 PB3，因此需要将 PB3 配置成推挽输出模式，配置方法见 8.1.4 节，核心语句修改如下：

```
GPIO_InitStructure.GPIO_Mode = GPIO_Mode_OUT;          //配置为输出模式
```

（3）编写按键端口配置函数。如图 8-24 所示，本实验的按键信号输入引脚是 PD3，因此需要将 PD3 配置成输入模式，配置方法见 8.1.4 节。

```
GPIO_InitStructure.GPIO_Mode = GPIO_Mode_IN;        //配置为输入模式
        GPIO_InitStructure.GPIO_Speed = GPIO_Speed_100MHz; //输出速度 100Mhz
        GPIO_InitStructure.GPIO_PuPd = GPIO_PuPd_UP;          //上拉模式
        GPIO_Init (GPIOD, &GPIO_InitStructure);                //配置端口
```

（4）编写电机驱动配置函数：

```
/*********************************************************************
函数原型：void DCmotor_Config_Init(void)
函数功能：电机方向端口配置函数
输入参数：无
输出参数：无
*********************************************************************/
void DCmotor_Config_Init(void)
{
        GPIO_InitTypeDef GPIO_InitStructure;//定义一个结构体变量
        RCC_AHB1PeriphClockCmd(RCC_AHB1Periph_GPIOB, ENABLE);//使能 GPIOD
端口时钟
        GPIO_InitStructure.GPIO_Pin =   GPIO_Pin_9     //定义电机 IN1 引脚
                                        | GPIO_Pin_15; //定义电机 IN2 引脚
        GPIO_InitStructure.GPIO_Mode = GPIO_Mode_OUT;//配置为输出模式
        GPIO_InitStructure.GPIO_OType = GPIO_OType_PP;//配置推挽模式
        GPIO_InitStructure.GPIO_Speed = GPIO_Speed_100MHz;//输出速度 100MHz
        GPIO_Init(GPIOB, &GPIO_InitStructure);//配置端口
}
/*********************************************************************
函数原型：void TIM12_PWM_Init(u32 arr,u32 psc)
函数功能：电机驱动配置函数
输入参数：u32 arr：自动装载值,u32 psc：分频系数
输出参数：无
*********************************************************************/
void TIM12_PWM_Init(u32 arr,u32 psc)
{
        GPIO_InitTypeDef GPIO_InitStructure;//定义一个 GPIO 端口结构体变量
        TIM_TimeBaseInitTypeDef   TIM_TimeBaseStructure;//定义一个定时器结构体变量
        TIM_OCInitTypeDef   TIM_OCInitStructure;//定时器比较输出初始化结构体
        RCC_APB1PeriphClockCmd(RCC_APB1Periph_TIM12,ENABLE);   //TIM12 时钟
使能
```

```
        RCC_AHB1PeriphClockCmd(RCC_AHB1Periph_GPIOB, ENABLE); //使能 PORTB
时钟
        GPIO_PinAFConfig(GPIOB,GPIO_PinSource14,GPIO_AF_TIM12);   //GPIOB14 复
用为功能
        GPIO_InitStructure.GPIO_Pin = GPIO_Pin_14;            //定义电机 PB14 引脚
        GPIO_InitStructure.GPIO_Mode = GPIO_Mode_AF;          //定义为复用功能
        GPIO_InitStructure.GPIO_Speed = GPIO_Speed_100MHz; //输出速度 100MHz
        GPIO_InitStructure.GPIO_OType = GPIO_OType_PP;        //推挽复用输出
        GPIO_InitStructure.GPIO_PuPd = GPIO_PuPd_UP;          //配置为上拉
        GPIO_Init(GPIOB,&GPIO_InitStructure);                 //配置端口
        TIM_TimeBaseStructure.TIM_Prescaler=psc;   //定时器分频系数
        TIM_TimeBaseStructure.TIM_CounterMode=TIM_CounterMode_Up; //向上计数模式
        TIM_TimeBaseStructure.TIM_Period=arr;           //自动重装载值
        TIM_TimeBaseStructure.TIM_ClockDivision=TIM_CKD_DIV1;
        TIM_TimeBaseInit(TIM12,&TIM_TimeBaseStructure);//初始化定时器 12
        //初始化 TIM12 Channel1 PWM 模式
        TIM_OCInitStructure.TIM_OCMode = TIM_OCMode_PWM1; //TIM 脉冲宽度调制
模式 2
        TIM_OCInitStructure.TIM_OutputState = TIM_OutputState_Enable; //比较输出使能
        TIM_OCInitStructure.TIM_OCPolarity = TIM_OCPolarity_Low; //TIM 输出比较极
性低
        TIM_OC1Init(TIM12, &TIM_OCInitStructure);   //指定的参数初始化外设 TIM1
4OC1
        TIM_OC1PreloadConfig(TIM12, TIM_OCPreload_Enable);   //在 CCR1 上的预装载
寄存器
        TIM_ARRPreloadConfig(TIM12,ENABLE);//ARPE 使能
        TIM_Cmd(TIM12, DISABLE);   //使能 TIM12

    }
```

（5）编写定时器配置函数：

```
    /*****************************************************************************
    函数原型：void TIM3_Config_Init(u32 arr,u32 psc)
    函数功能：定时器配置函数
    输入参数：u32 arr：自动装载值,u32 psc：分频系数
    输出参数：无
    *****************************************************************************/
    void TIM3_Config_Init(u16 arr,u16 psc)
    {
```

```
    TIM_TimeBaseInitTypeDef TIM_TimeBaseInitStructure;    //定义定时器结构体
    NVIC_InitTypeDef NVIC_InitStructure;                  //定义 NVIC 结构体
    RCC_APB1PeriphClockCmd(RCC_APB1Periph_TIM3,ENABLE); //使能 TIM3 时钟
    TIM_TimeBaseInitStructure.TIM_Period = arr;           //自动重装载值
    TIM_TimeBaseInitStructure.TIM_Prescaler=psc;          //定时器分频
    TIM_TimeBaseInitStructure.TIM_CounterMode=TIM_CounterMode_Up; //向上计数
模式
    TIM_TimeBaseInitStructure.TIM_ClockDivision=TIM_CKD_DIV1; //时钟预分频设
置为 1
    TIM_TimeBaseInit(TIM3,&TIM_TimeBaseInitStructure);    //初始化 TIM3
    TIM_ITConfig(TIM3,TIM_IT_Update,ENABLE);              //允许定时器 3 更新中断
    TIM_Cmd(TIM3,DISABLE);                                //使能定时器 3
    NVIC_InitStructure.NVIC_IRQChannel=TIM3_IRQn;         //定时器 3 中断
    NVIC_InitStructure.NVIC_IRQChannelPreemptionPriority=0x01; //抢占优先级 1
    NVIC_InitStructure.NVIC_IRQChannelSubPriority=0x03; //子优先级 3
    NVIC_InitStructure.NVIC_IRQChannelCmd=ENABLE;         //使能中断
    NVIC_Init(&NVIC_InitStructure);
}
```

（6）编写 ADC 端口配置函数：

```
/***********************************************************************
函数原型：u16 Adc_Config_Init(void)
函数功能：ADC 端口初始化
输入参数：无
输出参数：无
***********************************************************************/
void  Adc_Config_Init(void)
{
    GPIO_InitTypeDef          GPIO_InitStructure;          //定义端口结构体
    ADC_CommonInitTypeDef     ADC_CommonInitStructure;//定义 ADC 通用配置结
构体
    ADC_InitTypeDef           ADC_InitStructure;           //定义 ADC 配置结构体
    RCC_AHB1PeriphClockCmd(RCC_AHB1Periph_GPIOA, ENABLE);//使能 GPIOA
时钟
    RCC_APB2PeriphClockCmd(RCC_APB2Periph_ADC1, ENABLE); //使能 ADC1 时钟
    //先初始化 ADC1 通道 5 IO 口
    GPIO_InitStructure.GPIO_Pin = GPIO_Pin_0;              //PA0 通道 0
    GPIO_InitStructure.GPIO_Mode = GPIO_Mode_AN;       //模拟输入
```

```
        GPIO_InitStructure.GPIO_PuPd = GPIO_PuPd_NOPULL ;//不带上下拉
        GPIO_Init(GPIOA, &GPIO_InitStructure);              //初始化
        RCC_APB2PeriphResetCmd(RCC_APB2Periph_ADC1,ENABLE);    //ADC1 复位
        RCC_APB2PeriphResetCmd(RCC_APB2Periph_ADC1,DISABLE);  //复位结束
        ADC_CommonInitStructure.ADC_Mode = ADC_Mode_Independent; //独立模式
    /*两个采样阶段之间的延迟 5 个时钟*/
        ADC_CommonInitStructure.ADC_TwoSamplingDelay=ADC_TwoSamplingDelay_5
Cycles;
        /*DMA 失能*/
    ADC_CommonInitStructure.ADC_DMAAccessMode = ADC_DMAAccessMode_Disabled;
        /*预分频 4 分频。ADCCLK=PCLK2/4=84/4=21Mhz,ADC 时钟最好不要超过
36MHz*/
    ADC_CommonInitStructure.ADC_Prescaler = ADC_Prescaler_Div4;
        ADC_CommonInit(&ADC_CommonInitStructure);           //初始化
        ADC_InitStructure.ADC_Resolution = ADC_Resolution_12b; //12 位模式
        ADC_InitStructure.ADC_ScanConvMode = DISABLE;         //非扫描模式
        ADC_InitStructure.ADC_ContinuousConvMode = DISABLE; //关闭连续转换
        /*禁止触发检测，使用软件触发*/
    ADC_InitStructure.ADC_ExternalTrigConvEdge = ADC_ExternalTrigConvEdge_None;
        ADC_InitStructure.ADC_DataAlign = ADC_DataAlign_Right; //右对齐
    /*1 个转换在规则序列中 也就是只转换规则序列 1*/
        ADC_InitStructure.ADC_NbrOfConversion = 1;
        ADC_Init(ADC1, &ADC_InitStructure);      //ADC 初始化
        ADC_Cmd(ADC1, ENABLE);                   //开启 AD 转换器
    }
    /*********************************************************************
    函数原型：void Get_Adct(u8 ch)
    函数功能：获取 ADC 值
    输入参数：通道值 0~16 取值范围为：ADC_Channel_0~ADC_Channel_16
    输出参数：转换结果
    *********************************************************************/
    u16 Get_Adc(u8 ch)
    {
    /*ADC1,ADC 通道,480 个周期,提高采样时间可以提高精确度*/
        ADC_RegularChannelConfig(ADC1, ch, 1, ADC_SampleTime_480Cycles );

        ADC_SoftwareStartConv(ADC1);        //使能指定的 ADC1 的软件转换启动功能
```

```
        while(!ADC_GetFlagStatus(ADC1, ADC_FLAG_EOC ));//等待转换结束
        return ADC_GetConversionValue(ADC1);  //返回最近一次 ADC1 规则组的转换结果
}
/**********************************************************************
函数原型：u16 Get_Adc_Average(u8 ch,u8 times)
函数功能：获取 ADC 平均值
输入参数：times:获取次数，ch:通道编号
输出参数：通道 ch 的 times 次转换结果平均值
**********************************************************************/
u16 Get_Adc_Average(u8 ch,u8 times)
{
        u32 temp_val=0;      //定义平均值局部变量
        u8 t;                //定义计数比较变量
        for(t=0;t<times;t++)//执行 times 次循环
        {
         temp_val+=Get_Adc(ch);//将所有的值进行自加
         delay_ms(5);//每次延时 5ms
        }
        return temp_val/times;//返回平均值
}
```

（7）编写主函数与中断服务函数：

```
#define LED             PBout(1) //定义 LED
#define MOTO_IN1        PBout(9) //定义电机 IN1 引脚
#define MOTO_IN2        PBout(15)//定义电机 IN2 引脚
#define BUZZER          PBout(3) //定义蜂鸣器
#define KEY             GPIO_ReadInputDataBit(GPIOD,GPIO_Pin_3) //定义按键
u8 Sec = 0;           //定义秒计数变量
u8 Sta_Flg = 0;       //定义状态标志位
char Str[10]={0}; //字符串显示临时缓存
u16 A_Val = 0;        //ADC 原始测量值
float V_VAL = 0;  //ADC 换算电压值
int main(void)
{
        delay_init(168);           //初始化系统时钟
        Buzzer_Cofig_Init();       //初始化蜂鸣器端口
        LED_Cofig_Init();          //初始化 LED 蜂鸣器端口
```

```
Key_Config_Init();          //初始化按键端口
DCmotor_Config_Init();  //LED 蜂鸣器端口
Adc_Config_Init();          //初始化 ADC 端口
/*初始化关闭直流电机驱动*/
TIM12_PWM_Init(1250-1,84-1);    //初始化定时器
TIM_Cmd(TIM12, DISABLE);      //关闭 TIM12
MOTO_IN1 = 0;                         //电机 IN1 引脚置 0
MOTO_IN2 = 0;                         //电机 IN2 引脚置 0
Lcd1602_Config_Init();                //初始化 1602 液晶屏
LCD1602_Show_Str(0, 0, (u8*)"ADC:");      //在（0.0）位置显示 ADC:
TIM3_Config_Init(5000-1,8400-1); //定时器时钟 84M，分频系数 8400
LED = 1;                                   //点亮 LED
BUZZER = 1;  //蜂鸣器鸣响
delay_ms(1000);//延时 1000ms
LED = 0;//熄灭 LED
BUZZER = 0;//蜂鸣器停止鸣响
while(1)
{
 if(KEY == 0)  //判断按键按下
 {
      delay_ms(10); //延时消除抖动
      while(KEY == 0);  //等待按键弹起向下执行函数
      TIM_Cmd(TIM3,ENABLE); //使能定时器 3
      TIM_Cmd(TIM12, ENABLE); //使能 TIM12
      LED = 1;        //点亮 LED
      BUZZER = 1; //蜂鸣器鸣响
      LCD1602_Show_Str(10, 1, (u8*)"OPEN ");//液晶(10.0)位置显示 OPEN
      delay_ms(500);       //延时 500ms
      LED = 0;              //熄灭 LED
      BUZZER = 0;        //蜂鸣器停止鸣响
 }
 A_Val = Get_Adc_Average(ADC_Channel_0,10);//计算 ADC 采样平均值
 sprintf(Str,"%04d",A_Val);                          //格式化输出字符串
 LCD1602_Show_Str(4, 0, (u8*)Str);    //在（4.0）位置显示 ADC 原始值
 V_VAL = A_Val * 3.3 / 4096;                         //通过 ADC 原始值计算电压值
 sprintf(Str,"%0.2f",V_VAL);                         //格式化输出字符串
 LCD1602_Show_Str(11, 0, (u8*)Str);//在（11.0）位置显示电压值
```

```
        if(Sta_Flg == 1 || V_VAL > 1.65)  //判断当电机反转时或电压值超过 1.65V
        {
            Sta_Flg = 0;    //状态标志位清 0
            LED = 1;        //点亮 LED
            BUZZER = 1; //蜂鸣器鸣响
            LCD1602_Show_Str(10, 1, (u8*)"CLOSE");//液晶(10.0)位置显示 CLOSE
            delay_ms(500);//延时 500ms
            LED = 0;//熄灭 LED
            BUZZER = 0;//蜂鸣器停止鸣响
        }
      }
}
u8 Count = 0;//定义计数值变量
//定时器 3 中断服务函数
void TIM3_IRQHandler(void)
{
      if(TIM_GetITStatus(TIM3,TIM_IT_Update)==SET) //溢出中断
      {
       Count ++;      //计数+1
       if(Count > 2)//计数到 500ms×2=1s 时
       {
            Count = 0;      //计数清 0
            Sec ++;         //秒+1
            if(Sec > 9){Sec = 0;}//当大于 9s 时，计数清零
            if              (Sec >=1 && Sec <=3)//1~3s
            {
                TIM_SetCompare1(TIM12,880); //设置输出方波占空比
                MOTO_IN1 = 1;//电机 IN1 引脚置 1->正转
                MOTO_IN2 = 0;//电机 IN2 引脚置 0->正转
            }
            else if     (Sec >3 && Sec <=6)//4~6s
            {
                MOTO_IN1 = 0;//电机 IN1 引脚置 0->停转
                MOTO_IN2 = 0;//电机 IN2 引脚置 0->停转
            }
            else if     (Sec >6 && Sec <=9)//7~9s
            {
```

```
            if(Sec == 7) //判断为 7s
            {
                Sta_Flg = 1;//标志位置位
            }
            MOTO_IN1 = 0;//电机 IN1 引脚置 1->反转
            MOTO_IN2= 1;//电机 IN2 引脚置 0->反转
        }
        else
        {
            TIM_Cmd(TIM12, DISABLE);    //关闭 TIM12
            MOTO_IN1 = 0;//电机 IN1 引脚置 1->停转
            MOTO_IN2 = 0;//电机 IN2 引脚置 0->停转
            Sec = 0;        //秒清 0
            Sta_Flg = 0;    //标志位清 0
            TIM_Cmd(TIM3,DISABLE); //关闭定时器 3
        }
    }
  }
  TIM_ClearITPendingBit(TIM3,TIM_IT_Update); //清除中断标志位
}
```

6. 实验现象

将程序文件进行编译，点击实验面板中的“单片机烧写”，将编译生成的 HEX 文件烧写到后台板卡中，烧写成功后点击“运行实验”，点击按键，调节模拟量输入进行测试，如图 8-25 所示。

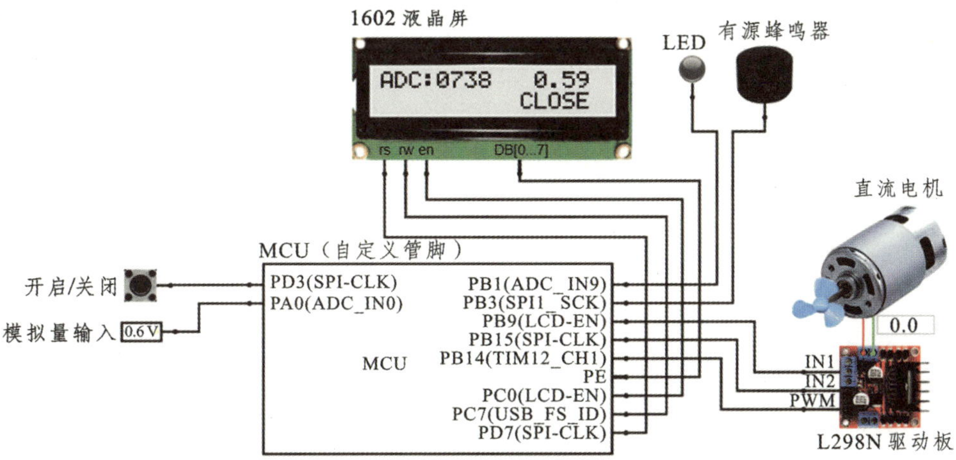

图 8-25　实验现象

【项目小结】

本项目通过远程仿真平台介绍了智能光电系统设计的 6 个电路，并在仿真平台搭建对应电路，再通过编写程序实现了对远程仿真平台的操作。

【习题】

1. 通过远程仿真平台搭建光电报警电路（包括 LED 发光电路、蜂鸣器报警电路）。
2. 编写实现单通道 ADC 数据采集部分程序，当 ADC 采集数据小于 1 时，操控 LED 熄灭；当 ADC 采集数据大于 1 时，操控 LED 亮起。

项目九　智能光电基础编程实践（口袋机）

【项目目标】

（1）学会口袋机的基础性嵌入程序设计。
（2）完成传感测量项目，学会传感器的接入及读取。
（3）完成电机控制项目，实现传感与控制。

9.1　智能光电编程实践器材——口袋机

智能光电 1+X 考核使用 STM32 口袋机作为主控单元，口袋机端口资源丰富，能满足项目实验用到的所有功能控制。口袋机的核心器件是 STM32F407ZGT6，其部分端口已经引出，可通过转接板连接传感器、执行器等。口袋机的外观如图 9-1 所示。STM32F407ZGT6 是高主频的嵌入式处理器，在 M3 的基础上强化了运算能力，新加了浮点、DSP、并行计算等，能满足工业和消费类领域控制与信号处理的多种需求，是解决功能混合的数字信号控制处理、电动机控制、汽车、电源管理、嵌入式音频和工业自动化控制的首选方案处理器。

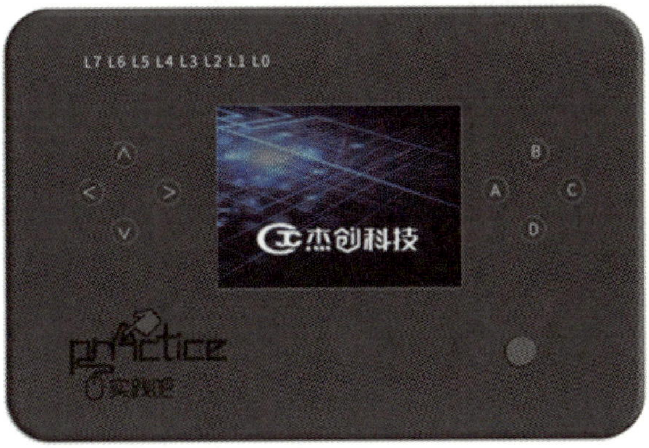

图 9-1　口袋机

图 9-2 是口袋机的系统框图。口袋机含 8 个 LED、8 个按键、5 位拨码开关、65535 真彩 LCD 液晶屏、10/100M 自适应以太网口、DAC 模拟输出、ADC 模拟输入、TF 卡、TYPE-C、USB-OTG、GPIO 接口、音频输出接口等，见表 9-1。

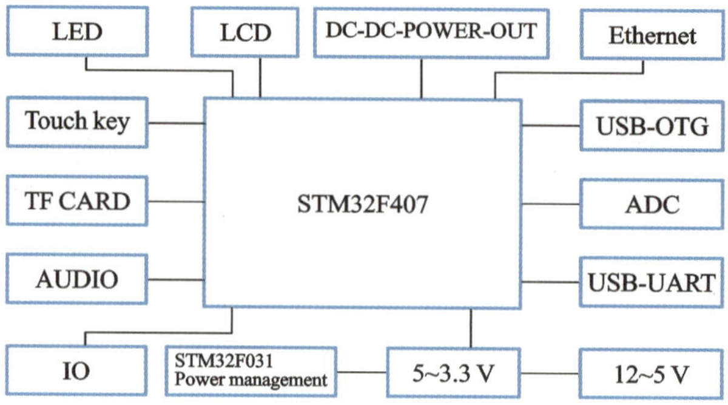

图 9-2　口袋机系统框图

表 9-1　口袋机电路模块简介

内容	功能说明
LED	8 个单色 LED 灯，5 个 LED 电源指示灯
按键	8 个电容式触摸按键，具有振动体感反馈 1 个电子物理按键，具有复位和开机功能
拨码开关	5 位拨码开关，控制 BOOT
LCD 液晶屏	65535 真彩，2.4 寸，分辨率：240×320，4 线 SPI 接口
以太网口	10/100M 自适应接口，支持 IwIP、TCP、UDP、Web Server 等，带有双色状态 LED
DAC 模拟输出	2 路 16 bit 或 12 bit 可选的模拟信号输出，输出范围为 0~3.3 V，电流最大可达 25 mA
ADC 模拟输入	1 路 12 bit ADC 模拟信号采集
TF 卡	采用 SPI 接口协议
TYPE-C	板载 TYPE-C 接口，具有烧写、调试、仿真、USB 转串口等功能
USB-OTG	USB 主接口
供电电压	7~12 V 1 A 电源适配器；5 V 500 mA 的 TYPE-C
GPIO 接口	可用 GPIO 共 60 pin
音频	具有高质量的立体双声道

STM32 口袋机引出端口定义见表 9-2。

表 9-2　口袋机引出端子

左侧端子																
3.3V	B9	G15	G13	G12	B8	B15	B6	B5	B4	B3	E11	E12	C9	C8	G2	GND
1	2	3	4	5	6	7	8	9	10	11	12	13	14	15	16	17
GND	G9	D2	C12	C11	C10	A15	D1	E9	E7	E0	A8	D4	D13	D11	A9	NC
右侧端子																
3.3V	G1	G0	F15	F14	E8	E10	F13	F12	F11	B1	B0	A6	A5	A4	A3	GND
1	2	3	4	5	6	7	8	9	10	11	12	13	14	15	16	17
GND	E15	E14	E13	D5	D15	D14	D12	F1	F3	D9	F2	F4	D7	B13	E1	NC
LCD 端子																
B3						B4					B5					

9.2　基础编程实验

9.2.1　LED 控制与按键应用开发

1. LED 灯闪烁

使用 STM32F407 控制 LED0 灯，间隔 1 s 闪烁。

口袋机中有 8 个 LED，分别接到了单片机的端口上。本实验只控制 LED0 的亮灭，LED0 接到单片机的 PF8 上，控制 PF8 之前，先要将 PF8 初始化为推挽输出，或者开漏输出。从原理图分析，PF8 输出低电平，有电流从 LED0 经过，LED0 点亮，当 PF8 为低电平或者高阻状态时，没有电流流过 LED0，LED0 就会熄灭。

打开程序中的 LED 控制程序的工程文件，双击左边工程栏中的 main.c 文件，可以看到端口初始化函数。端口的初始化在 8.1.4 中 LED 控制部分有较为详细的讲解，可以参照修改。

while (1)下面的大括号就是程序的主循环，程序会一直在下面这个大括号中循环执行。

```
while (1)
{
GPIO_SetBits(GPIOF,GPIO_Pin_8);    //PF8 输出高电平
delay_ms(1000);//延时
GPIO_ResetBits(GPIOF,GPIO_Pin_8);// PF8 输出低电平
delay_ms(1000);//延时
}
```

能够看到主循环中只对 PF8 端口进行了输出高电平，延时 1 s，输出低电平。如果是 1 s，便实现了 LED0 亮 1 s、灭 1 s 的循环效果。

2. 流水灯

流水灯的效果是将 8 个 LED 依次点亮，首先要初始化 8 个 LED 对应的端口。端口和 LED 的对应关系如图 9-3 所示。

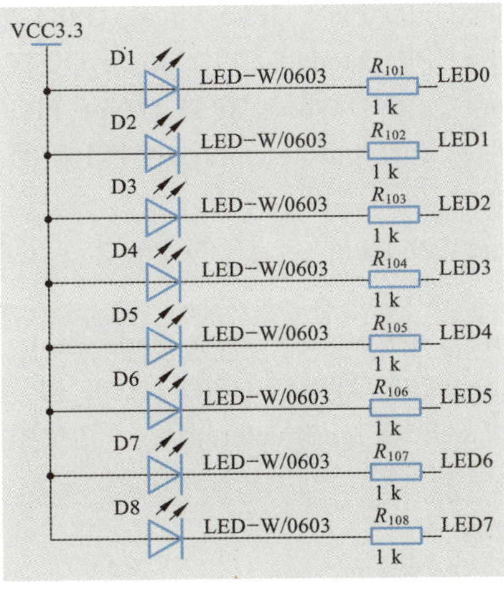

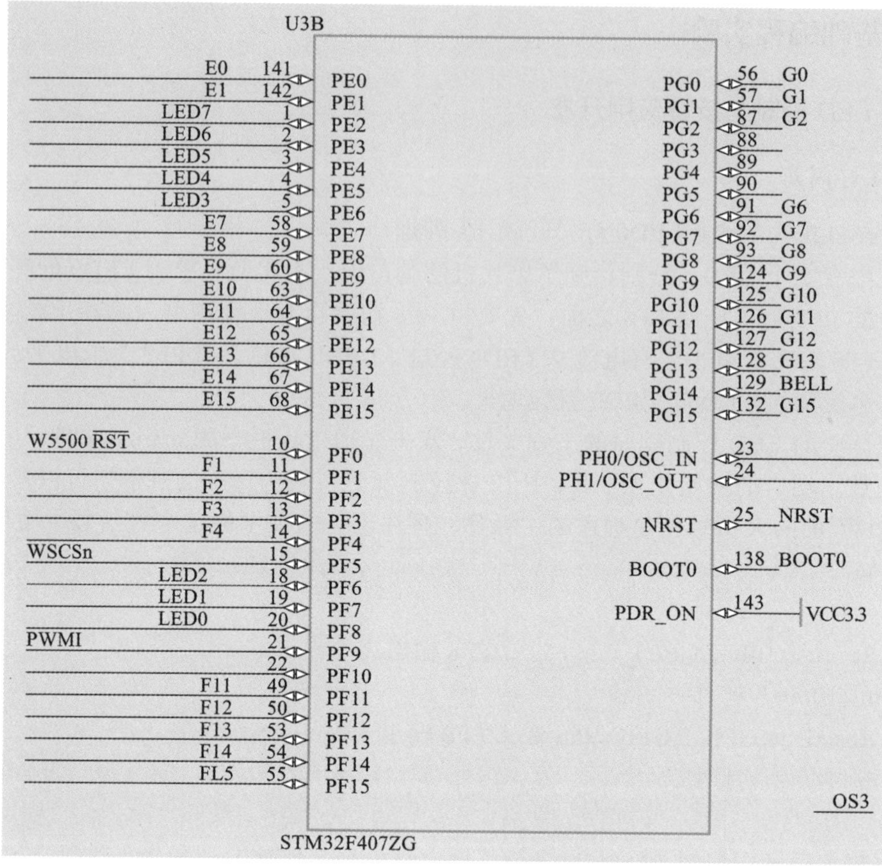

图 9-3　口袋机 LED 及其控制引脚

先初始化这 8 个端口，然后再使用库函数控制这 8 个端口输出高电平和低电平，打开流水灯程序，打开 main.c 文件。

初始化 8 个控制 LED 的端口为输出模式，具体可以参照 8.1.4 节中 LED 控制部分的多端口初始化采用“或”的方式，代码如下：

```
GPIO_InitStructure.GPIO_Pin = GPIO_Pin_6 | GPIO_Pin_7 | GPIO_Pin_8;//端口号
GPIO_InitStructure.GPIO_Mode = GPIO_Mode_OUT;//输出模式
GPIO_InitStructure.GPIO_OType = GPIO_OType_PP;//推挽输出模式
GPIO_Init(GPIOF,&GPIO_InitStructure);//按照上面的参数执行初始化函数

GPIO_InitStructure.GPIO_Pin = GPIO_Pin_2 | GPIO_Pin_3 | GPIO_Pin_4 | GPIO_Pin_5 | GPIO_Pin_6;    //端口号
GPIO_InitStructure.GPIO_Mode = GPIO_Mode_OUT;        //输出模式
GPIO_InitStructure.GPIO_OType = GPIO_OType_PP;       //推挽输出模式
GPIO_Init(GPIOF,&GPIO_InitStructure);        //按照上面的参数执行初始化函数
}
```

在主循环中编写流水灯的函数：

```
GPIO_ResetBits(GPIOF,GPIO_Pin_8);
```

```
        delay_ms(100);
        GPIO_SetBits(GPIOF,GPIO_Pin_8);
        GPIO_ResetBits(GPIOF,GPIO_Pin_7);
        delay_ms(100);
        GPIO_SetBits(GPIOF,GPIO_Pin_7);
        GPIO_ResetBits(GPIOF,GPIO_Pin_6);
        delay_ms(100);
        GPIO_SetBits(GPIOF,GPIO_Pin_6);
        GPIO_ResetBits(GPIOE,GPIO_Pin_6);
        delay_ms(100);
        GPIO_SetBits(GPIOE,GPIO_Pin_6);
        GPIO_ResetBits(GPIOE,GPIO_Pin_5);
        delay_ms(100);
        GPIO_SetBits(GPIOE,GPIO_Pin_5);
        GPIO_ResetBits(GPIOE,GPIO_Pin_4);
        delay_ms(100);
        GPIO_SetBits(GPIOE,GPIO_Pin_4);
        GPIO_ResetBits(GPIOE,GPIO_Pin_3);
        delay_ms(100);
        GPIO_SetBits(GPIOE,GPIO_Pin_3);
        GPIO_ResetBits(GPIOE,GPIO_Pin_2);
        delay_ms(100);
        GPIO_SetBits(GPIOE,GPIO_Pin_2);
```

还可以利用宏定义，将端口的控制语句替换为简明的语句：

```
#define LED0_L          GPIO_ResetBits(GPIOF,GPIO_Pin_8)
#define LED0_H          GPIO_SetBits(GPIOF,GPIO_Pin_8)
```

其他引脚以此修改。

则主循环中的流水灯程序可以变化为：

```
LED0_L;
delay_ms(100);
LED0_H;   LED1_L;
delay_ms(100);
LED1_H;   LED2_L;
delay_ms(100);
LED2_H;   LED3_L;
delay_ms(100);
LED3_H;   LED4_L;
delay_ms(100);
LED4_H;   LED5_L;
```

```
delay_ms(100);
LED5_H;   LED6_L;
delay_ms(100);
LED6_H;   LED7_L;
delay_ms(100);
LED7_H;
```

使用宏定义的好处是，程序语句简单明了，容易查找错误。将程序编译后下载到单片机中，即可看到流水灯的效果。

3. 按键控制 LED

按键控制 LED，实现功能：按触摸按键 A，LED0 点亮；不按触摸按键 A，LED0 熄灭。这个示例中加入了按键，有关触摸按键部分的原理如图 9-4 所示。

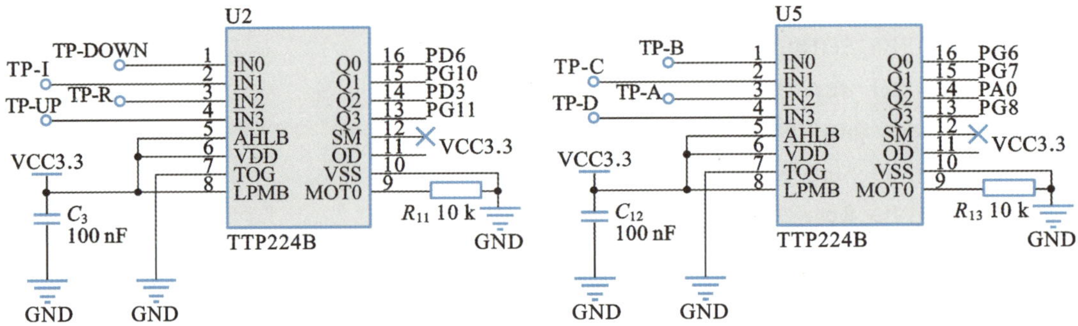

图 9-4　口袋机触摸按键接口芯片

可以看到，使用两个触摸芯片 TTP224B，芯片的 1、2、3、4 引脚为触摸输入端，连接到外壳，16、15、14、13 引脚为触摸输出端。当没有触摸时，16、15、14、13 引脚输出为高电平；当芯片感应到触摸时，对应的输出为低电平。

打开样例工程，触摸按键控制 LED。打开 main.c 文件，将 PA0 端口初始化为浮空输入模式：

```
GPIO_init(GPIO_A,GPIO_Pin_0,GPIO_Mode_IN,GPIO_OType_OD,GPIO_PuPd_NOPULL);
```

触摸按键的 A 连接到单片机的 PA0 端口，需要把这个端口设置成浮空输入模式。

GPIO_Mode_IN 为输入模式，GPIO_PuPd_NOPULL 为浮空，还需要将 LED0 端口初始化为推挽输出，在 main 函数的上面第一个全局变量是 button_test，在主循环中就可以调用读端口函数 GPIO_ReadInputDataBit，这个函数是在标准库 stm32f4xx_gpio.c 文件中的。

```
button_test = GPIO_ReadInputDataBit (GPIOA,GPIO_Pin_0);
```

读端口 PA0 的电平，高电平返回 1，低电平返回 0，将函数返回值给 button_test，然后在主循环中判断这个变量，如果为 0，点亮 LED0；如果为 1，熄灭 LED0。

```
if(button_test==0)//如果为 0
GPIO_ResetBits(GPIOF,GPIO_Pin_8);//点亮 LED0
else//否则
GPIO_SetBits(GPIOF,GPIO_Pin_8);//熄灭 LED0
```

编译工程并下载，然后测试，用手触摸按键 A，查看 LED0 的变化。

9.2.2　外部中断应用开发

1. 按键控制 LED

1）向量中断控制器（NVIC）

STM32F4xx 具有多达 86 个可屏蔽中断通道，具有 16 个可编程优先级、低延迟异常和中断处理、电源管理控制和系统控制寄存器的实现。嵌套向量中断控制器（NVIC）和处理器内核接口紧密配合，可以实现低延迟的中断处理和高效地处理晚到的中断。

STM32F4xx 在内核上搭载了一个异常响应系统，支持众多的系统异常和外部中断。其中，系统异常有 10 个，外部中断有 91 个。除个别异常的优先级被固定外，其他异常的优先级都是可编程的。有关具体的系统异常和外部中断可在标准库文件 stm32f4xx.h 这个头文件查询到，在 IRQn_Type 这个结构体里面包含 F4 系列全部的异常声明。

NVIC 是嵌套向量中断控制器，控制着整个芯片中断相关的功能，它跟内核紧密耦合，是内核里面的一个外设。NVIC 中断库函数及其功能解释见表 9-3。

表 9-3　NVIC 中断库函数

NVIC 函数库	功　能
void NVIC_EnableIRQ(IRQn_Type IRQn)	使能中断
void NVIC_DissableIRQ(IRQn_Type IRQn)	失能中断
void NVIC_SetPendingIRQ(IRQn_Type IRQn)	设置中断悬起位
void NVIC_ClearPendingIRQ(IRQn_Type IRQn)	清除中断悬起位
uint32_t NVIC_GetPendingIRQ(IRQn_Type IRQn)	获取悬起中断编号
void NVIC_SetPriority(IRQn_Type IRQn,uint32_t priority)	设置中断优先级
uint32_t NVIC_GetpriorityIRQ(IRQn_Type IRQn)	获取中断优先级

2）中断编程

配置每个中断时一般分为 3 个编程步骤。

（1）使能外设某个中断，这个具体由每个外设的相关中断使能位控制。例如，串口有发送完成中断、接收完成中断，这两个中断都由串口控制寄存器的相关中断使能位控制。

（2）初始化 NVIC_InitTypeDef 结构体，配置中断优先级分组，设置抢占优先级和子优先级，使能中断请求。

（3）编写中断服务函数：在启动文件 startup_stm32f40xx.s 中预先为每个中断都写一个中断服务函数，只是这些中断函数都为空，为的是初始化中断向量表。实际的中断服务函数都需要重新编写，中断服务函数统一写在 stm32f4xx_it.c 这个库文件中。

3）STM32 的外部中断机制

STM32F4 的每个 IO 都可以作为外部中断的中断输入口，这点也是 STM32F4 的强大之处。STM32F407 的中断控制器支持 22 个外部中断/事件请求。每个中断设有状态位，每个中断/事件都有独立的触发和屏蔽设置。

STM32F407 的 22 个外部中断：

EXTI 线 0~15：对应外部 IO 口的输入中断。

EXTI 线 16：连接到 PVD 输出。

EXTI 线 17：连接到 RTC 闹钟事件。

EXTI 线 18：连接到 USBOTGFS 唤醒事件。

EXTI 线 19：连接到以太网唤醒事件。

EXTI 线 20：连接到 USBOTGHS（在 FS 中配置）唤醒事件。

EXTI 线 21：连接到 RTC 入侵和时间戳事件。

EXTI 线 22：连接到 RTC 唤醒事件。

可以看出，STM32F4 IO 口使用的中断线只有 16 个，但是 STM32F4 的 IO 口却远远不止 16 个，STM32 的 GPIO 的管脚 GPIO*x*.0~GPIO*x*.15(*x* = A,B,C,D,E,F,G,H,I)分别对应中断线 0~15，这样每个中断线对应最多 9 个 IO 口。以线 0 为例，它对应 GPIOA.0、GPIOB.0、GPIOC.0、GPIOD.0、GPIOE.0、GPIOF.0、GPIOG.0、GPIOH.0、GPIOI.0，而中断线每次只能连接 1 个 IO 口上，这样就需要通过配置来决定对应的中断线配置到哪个 GPIO 上。GPIO 与中断线的映射关系如图 9-5 所示。

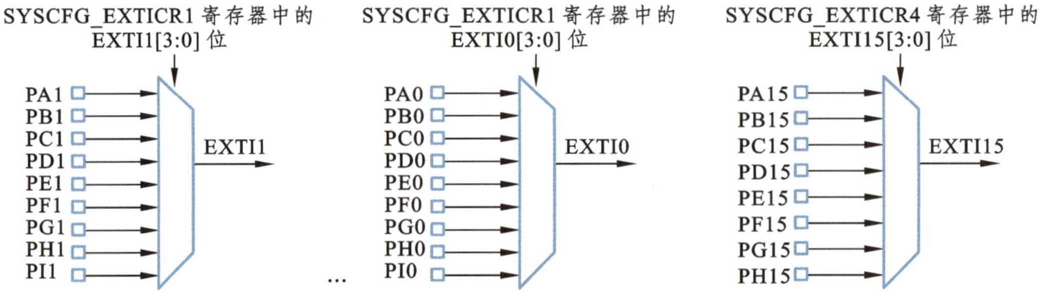

图 9-5　GPIO 和中断线的映射关系

使用 Keil 软件打开工程“外部中断控制 LED”，在 main.c 文件中找到 EXTIX_Init 函数，这个函数是外部中断的初始化函数，在主循环之前调用。

```
NVIC_InitTypeDef     NVIC_InitStructure;   //声明结构体
EXTI_InitTypeDef     EXTI_InitStructure;    //声明结构体
SYSCFG_EXTILineConfig(EXTI_PortSourceGPIOA, EXTI_PinSource0);
//将 PA0 端口连接外部中断 0
EXTI_InitStructure.EXTI_Line = EXTI_Line0; //中断线路 0
EXTI_InitStructure.EXTI_Mode = EXTI_Mode_Interrupt;   //模式设置
EXTI_InitStructure.EXTI_Trigger = EXTI_Trigger_Rising_Falling;//上升沿下降沿都中断
EXTI_InitStructure.EXTI_LineCmd = ENABLE;//
EXTI_Init(&EXTI_InitStructure);//执行初始化函数
NVIC_InitStructure.NVIC_IRQChannel = EXTI0_IRQn;//中断向量
NVIC_InitStructure.NVIC_IRQChannelPreemptionPriority = 0x00;//先占优先级
NVIC_InitStructure.NVIC_IRQChannelSubPriority = 0x02;//从优先级
NVIC_InitStructure.NVIC_IRQChannelCmd = ENABLE;//使能打开
NVIC_Init(&NVIC_InitStructure);//调用初始化函数
EXTI_InitStructure.EXTI_Trigger 选项可选：
EXTI_Trigger_Rising               //上升沿中断
EXTI_Trigger_Falling              //下降沿中断
```

```
EXTI_Trigger_Rising_Falling    //上升沿和下降沿都中断
```

下面是中断服务函数，当产生外部中断时，单片机会暂停当前程序，跳转到 EXTI0_IRQHandler 函数中，执行完中断服务程序，程序回到原来暂停的地方继续执行。

```
void EXTI0_IRQHandler(void)                //中断服务函数
{
EXTI_ClearITPendingBit(EXTI_Line0);    //清外部中断 0 标志位
if(state==0)                                //为了闪灯定义的一个变量
{
GPIO_ResetBits(GPIOF,GPIO_Pin_8);    //点亮 LED0
state = 1;//改变变量
}
else
{
GPIO_SetBits(GPIOF,GPIO_Pin_8);      //熄灭 LED0
state = 0;//改变变量
}
}
```

将程序编译下载，按住触摸按键时，LED0 的状态会改变，当手从触摸按键 A 上移开时，LED0 的状态也会改变，这是因为设置了上升沿和下降沿都中断的结果。

2. LCD 驱动与显示/脉冲计数

口袋机的正面有一个 2.4 寸的全彩 LCD 屏，其原理图如图 9-6 所示。由图 9-6 可知，SPI 时钟（SPI-CLK）由 ARM 的 PB3 提供，SPI 数据输出（SPI-MOSI）接 ARM 的 PB5，SPI 的数据输入（SPI-MISO）接 ARM 的 PB4，LCD 的数据/命令控制选择（LCD_D/C）由 ARM 的 PC3 控制，LCD 片选（LCD_CS#）接 PC2。

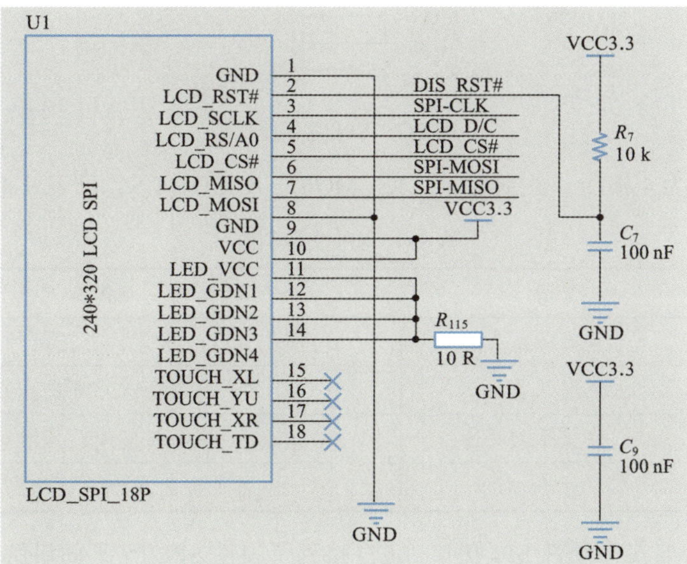

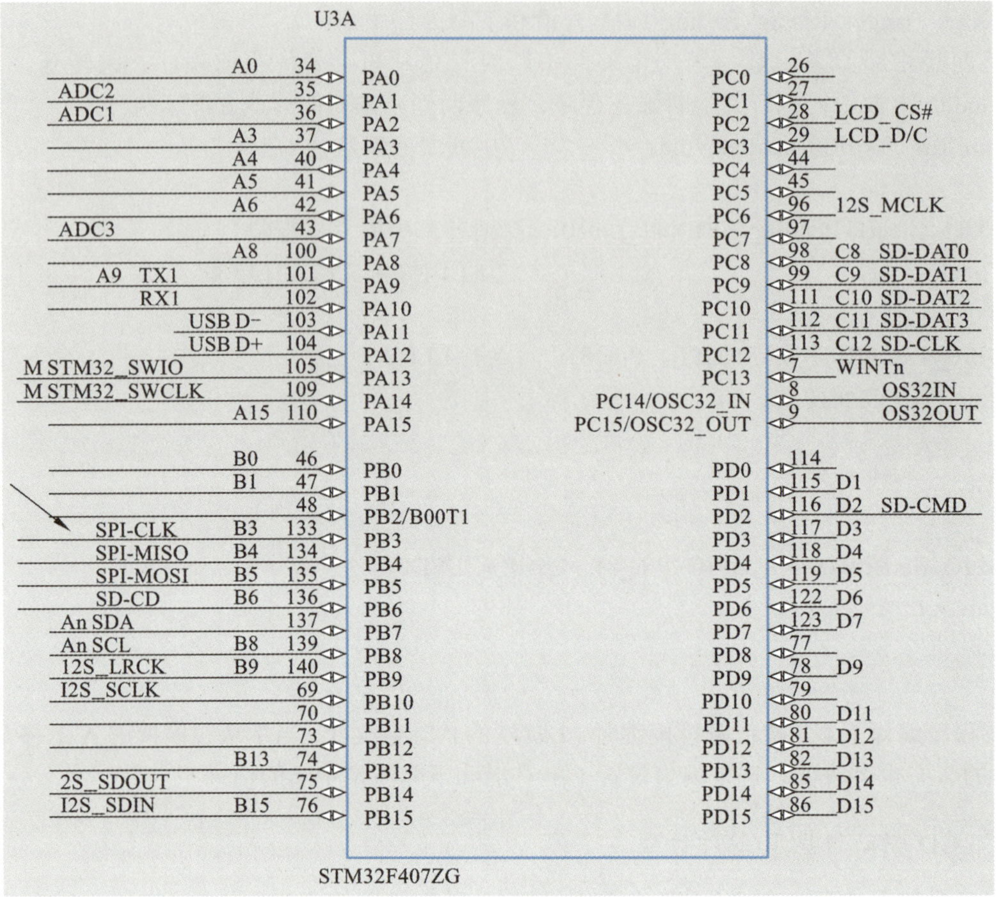

图 9-6　LCD 接口电路

单片机可以通过 SPI 总线接口控制 LCD 屏，SPI 接口如图 9-7 所示。

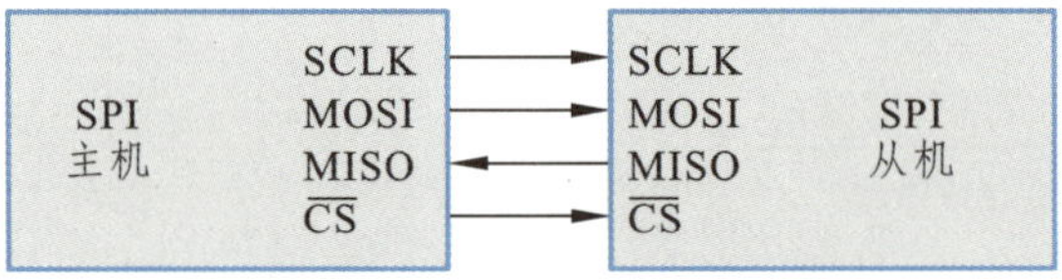

图 9-7　SPI 主从接口

一般 SPI 接口为 4 根线，分别为 SCLK、MOSI、MISO、CS，见表 9-4。

表 9-4　SPI 功能引脚

定义	说明	备注
SCLK	时钟	单片机发送时钟
MOSI	主发从收	单片机向外设发送数据
MISO	主收从发	外设向单片机发送数据
CS	片选	单片机选择外设，低电平有效

STM32F407 具有多个硬件 SPI 接口，LCD 接到了硬件 SPI 上，下面讲解 SPI 接口的时序。

LCD 使用的 SPI 时序图如图 9-8 所示。

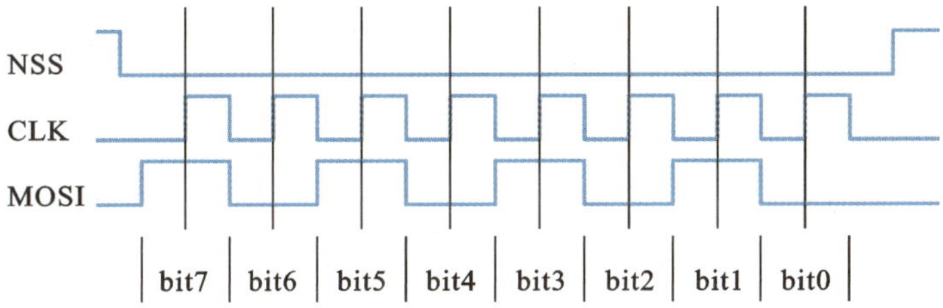

图 9-8　SPI 时序图

在传输一个字节前，首先片选拉低，然后 MOSI 发送第一个 bit 数据。由图 9-8 可知，bit7 是高电平，然后时钟变高，此时芯片在 SCK 变高的同时，读取 MOSI 线上的电平，然后 SCK 下降沿，单片机控制 MOSI 改变下一个 bit6 的数据的电平。图中可以看到的是 0，总共发送 8 bit，先发送高位，后发送低位，发送的二进制数据是 1010 1010，十六进制数据就是 0xAA，发送到最后，CLK 恢复低电平，NSS 片选恢复高电平，一个字节传输完毕。LCD 接口除了 SPI 的时钟、数据、片选以外，还有一根 LCD_D/C，就是命令数据选择端口，这根线与 SPI 配合，当 LCD_D/C 为低时，SPI 发送的是命令；当 LCD_D/C 为高时，SPI 发送的是数据。

打开样例工程“LCD 显示屏”，所有有关 LCD 屏幕的函数都在 STM32F40x_LCD_SPI.c 文件中。

LCD_Init 是屏幕厂家提供的，厂家在出厂时就已经调试好了，所以不用深入研究，所用到的函数有清屏、画点、显示字符等。

清屏函数：void LCD_Clean(uint16_t color)。

LCD_set_win_size 负责给屏幕发送命令，设置写入颜色数据的区域坐标，如图 9-9 所示。

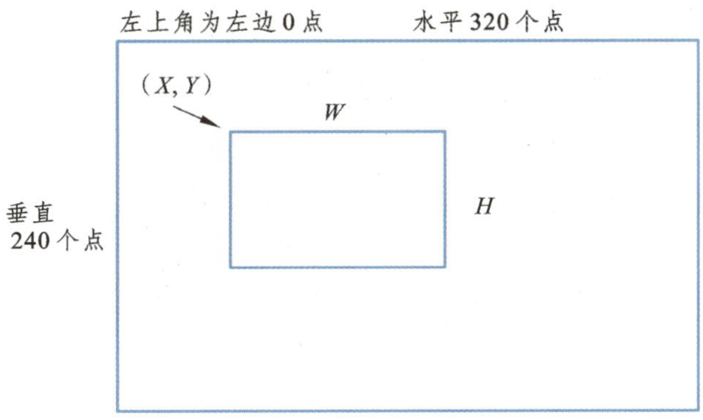

图 9-9　LCD 屏的显示坐标

整个屏幕的分辨率为 320×240，以屏幕的左上角为坐标原点，每次改变一定区域的颜色时，先设置要写入颜色的起始坐标、宽度和高度 4 个参数，然后再写入颜色数据。颜色数据是水平逐行写入的，每一个点是 2 字节的颜色数据，LCD_W 是屏幕宽度的宏定义，LCD_H 是屏幕高度的宏定义。

画点函数：

```
void LCD_Draw_Point_Win(uint16_t start_x, uint16_t start_y, uint16_t color)
```

式中，start_x 和 start_y 是画点的坐标；color 是点的颜色数据。

显示字符函数：

```
void LCD_ShowChar(uint16_t x,uint16_t y,uint8_t num,uint8_t size,uint16_t Color)
```

式中，x、y 是坐标；mun 是字符数据；size 是字符的大小，可选择 16 或者 32，16 是 8×16 大小，32 是 16×32 大小；Color 是字符的颜色。

回到 main.c 文件中：

```
LCD_Clean(WHITE);
LCD_Clean(RED);
LCD_Clean(GREEN);
LCD_Clean(BLUE);
LCD_Clean(BACKGROND);
```

每次刷屏中间都有 1 000 ms 延时，现象就是屏幕会从白色变为红色、绿色、蓝色、黑色，每个颜色间隔 1 s。

```
LCD_Draw_Point_Win(10,10,WHITE); //在坐标(10,10)的地方画一个白点
LCD_Draw_Rect_Win(0,20,10,10,WHITE);//在坐标(0,20)的地方画一个宽 10、高 10 的白色矩形
```

图 9-10 所示为显示效果，可以看到，在左上角的地方有一个白点和一个白色方框，就是用画点函数和画矩形函数画的。

```
LCD_ShowChar(0,32,'A',16,BLUE); //显示效果为大写的蓝色 A
LCD_ShowString(0,64,"abcdef",16,RED); //显示效果是红色的 abcdef
LCD_ShowNum(0,128,12345,5,16,GREEN); //显示效果是绿色的 12345
```

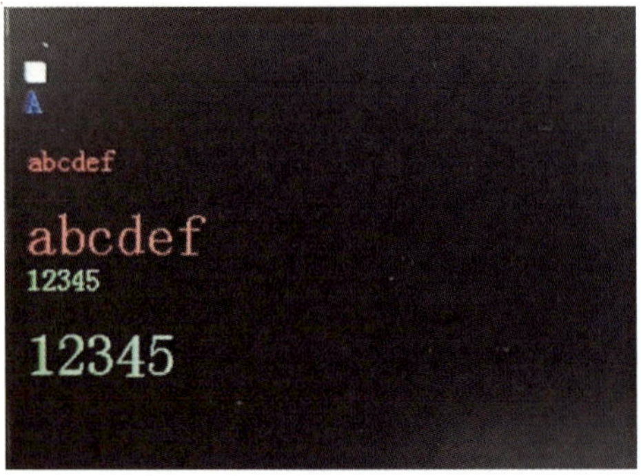

图 9-10 LCD 显示图形及字符

9.2.3 串行通信应用开发

串口通信协议是计算机上一种通用设备通信的协议，大多数计算机包含两个基于 RS232 的串口。串口通信协议同时也是仪器仪表设备通用的通信协议，可用于获取远程采集设备的数据。UART（Universal Asynchronous Receiver Transmitter，通用异步收发器）是广泛使用的串口传输协议，允许在串行链路上进行全双工通信。基本的 UART 通信只需要两条信号线（RXD、TXD）就可以完成数据的相互通信，接收与发送是全双工形式。TXD 是 UART 发送端，RXD 是 UART 接收端。

串口通信常用的参数有波特率、数据位、停止位和奇偶校验两个通信的端口。以下四种位

组成了异步串行通信的一个帧：起始位、数据位、校验位、停止位，如图 9-11 所示。异步串行通信的最大传输波特率是 115 200 b/s。

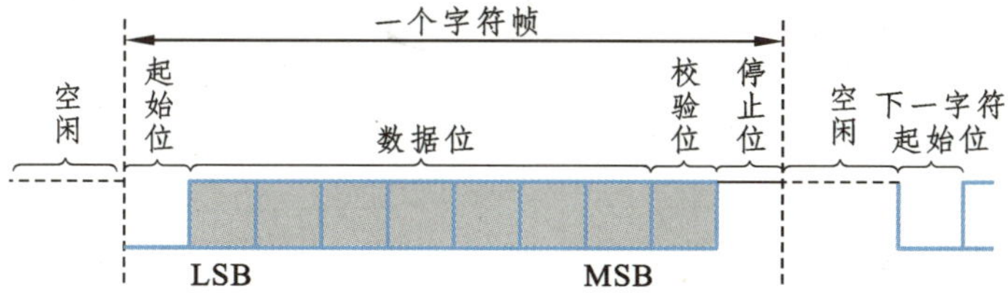

图 9-11　异步通信的数据帧格式

起始位：位于字符帧开头，只占一位，始终为逻辑 0（低电平）。

数据位：根据情况可取 5 位、6 位、7 位或 8 位，低位在前，高位在后。若所传送数据为 ASCII 字符，则取 7 位。

奇偶校验位：仅占一位，用于表征串行通信中采用奇校验还是偶校验。

停止位：位于字符帧末尾，为逻辑 1（高电平），通常可取 1 位、1.5 位或 2 位。

STM32 的串口 1 接到 PA9 和 PA10 上，通过 CP2102 接到 USB 接口，如图 9-12 所示。

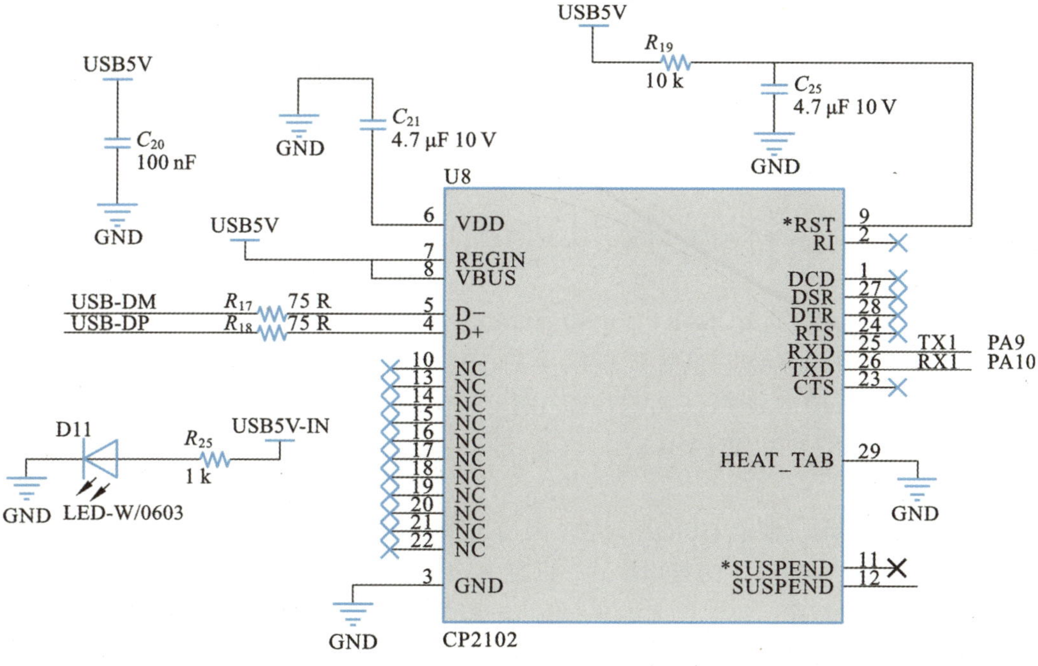

图 9-12　USB 转串口电路

CP2102 是一个 USB 转串口的芯片，USB 端通过下载线连接到计算机，TX1 和 RX1 接到了单片机的串口 1 上，从而实现计算机和单片机的串口通信。

打开样例工程中的“串口通信”，可以看到左边工程栏中增加了一个 STM32F40x_Usart_eval.c 文件，与串口相关的函数都在这个文件中。void Usart1_Init(void)为串口 1 的初始化函数。

```
void Usart1_Init(void)
{
GPIO_InitTypeDef GPIO_InitStructure;                //声明结构体
```

```
USART_InitTypeDef USART_InitStructure;          // 声明结构体
NVIC_InitTypeDef NVIC_InitStructure;            // 声明结构体
RCC_AHB1PeriphClockCmd(RCC_AHB1Periph_GPIOA, ENABLE);   //打开端口 A 组时钟
RCC_APB2PeriphClockCmd(RCC_APB2Periph_USART1, ENABLE);   //打开串口 1 时钟
GPIO_PinAFConfig(GPIOA, GPIO_PinSource9, GPIO_AF_USART1);   //PA9 定义为串口
GPIO_PinAFConfig(GPIOA, GPIO_PinSource10, GPIO_AF_USART1);   //PA10 定义为串口
GPIO_InitStructure.GPIO_Mode = GPIO_Mode_AF;            //特殊工作模式
GPIO_InitStructure.GPIO_Pin = GPIO_Pin_9 | GPIO_Pin_10;   //端口号
GPIO_Init(GPIOA, &GPIO_InitStructure);                  //端口初始化
NVIC_InitStructure.NVIC_IRQChannel = USART1_IRQn;        //终端向量
NVIC_InitStructure.NVIC_IRQChannelPreemptionPriority = 1;   //先占中断优先级
NVIC_InitStructure.NVIC_IRQChannelSubPriority = 0;         //从中断优先级
NVIC_InitStructure.NVIC_IRQChannelCmd = ENABLE;            //中断使能
NVIC_Init(&NVIC_InitStructure);                            //执行中断配置函数
USART_InitStructure.USART_BaudRate = 115200;               //波特率
USART_InitStructure.USART_WordLength = USART_WordLength_8b;   //8 位数据
USART_InitStructure.USART_StopBits = USART_StopBits_1;          //1 位停止位
USART_InitStructure.USART_Parity = USART_Parity_No;             //无校验
USART_InitStructure.USART_HardwareFlowControl=USART_HardwareFlowControl_None;
//无流控
USART_InitStructure.USART_Mode=USART_Mode_Rx | USART_Mode_Tx;
//发送和接收模式
USART_Init(USART1, &USART_InitStructure);                   //初始化串口函数
USART_ITConfig(USART1, USART_IT_RXNE, ENABLE);              //使能接收中断
USART_ITConfig(USART1, USART_IT_IDLE, ENABLE);              //使能空闲中断
USART_Cmd(USART1, ENABLE);                                  //使能串口 1
}
```

先声明三个结构体，使能 GPIOA 时钟，因为用到了端口 PA9 和 PA10，使能串口 1 时钟，将 PA9 和 PA10 设置为串口 1 的复用模式，设置 PA9 和 PA10 位特殊功能引脚，设置中断，设置串口工作参数：波特率、数据长度、停止位、校验位、流控参数、工作模式（发送和接收）。串口中断有很多种，本项目只打开了接收中断。

```
void USART1_IRQHandler(void)
{
        u8 temp;
        if(USART_GetITStatus(USART1, USART_IT_RXNE) != RESET)
          {       temp = (USART1->DR);      }
}
```

上面为串口中断服务函数，当串口收到一个字节后就会产生中断，程序自动跳转到这里，先判断是否是接收中断，接收中断就将收到的数据保存到变量 temp 中。

```
void Usart1_send_data(unsigned char dat)
{
USART1->DR = (dat & (uint16_t)0x01FF);   //将要发送的数据给发送缓冲区
while(USART_GetFlagStatus(USART1,USART_FLAG_TC)==RESET);
//判断是否发送完成
}
```

串口发送数组的函数，dat 是发送的数据（1 字节）。打开 main.c 文件，可以看到主循环中一直在调用发送函数发送一个字节 0x01，然后延时 500 ms。

当使用仿真线连接口袋机和计算机后，打开计算机的设备管理，可以看到有一个设备的名称为 Silicon Labs Cp210x USB to UART Bridge，如图 9-13 所示（如果有感叹号，则需要安装 CP2102 的串口驱动）。

图 9-13　CP2102 驱动安装

打开串口调试助手，选择串口，波特率选择“115200”，然后点击三角运行图标，就可以收到单片机发送的串口数据了，如图 9-14 所示。注意：接收和发送都要设置成 Hex 模式，发送一个字节 01，可以从屏幕中看到在第一行会显示 1，表示单片机已经收到 1 字节，并且在屏幕上显示出数据来。

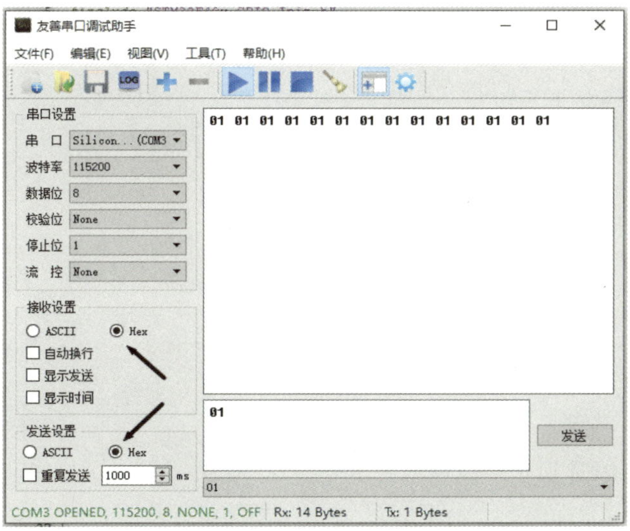

图 9-14　串口助手显示数据

9.2.4 定时器应用开发

1. 定时器中断实验

STM32F407IGT6 芯片总共 14 个定时器：2 个基本定时器（TIM6 和 TIM7）、4 个通用定时器（TIM2~TIM5）、6 个通用定时器（TIM9~TIM14）、2 个高级控制定时器（TIM1 和 TIM8）。

定时器最基本的用法相当于闹钟，定时器初始化就相当于给闹钟设置定时时间，闹钟响了，就是定时器到时间了进入定时器中断。

打开样例工程“定时器实验”，打开 STM32F40x_Timer_eval.c 文件。

定时器 3 初始化步骤：

打开定时器 3 时钟，设置定时器 3 结构体中的所有参数，调用定时器初始化库函数，使能定时器 3，设置中断结构体中的参数，初始化中断库函数，就完成了定时器 3 的全部初始化。

```
void TIM3_Int_Init(u16 arr,u16 psc)
{
        TIM_TimeBaseInitTypeDef TIM_TimeBaseInitStructure;    //声明结构体
        NVIC_InitTypeDef NVIC_InitStructure;                  //声明结构体
        RCC_APB1PeriphClockCmd(RCC_APB1Periph_TIM3,ENABLE);   //使能定时器 3
时钟
    TIM_TimeBaseInitStructure.TIM_Period = arr;                     //自动重装载值
        TIM_TimeBaseInitStructure.TIM_Prescaler=psc;                //定时器分频
        TIM_TimeBaseInitStructure.TIM_CounterMode=TIM_CounterMode_Up;  //向上计数
        TIM_TimeBaseInitStructure.TIM_ClockDivision=TIM_CKD_DIV1;    //1 分频
        TIM_TimeBaseInit(TIM3,&TIM_TimeBaseInitStructure);             //初始化
        TIM_ITConfig(TIM3,TIM_IT_Update,ENABLE);                       //允许更新中断
        TIM_Cmd(TIM3,ENABLE);                                          //使能定时器 3
        NVIC_InitStructure.NVIC_IRQChannel=TIM3_IRQn;                   //中断向量
        NVIC_InitStructure.NVIC_IRQChannelPreemptionPriority=0x01;      //抢占优先级
        NVIC_InitStructure.NVIC_IRQChannelSubPriority=0x03;             //从优先级
        NVIC_InitStructure.NVIC_IRQChannelCmd=ENABLE;                  //使能中断
        NVIC_Init(&NVIC_InitStructure);                                //初始化
}
```

定时器 3 的中断服务函数：

```
void TIM3_IRQHandler(void)
{
        if(TIM_GetITStatus(TIM3,TIM_IT_Update)==SET)     //中断溢出
        {
         ms++;                                            //10MS 计数累加
         if(ms==100)                                      //如果加到 100 就是 1s
         {
              ms = 0;                                     //10ms 计数清零
```

```
            second++;                                    //秒计数累加
            if(second==60)                               //秒计数如果到了 60
            {
                second = 0;                              //秒计数清零
                minute++;                                //分钟计数累加
                LCD_ShowNum_all(0,16,minute,2,32,WHITE); //屏幕显示分钟数据
            }
            LCD_ShowNum_all(0+48,16,second,2,32,WHITE); //屏幕显示秒数据
        }
        LCD_ShowNum_all(0+96,16,ms,2,32,WHITE);          //屏幕显示 10ms 数据
    }
    TIM_ClearITPendingBit(TIM3,TIM_IT_Update);           //清除中断标志
}
```

TIM3_IRQHandler 是定时器 3 中断服务函数，当到了定时器 3 的中断时间，程序就会跳转到这里。定时器时间设置的是 10 ms 中断一次，定义了 3 个变量：ms、second、minute。这 3 个计数变量用于计数，ms 计数变量是每 10 ms 加 1，加到 100 就是 1 s 时间，second 加 1，加到 60 就是 1 min，minute 加 1，每次这 3 个变量加 1 后，都会调用 LCD_ShowNum_all（ LCD 显示数字的函数），用于把这个变量显示在 LCD 屏幕上，就实现了秒表的功能。

主函数中，调用了定时器 3 初始化函数 TIM3_Int_Init，参数是 100−1 和 8400−1，定时器时钟是 84M（即 84 MHz），84M/8400 等于 100 μs 的计数时间，100 μs 乘以 100，就是 10 ms，这样就是定时器 3 的计数时间间隔。

实验效果如图 9-15 所示。

图 9-15　定时器中断计数及时钟显示

2. PWM（呼吸灯）

定时器除了定时以外还具有 PWM（Pulse Width Modulation，脉宽调制）输出功能，如图 9-16 所示。使用定时器在一个输出端口可以输出方波，这个方波的频率和占空比是可调的，初始化 PWM 后，只要改变相关寄存器的参数，就可以调整输出频率和占空比。如果单片机没

有这个功能，就需要使用 gpioc 输出和定时器配合产生 PWM 信号，这样就会出现占用资源多、中断频繁等问题。STM32 的 PWM 输出功能，能够简化 PWM 输出的编程复杂度。

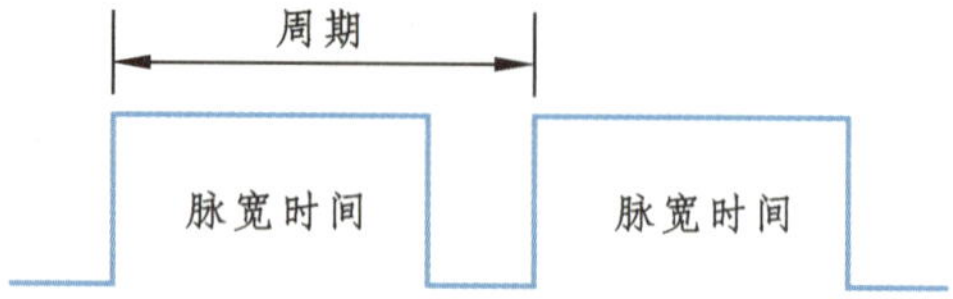

图 9-16 PWM 示意图

注意：并不是所有的端口都具有 PWM 输出功能。

只有标注的 TIMx_CHx 的 GPIO 具有 PWM 输出功能，打开口袋机原理图，找到 8 个 LED 部分，在 STM32F407 手册中查找下面的端口，看哪一个端口具有 PWM 输出功能。在图 9-17 中可以看到 PF8 就有 PWM 输出功能，是定时器 13 的通道 1。

Pin number					Pin name (function after reset)(1)	Pin type	I/O structure	Notes	Alternate functions	Additional functions
LQFP64	LQFP100	LQFP144	UFBGA176	LQFP176						
—	10	16	G2	22	V_{SS}	S				
—	11	17	G3	23	V_{DD}	S				
—	—	18	K2	24	PF6	I/O	FT	(4)	TIM10_CH1/ FSMC_NIORD/ EVENTOUT	ADC3_IN4
—	—	19	K1	25	PF7	I/O	FT	(4)	TIM11_CH1/FSMC_NREG/ EVENTOUT	ADC3_IN5
—	—	20	L3	26	PF8	I/O	FT	(4)	TIM13_CH1/ FSMC_NIOWR/ EVENTOUT	ADC3_IN6
—	—	21	L2	27	PF9	I/O	FT	(4)	TIM14_CH1/FSMC_CD/ EVENTOUT	ADC3_IN7

图 9-17 STM32F407ZGT6 定时器及其 PWM 输出引脚的对应关系

打开样例工程“PWM 呼吸灯”，需要对端口 PF8 端口进行 PWM 初始化，使用定时器 13 的通道 1。

```
void TIM13_PWM_Init(u32 arr,u32 psc)
{
        GPIO_InitTypeDef GPIO_InitStructure;                        //声明结构体
        TIM_TimeBaseInitTypeDef   TIM_TimeBaseStructure;       //声明结构体
        TIM_OCInitTypeDef   TIM_OCInitStructure;// 声明结构体
        RCC_APB1PeriphClockCmd(RCC_APB1Periph_TIM13,ENABLE); //定时器 13 时钟
使能
        RCC_AHB1PeriphClockCmd(RCC_AHB1Periph_GPIOF, ENABLE); //F 组端口时钟
使能
        GPIO_PinAFConfig(GPIOF,GPIO_PinSource8,GPIO_AF_TIM13);   //设置 PF8 为特
```

```
殊功能
        GPIO_InitStructure.GPIO_Pin = GPIO_Pin_8;                    //端口号
        GPIO_InitStructure.GPIO_Mode = GPIO_Mode_AF;                 //特殊功能
        GPIO_InitStructure.GPIO_Speed = GPIO_Speed_100MHz;           //时钟
        GPIO_Init(GPIOF,&GPIO_InitStructure);                        //初始化端口
        TIM_TimeBaseStructure.TIM_Prescaler=psc;                     //定时器分频
        TIM_TimeBaseStructure.TIM_CounterMode=TIM_CounterMode_Up; //向上计数
        TIM_TimeBaseStructure.TIM_Period=arr;                        //自动重装值
        TIM_TimeBaseStructure.TIM_ClockDivision=TIM_CKD_DIV1;        //1 分频
        TIM_TimeBaseInit(TIM13,&TIM_TimeBaseStructure);              //初始化函数
        TIM_OCInitStructure.TIM_OCMode=TIM_OCMode_PWM1;              //选择 PWM 输
出模式
        TIM_OCInitStructure.TIM_OutputState = TIM_OutputState_Enable;  //比较输出使能
        TIM_OCInitStructure.TIM_OCPolarity = TIM_OCPolarity_Low;     //输出极性
        TIM_OC1Init(TIM13, &TIM_OCInitStructure);                    //初始化
        TIM_OC1PreloadConfig(TIM13,TIM_OCPreload_Enable); //初始化定时器 13 在
CCR1 上初始值
    TIM_ARRPreloadConfig(TIM13,ENABLE);                      //重新装载值使能
        TIM_Cmd(TIM13, ENABLE);                              // 定时器 13 使能
    }
```

修改 PWM 占空比输出的函数：

TIM_SetCompare1(TIM13,led0pwmval);//　led0pwmval 就是 PWM 占空比的参数

回到主函数部分，先调用 PWM 初始化函数，参数是 500-1 和 84-1，这两个参数决定了 PWM 的输出频率，500 这个参数决定了 PWM 的输出分辨率，相当于把整个高电平的时间分成了 500 份，每次的变化可以是 1 份。TIM_SetCompare1(TIM13,led0pwmval)；改变 PWM 输出占空比 led0pwmval 的范围为 0~500，当等于 0 时，PWM 占空比为 0%，一直为低电平；当等于 500 时，PWM 占空比为 100%，一直为高电平；当等于 250 时，占空比为 50%。

主循环中的程序就是呼吸灯的操作。呼吸灯的逻辑：PWM 从 0 开始递增到最大，LED 亮度从灭到亮度最大，然后 PWM 输出从最大递减到 0，LED 灯从亮度最大到熄灭，一直循环这个过程就是呼吸灯的效果。可以编译下载程序后观察效果，LED0 的位置在最右边。

9.2.5　模数转换应用开发

ADC（Analog-to-Digital Converter）指模/数转换器或者模数转换器，指将连续变化的模拟信号转换为离散的数字信号的器件。

模拟信号在时域上是连续的，因此可以将它转换为时间上连续的一系列数字信号。要求定义一个参数来表示新的数字信号采样自模拟信号速率，这个速率称为转换器的采样率（Sampling Rate）或采样频率（Sampling Frequency）。

可以采集连续变化、带宽受限的信号（即每隔一时间测量并存储一个信号值），然后通过

插值将转换后的离散信号还原为原始信号。这一过程的精确度受量化误差的限制。然而，仅当采样率比信号频率的两倍还高的情况下，才可能达到对原始信号的真实还原，这一规律在采样定理有所体现。

由于实际使用的模拟数字转换器不能进行完全实时的转换，所以对输入信号进行一次转换的过程中必须通过一些外加方法使之保持恒定。常用的有采样-保持电路，可以使用一个电容器可以存储输入的模拟电压，并通过开关或门电路来闭合、断开这个电容和输入信号的连接。许多模拟数字转换集成电路在内部就已经包含这样的采样-保持子系统。

ADC 的分辨率是指使输出数字量变化一个最小量时模拟信号的变化量，常用二进制的位数表示，例如 8 位的 AD，可以描述 256（2^8）个刻度的精度。在测量一个 5 V 左右的电压时，它的分辨率是 5 V 除以 256，大约改变一个刻度其改变的最小单位必须是 0.02 V。

$$分辨率 = V/2^n$$

式中，n 为 ADC 的二进制位数，n 越大，分辨率越高。

STM32F4xx 系列一般都有 3 个 ADC，ADC 可以独立使用，也可以使用双重/三重模式（提高采样率）。STM32F4 的 ADC 是 12 位逐次逼近型的模拟数字转换器。它有 19 个通道，可测量 16 个外部源、2 个内部源和 VBAT 通道的信号。这些通道的 A/D 转换可以单次、连续、扫描或间断模式执行。ADC 的结果可以左对齐或右对齐方式存储在 16 位数据寄存器中。模拟看门狗特性允许应用程序检测输入电压是否超出用户定义的高/低阈值。

1. 电压输入范围

ADC 输入范围为 VREF−≤VIN≤VREF+。由 VREF−、VREF+、VDDA、VSSA 这四个外部引脚决定。

在设计原理图时一般把 VSSA 和 VREF−接地，把 VREF+和 VDDA 接 3V3，得到 ADC 的输入电压范围为 0~3.3 V。

2. 输入通道

STM32 的 ADC 多达 19 个通道，其中外部的 16 个通道就是框图中的 ADCx_IN0、ADCx_IN1…ADCx_IN5。这 16 个通道对应着不同的 IO 口，其中 ADC1/2/3 还有内部通道：ADC1 的通道 ADC1_IN16 连接到内部的 VSS，通道 ADC1_IN17 连接到内部参考电压 VREFINT，通道 ADC1_IN18 连接到芯片内部的温度传感器或者备用电源 VBAT。ADC2 和 ADC3 的通道 16、17、18 全部连接到内部的 VSS。

3. 转换顺序

规则序列寄存器有 3 个，分别为 SQR3、SQR2、SQR1。SQR3 控制着规则序列中的第 1 个到第 6 个转换，对应的位为 SQ1[4:0]~SQ6[4:0]，第一次转换的是位 4:0SQ1[4:0]，若通道 16 想第 1 次转换，那么在 SQ1[4:0]写 16 即可。SQR2 控制着规则序列中的第 7 到第 12 个转换，对应的位为 SQ7[4:0]~SQ12[4:0]，若通道 1 想第 8 个转换，则 SQ8[4:0]写 1 即可。SQR1 控制着规则序列中的第 13 到第 16 个转换，对应位为 SQ13[4:0]~SQ16[4:0]，若通道 6 想第 10 个转换，则 SQ10[4:0]写 6 即可。具体使用多少个通道，由 SQR1 的位 L[3:0]决定，最多 16 个通道。

4. 触发源

通道与转换顺序配置完成后，开始配置 ADC 转换。ADC 转换可以由 ADC 控制寄存器 2:ADC_CR2 的 ADON 这个位来控制，写 1 的时候开始转换，写 0 的时候停止转换，这个是最简单也是最好理解的开启 ADC 转换的控制方式。

ADC 还支持外部事件触发转换，这个触发包括内部定时器触发和外部 IO 触发。触发源有很多，具体选择哪一种触发源，由 ADC 控制寄存器 2:ADC_CR2 的 EXTSEL[2:0]和 JEXTSEL[2:0]位来控制。EXTSEL[2:0]用于选择规则通道的触发源，JEXTSEL[2:0]用于选择注入通道的触发源。选定好触发源之后，触发源是否要激活，则由 ADC 控制寄存器 2:ADC_CR2 的 EXTTRIG 和 JEXTTRIG 这两位来激活。

5. 转换时间

ADC 输入时钟 ADC_CLK 由 PCLK2 经过分频产生，最大值是 36 MHz，典型值为 30 MHz，分频因子由 ADC 通用控制寄存器 ADC_CCR 的 ADCPRE[1:0]设置，可设置的分频系数有 2、4、6 和 8。对于 STM32F407 一般设置 PCLK2=HCLK/2=90 MHz。

ADC 需要若干个 ADC_CLK 周期完成对输入的电压进行采样，采样的周期数可通过 ADC 采样时间寄存器 ADC_SMPR1 和 ADC_SMPR2 中的 SMP[2:0]位设置，ADC_SMPR2 控制的是通道 0~9，ADC_SMPR1 控制的是通道 10~17。每个通道可以分别用不同的时间采样。其中采样周期最小是 3 个，即若要达到最快的采样，那么应该设置采样周期为 3 个周期，这里说的周期就是 1/ADC_CLK。

ADC 的总转换时间跟 ADC 的输入时钟和采样时间有关，公式为

$$\text{Tconv} = \text{采样时间} + 12\ \text{个周期}$$

6. 数据寄存器

ADC 转换后的数据根据转换组的不同，规则组的数据放在 ADC_DR 寄存器，注入组的数据放在 JDRx。若是使用双重或者三重模式那规矩组的数据是存放在通用规矩寄存器 ADC_CDR 内的。

ADC 规则组数据寄存器 ADC_DR 只有一个，是一个 32 位的寄存器，只有低 16 位有效并且只是用于独立模式存放转换完成数据。因为 ADC 的最大精度是 12 位，ADC_DR 是 16 位有效，这样允许 ADC 存放数据时候选择左对齐或者右对齐，具体是以哪一种方式存放，由 ADC_CR2 的 11 位 ALIGN 设置。假如设置 ADC 精度为 12 位，若设置数据为左对齐，那 AD 转换完成数据存放在 ADC_DR 寄存器的[4:15]位内；若为右对齐，则存放在 ADC_DR 寄存器的[0:11]位内。

7. 中断

数据转换结束后，可以产生中断，中断分为四种：规则通道转换结束中断、注入转换通道转换结束中断、模拟看门狗中断和溢出中断。其中转换结束中断很好理解，跟平时接触的中断一样，有相应的中断标志位和中断使能位，还可以根据中断类型写相应配套的中断服务程序。

8. 电压转换

模拟电压经过ADC转换后，是一个相对精度的数字值，若通过串口以十六进制打印出来，可读性比较差，那么有时候就需要把数字电压转换成模拟电压，也可以跟实际的模拟电压（用万用表测）对比，看看转换是否准确。

1）单路 ADC

由 STM32F407 文档，可以看到 PF4 是 ADC3 的通道 14，本实验选择这个引脚作为 ADC 输入引脚。

打开样例工程“ADC 采集串口发送”，Adc_Init 为 ADC 初始化函数，打开 GPIOF 端口时钟，打开 ADC3 时钟，设置 PF4 端口为模拟输入端口，ADC_Resolution_12b 是 ADC 分辨率为 12 bit，关闭连续转换，软件触发，数据右对齐，开启转换。

主函数中，先调用 Adc_Init 进行 ADC 初始化，在主循环中一直进行 ADC 采集。

```
adc_dat = Get_Adc(ADC_Channel_14);
printf("adc_dat = %d\r\n",adc_dat);
```

将采集到的数据保存到 adc_dat 变量中，使用串口打印功能将这个变量的值传输到计算机中。PF8 作为单片机的运行指示灯，间隔 100 ms 闪一次。

打开串口调试助手，就可以看到采集的数据了。当 PF4 端口悬空（什么都没接）的时候，这个值是无规律变化的，可以使用一根杜邦线，将 PF4 接地，可看到如图 9-18 所示的实验结果。可以看到采集到的结果接近于 0，但不全是 0，因为一般电路上的地不是绝对 0 V，会有一些噪声。

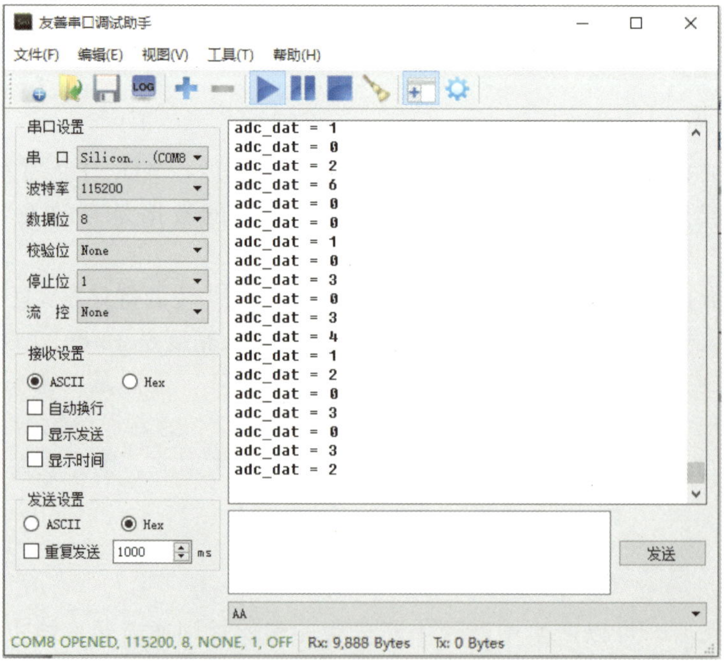

图 9-18 PF4 接地时的 ADC 转换结果

再将 PF4 端口接到 3.3 V 电源上，可看到如图 9-19 所示的结果。可以看到采样结果接近于 4095，因为 ADC 采集的上限是 4095。

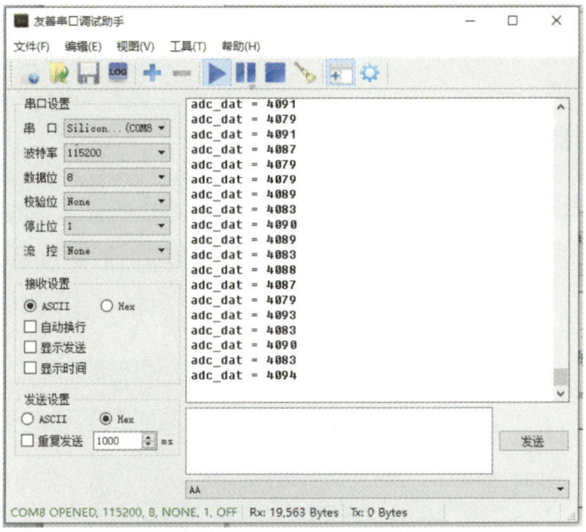

图 9-19　PF4 接 3.3 V 时的 ADC 转换结果

如果有条件可以使用一个电位器，两端连接 3.3 V 和地，中心抽头连接 PF4，转动电位器，可以看到采样结果和中心点的电压呈正比例关系变化。

2）ADC 转换并显示

下面将 ADC 采集到的数据显示在 LCD 屏幕上，只要将程序稍加修改就可以实现。

```
while(1)
   {
        adc_dat = Get_Adc(ADC_Channel_14);   //ADC 采集，采集数据给变量 adc_dat
        printf("adc_dat = %d\r\n",adc_dat);          //串口打印 ADC 结果
        LCD_ShowNum(0,32,adc_dat,5,32,TYPEFACE); //液晶显示 ADC 结果
        GPIO_SetBits(GPIOF,GPIO_Pin_8);      //PF8 输出高电平
        delay_ms(100);
        GPIO_ResetBits(GPIOF,GPIO_Pin_8); //PF8 输出低电平
        delay_ms(100);
   }
```

打开样例工程“ADC 采集 LCD 显示”，程序中只添加了 LCD_ShowNum 屏幕显示数字的函数，就可以将 ADC 采集到的数据 adc_dat 显示在 LCD 屏幕上，如图 9-20 所示。

图 9-20　ADC 结果通过 LCD 显示

9.3 综合编程实验

9.3.1 可燃气体传感器应用开发

本实验用到了可燃气体传感器模块 MQ-2，如图 9-21 所示。MQ-2 烟雾传感器对液化气、天然气、城市煤气灵敏度较高。MQ-2 型传感器具有良好的重复性和长期的稳定性。需要注意的是：在使用 MQ-2 之前必须加热一段时间，否则其输出的电阻和电压不准确。

图 9-21　MQ-2 烟雾传感器

其检测可燃气体与烟雾的范围是 100~10 000 ppm（ppm 为体积浓度，1ppm=10^{-6}）。MQ-2 的工作原理如图 9-22 所示，可以看到，QM-2 和 R9 电阻组成分压网络，分压电压进入运放，运放的 3 脚有一个 1.1 V 的压降，最终 ADC 引脚接到单片机的 ADC 采集引脚 PF4。实验时将可燃气体传感器模块连接到扩展板上。

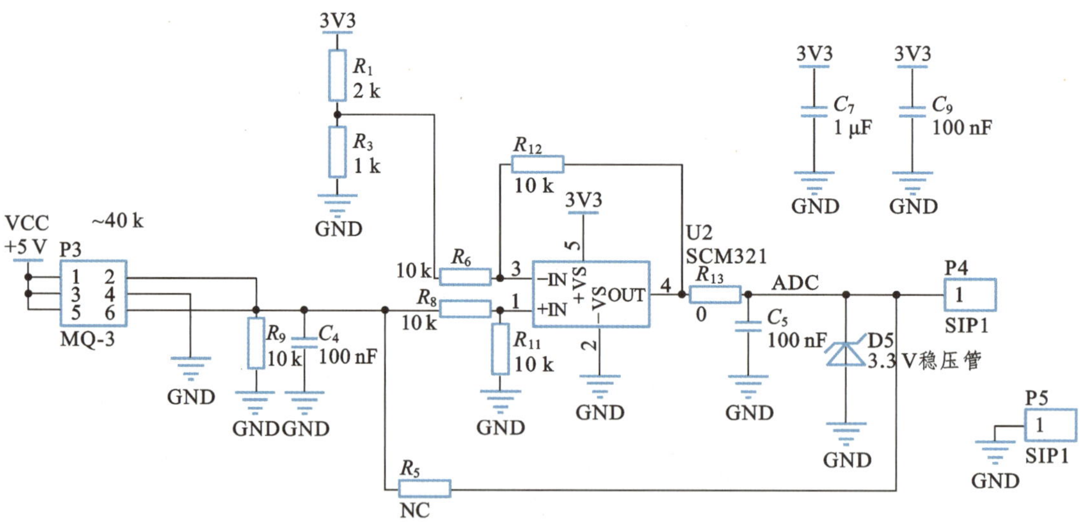

图 9-22　MQ-2 型传感器工作原理

打开样例工程“可燃气体传感器”：

```
adc_dat =   Get_Adc(ADC_Channel_14);        //ADC 采集
vol_f = (float)adc_dat;  //将采集到的数据转换成浮点数据
vol_f = vol_f*3300/4096;                    //计算电压
```

```
R_f1 = 33000000/(vol_f - 1.1f) - 10000.0f;   //计算电阻
ratio = R_f1/R_f0;                            //计算比值
printf("adc_dat = %d          ",adc_dat);     //打印 ADC 值
printf("R_f1 = %f         ",R_f1);            //打印电阻值
printf("ratio = %f         ",ratio);          //打印比值
printf("\r\n");                               //打印回车
```

Adc_Init 为 ADC 的初始化，adc_f0_fun 是在主循环之前对气体传感器进行采样（采集一个没有可燃气体时平常的阻值）：

```
adc_dat =   Get_Adc(ADC_Channel_14);      //进行 ADC 采集
vol_f = (float)adc_dat;           //将采集到的 U16 格式的数据赋值给 float 浮点变量 vol_f
vol_f = vol_f*3300/4096;      //将 ADC 采集到的数值换算成电压，单位是毫伏（mV）
R_f1 = 33000000/(vol_f - 1.1f) - 10000.0f; //根据模块的原理图，可以计算出气体传感器的电阻值
ratio = R_f1/R_f0;
```

将目前采样到的电阻值和主循环之前的电阻值进行比值算法，然后将各个关键值 adc_dat、R_f1、ratio 三个变量通过串口打印出来并观察，如图 9-23 所示。

气体传感器有一个预热的过程，运行程序后，当看到 ratio 的值一直在变大时，就说明传感器还在预热，可以按口袋机的复位按键，让程序重新运行，直到 ratio 的值维持在 0.9 左右，不再变化时，说明传感器已经预热完毕。

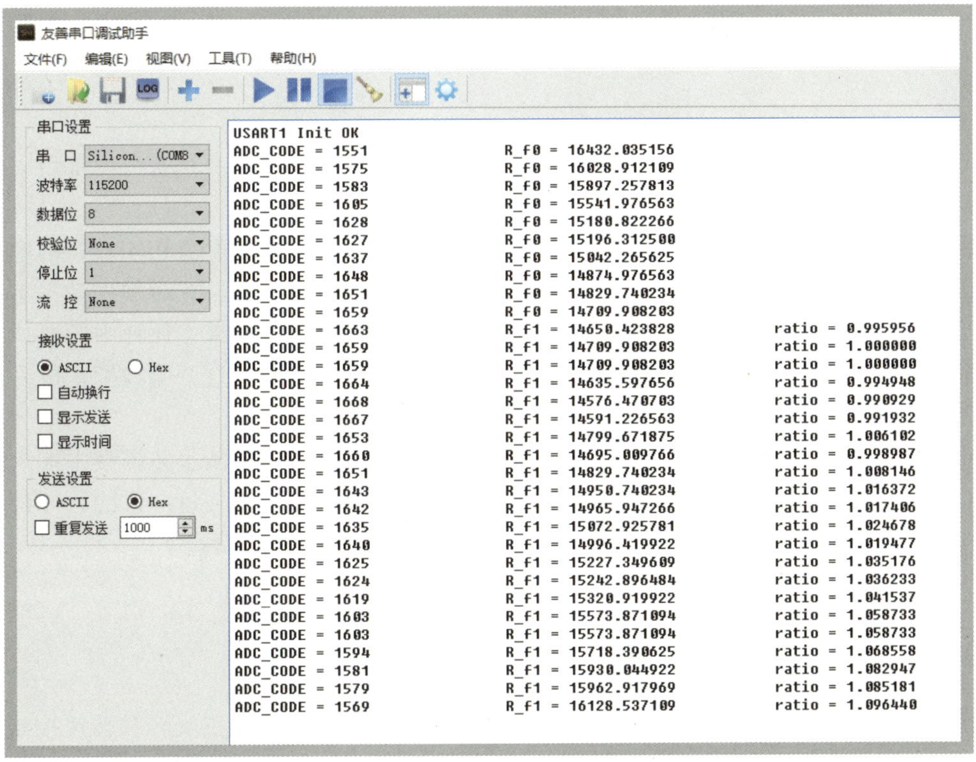

图 9-23　实验结果

9.3.2 振动传感器应用开发

使用的振动传感器型号是 SW-18010P，如图 9-24 所示。SW-18010P 振动传感器是基于弹簧摆动原理设计的传感器，振动势能传到弹簧末端引起共振，左右摆动碰触到金属外壁形成通路。

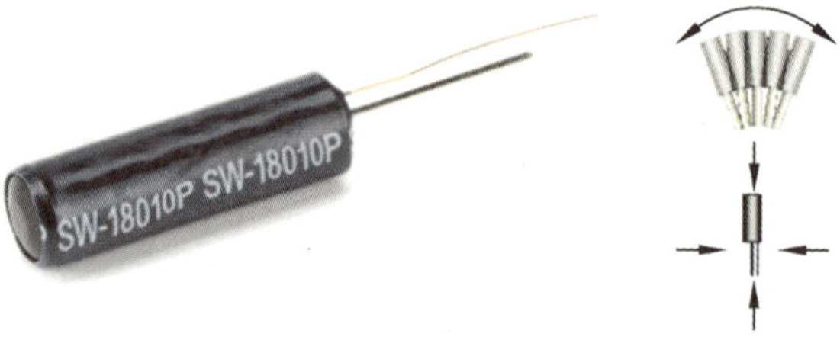

图 9-24 振动传感器 SW-18010P

典型应用电路如图 9-25 所示，振动传感器一端接地，一端接一个上拉电阻，OUT 端接单片机的一个端口，振动时振动开关会有瞬间导通的时候。OUT 端平时为高电平，振动时会有瞬间的下降沿脉冲。这个脉冲时间很短，可以采用读端口的方式捕捉。

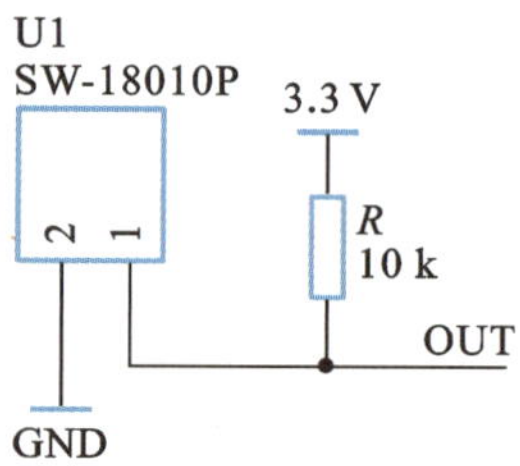

图 9-25 振动传感器 SW-18010P 接线图

打开样例工程“振动传感器实验”，先使用读端口电平的方式，看是否每次都可以读到低电平。

初始化 PF4 端口为开漏模式，端口输出高电平，在主循环中一直读 PF4 端口的电平，如果为低串口，则打印 zhendong\r\n，测试后发现，有时候振动有打印，有时候振动没有串口打印，说明这个振动的脉宽非常窄，有时候单片机正好没有捕捉到，如果主循环中还要执行其他函数，也会占用时间，这样更加难以捕捉振动的脉冲。所以，需要将这个端口配置成外部中断模式，使外部中断的方式捕捉脉冲。

修改程序，执行 EXTIX_Init(); 将 PF4 设置为外部中断，在中断服务函数中加入打印函数，再次测试，发现每次振动单片机都可以打印，就说明外部中断模式每一次的脉冲都会捕捉到。所以，对于一些很窄的脉冲信号，采集时一定要使用外部中断模式。

具体编程可参照外部中断。

9.3.3 电机控制应用开发

直流电机与编码器应用开发：使用 STM32F407 控制直流电机的正反转和转速控制，使用口袋机的触摸按键实现电机的启动和停止、正转和反转、加速和减速。

电机型号为 GM250-370，采用直流电机驱动芯片 DRV8833PW。DRV8833PW 是标准的 H

桥直流电机驱动芯片，一个芯片有两路 H 桥，其内部框图如图 9-26 所示。

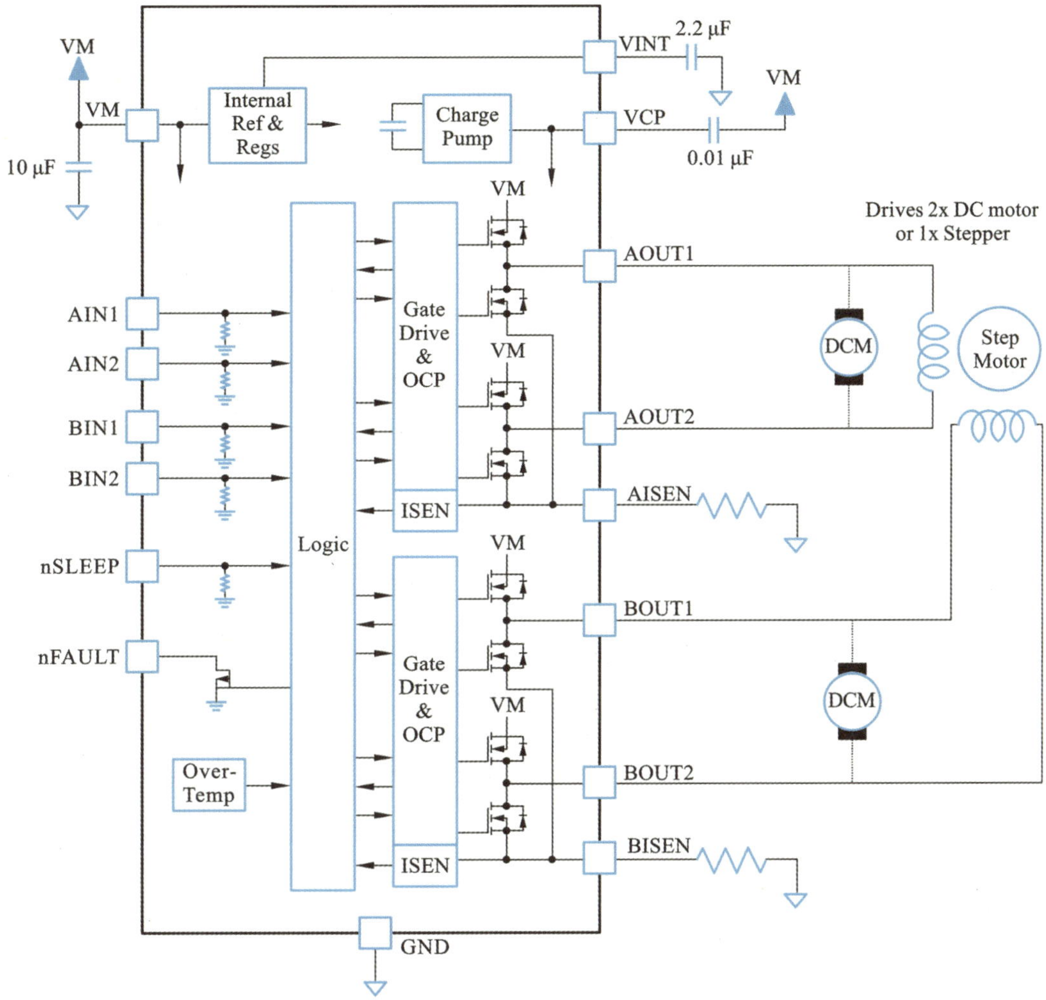

图 9-26　DRV8833PW 内部框图

可以看出，逻辑控制端口为 5 路，AIN1 和 AIN2 组合是控制 AOUT1 和 AOUT2 的，可以驱动一个直流电机，BIN1 和 BIN 组合控制 BOUT1 和 BOUT2，控制另一个电机，两路组合起来可以控制一个步进电机，nSLEEP 是休眠控制端口。nFAULT 是错误输出（温度保护或过流保护）。

根据引脚定义说明绘制出了如图 9-27 所示的原理图，因为只需要驱动一个电机，所以只连接了 A 组的驱动，P4 为连接电机的连接器，VCC 是磁编码器部分的供电（3.3 V），CODE1 是编码器的输出信号，GND 是磁编码器的地，OUT1 和 OUT2 连接到电机两端。

在电机的尾部有一个如图 9-28 所示的磁霍尔编码器电路，中心是一个环形磁铁，磁铁的中心连接着电机的输出轴，和电机一起转动。磁环的一圈由 11 个 NS 级组成，磁铁的边上有两个磁霍尔感应芯片，当电机转动后，由于磁环上的 NS 级不停转动，磁霍尔传感器就会输出方波，一圈会输出 11 个方波脉冲，转速越高，方波的频率越高。

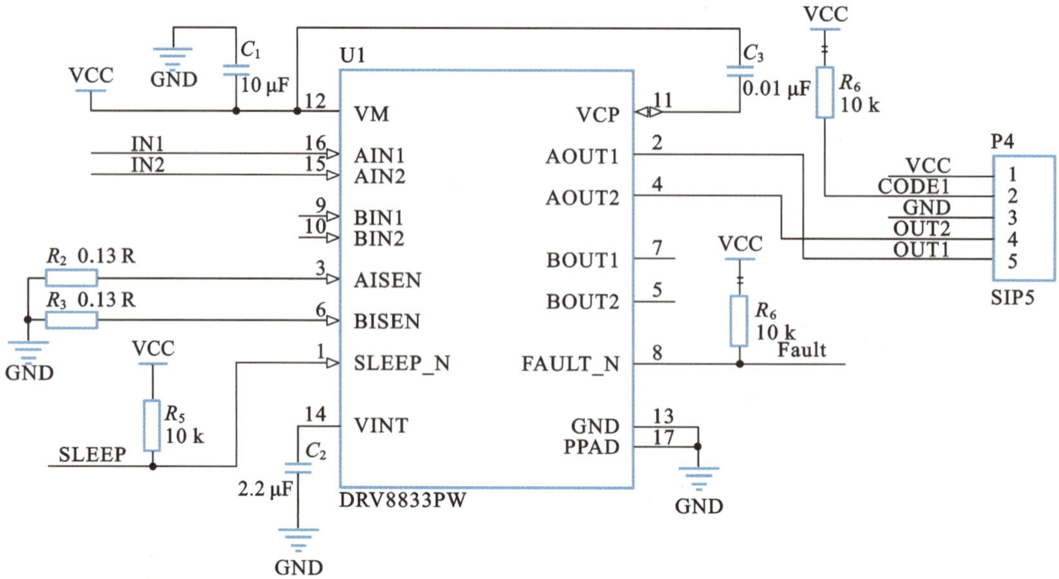

图 9-27　DRV8833PW 控制原理图

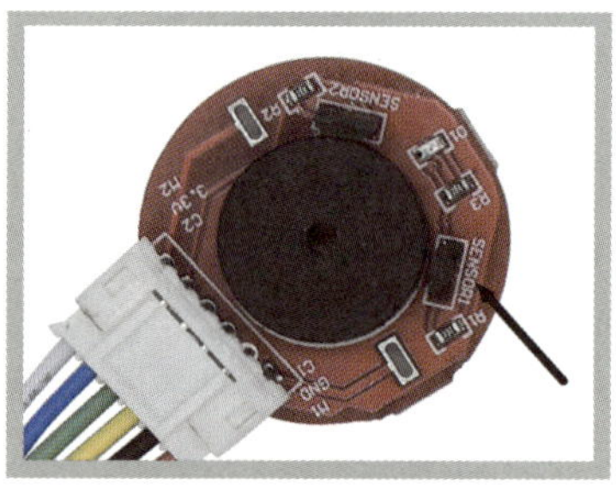

图 9-28　电机编码器

两路磁霍尔编码器的输出信号如图 9-29 所示，可以看到，A、B 两路信号相位相差 90°，不同的是当正转时，B 路相对于 A 路向前偏移 90°，反转时，向后偏移 90°，这是由于两个磁霍尔传感器的位置决定的。这样可以通过两路信号的相位差判断旋转方向，具体思路是：将 A 信号设置为外部中断，当发生上升沿中断后，计数器加 1，同时读取 B 路的电平，如果是高电平就认为是正转，如果是低电平就认为是反转。提前初始化一个定时器，一般可以设置为 50~100 ms 中断一次，没到定时器中断后，查看计数器的值，通过计算就可以得到转速。

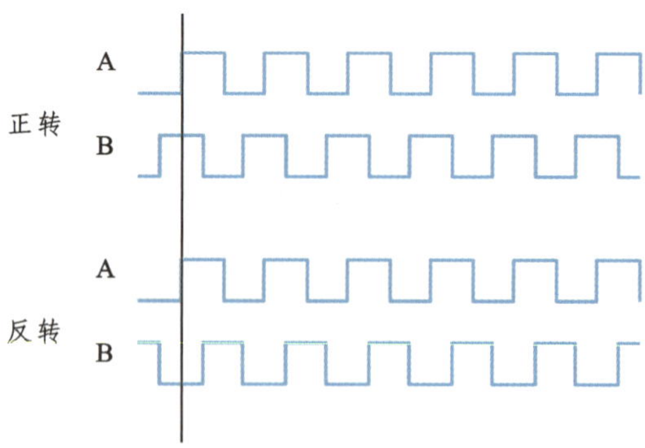

图 9-29　编码器信号输出时序

打开样例工程“直流电机控制”，工程中新建了一个 MOTO.c 文件，将电机控制用到的全部函数添加到里面。

```
void TIM3_Int_Init(u16 arr,u16 psc)    //定时器 3 初始化，用于计算转速
void TIM3_IRQHandler(void)             //定时器 3 中断服务函数
void EXTIX_Init(void)                  //外部中断初始化，用于编码器计数
void EXTI1_IRQHandler(void)            //外部中断服务函数
void TIM4_CH3_CH4_PWM_Init(u16 arr,u16 psc)    //定时器 4-两路 PWM 输出初始化
```

打开 main.c 文件，定义了一些变量，编写控制函数。

```
u8 run_bit_new = 0;            //运行或停止标志新
u8 run_bit_old = 0;            //运行或停止标志上一次
u8 pwm_out_new = 250;          //PWM 输出值新
u8 pwm_out_old = 250;          //PWM 输出值上一次
u8 dir_new = 0;                //方向值新
u8 dir_old = 0;                //方向值上一次
u32 speed_new = 0;             //速度值新
u32 speed_old = 0;             //速度值上一次
u8 temp;                       //临时变量
```

main 函数开始，先对外设进行初始化，定时器 3，外部中断，定时器 4 的 PWM 输出，PD12 端口初始化，用于驱动芯片的 SLEEP 引脚的控制，初始化口袋机上的 8 个触摸按键。

此时会在屏幕上显示一些信息，效果如图 9-30 所示。

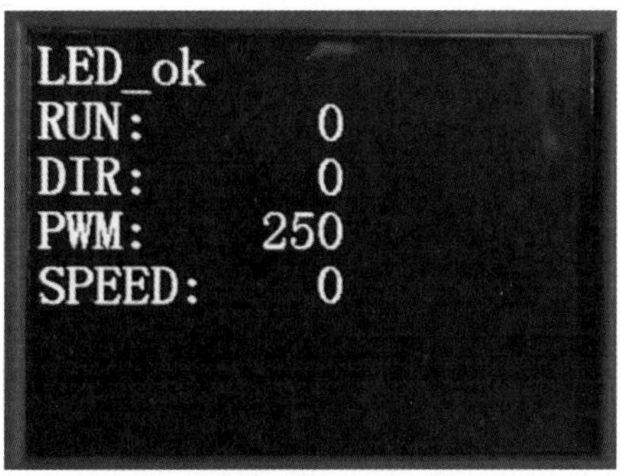

图 9-30　电机工作状态显示

RUN 电机状态：0 代表不转，1 代表转。

DIR 转动方向：0 是正向，1 是反向。

PWM：脉宽输出值。

SPEED：电机转速。

主循环中程序分三部分：第一部分，按键状态的读取和执行；第二部分，当一些标志位改变后，执行相应的动作；第三部分，当转速发生变化时，改变 LCD 显示的数据。

为什么每个标志位或者参数都是 new 和 old 两种尾缀？这是为了判断标志位和参数的变化。如果不判断变化而是直接判断标志位，当电机转动标志 run_bit_new 由 0 变为 1 后，程序会一直进入这个判断，然后执行 PWM 参数输出和屏幕数据的改变刷新，电机一直处于运行状

态，这三个语句就会一直执行，最终效果是 PWM 参数一直在设置，屏幕也在一直刷新，这样会造成运行时间的浪费和屏幕的闪烁。

多个 C 文件公用一个变量的用法：例如在 main.c 文件中使用了 speed_new 变量，在 MOTO.c 文件中也使用了这个变量，就可以在 MOTO.c 文件最上面添加一个 extern u32 speed_new，就可以在 MOTO.c 文件中使用这个变量了。

【项目小结】

本项目讲解了口袋机的基础性嵌入程序设计原理及方法，并介绍了几个应用案例，如传感测量、电机控制等。

【习题】

1. 编写程序实现 5 路 ADC 数据采集，可分别采集几个接出的 GPIO 引脚。
2. 多路 PWM 的实现及软件仿真。

项目十　智能光电电路设计实战

【项目目标】

（1）学会 Altium Designer 21 版本软件，包括下载、安装 Altium Designer 21 软件，安装好以后对软件的设置、基本操作等。

（2）设计智能回收桶电路。

（3）设计智能手环电路。

智能光电应用开发过程中在完成对产品的功能和性能需求评估后，要对主控芯片、外围电路进行选型，主控芯片涉及资源、存储容量及速度、IO 口分配、接口资源、外围电路的可靠性等进行具体分析和对比。

结合智能光电应用开发电路设计典型工作任务与工作过程，具体工作任务可分解为原理图设计和 PCB 设计。

原理图设计：电路原理图是指说明电路中各个元器件之间电气连接关系的图纸。依托需求分析选择合适的电子元器件，参考电子元器件的手册，将智能光电电路设计方案转化为各部分功能的原理图。

PCB 图设计：PCB 图是用来安装、固定各个实际电路元器件并用铜箔进行走线，实现元器件正确连接关系的图纸。根据原理图选用的电子元器件，参考手册绘制元件的 PCB 封装，然后进行板子外形设计、布局，按实际要求进行布线，最后完成 PCB 图的绘制，然后进行 PCB 投板，完成 PCB 加工生产。

PCB 设计的可制造性分为两类：一类是指印制电路板的加工工艺；另一类是指电路接结构上的元器件和印制电路板装配的工艺性。一般的 PCB 加工厂家，受制造能力与生产能力的影响，会非常详细地给开发设计人员提出 PCB 相关的要求，最大限度地满足 PCB 电路板的生产与制造。

作为一名智能光电开发工程师，应该对所设计的 PCB 电路板装联工序流程有一个正确的认识，这样就可以避免犯一些原则性的错误。在选择组装方式时，除考虑 PCB 的组装密度、布线的难易外，必须还要考虑装配的工艺流程，同时考虑到企业本身的装配工艺水平。

10.1　常用电路设计软件

智能光电应用开发电路设计软件是智能光电产品开发设计必不可少的软件，通常此类软件均具有电路原理图设计、电路优化、电路测试等功能。软件设计功能多样、界面简约、操作一目了然，可极大方便和帮助用户快速完成硬件电路设计。学习者需要对设计类软件有一个清晰的认知，即无论何种设计软件都只是一个工具，关键是软件的应用与设计思想。

10.1.1 Altium Designer 电路设计软件

Altium Designer 是 Altium 公司推出的一体化的电子产品开发系统。Altium Designer 除了全面继承包括 Protel 99SE、Protel DXP 在内的先前一系列版本的功能和优点外，还做了许多改进，并增加了很多高端功能。该平台拓宽了板级设计的传统界面，全面集成了 FPGA 设计功能和 SOPC 设计实现功能，从而允许工程设计人员能将系统设计中的 FPGA、PCB 设计及嵌入式设计集成在一起。

Altium Designer 安装

Altium Designer 电路设计软件主要运行在 Windows 操作系统。这套软件通过把原理图设计、电路仿真、PCB 绘制编辑、拓扑逻辑自动布线、信号完整性分析和设计输出等技术融合，为设计者提供了全新的设计解决方案，使设计者可以轻松进行设计，熟练使用这一软件，使电路设计的质量和效率大大提高。

10.1.2 PADS 电路设计软件

PADS 软件是 MentorGraphics 公司开发的电路原理图和 PCB 设计工具软件组包，它包括 PADS Logic、PADS Layout 和 PADS Router。PADS 是国内从事电路设计的工程师和技术人员主要使用的电路设计软件之一，以其强大的交互式布局、布线功能和易学易用等特点，在通信、半导体、消费电子、医疗电子等工业领域得到了广泛应用。PADS Layout/ Router 支持完整的 PCB 设计流程，涵盖从原理图网表导入、规则驱动下的交互式布局布线、DRC/DFT/DFM 校验与分析，到最后的生产文件（Gerber）、装配文件及物料清单（BOM）输出等全方位的功能需求，确保 PCB 工程师高效率地完成设计任务。

10.1.3 KiCad 电路设计软件

KiCad EDA 是一款用于印刷电路板设计的开源自由软件包，遵守 GNU 的 GPL 版权协议。KiCad 支持中文、英语、法语、德语、意大利语、日语、韩语等 22 种语言版本。KiCad 软件包含原理图设计、线路板绘制、电器规则检测、符号库设计、封装库设计、3D 视图功能、Gerber 查看、线路板实用计算等工具。值得注意的是，KiCad 是一个跨平台的工具，在 Linux 和 Windows 系统中都可以使用图形操作界面，非常方便使用。此外，KiCad 生成 Gerber 文件很简便，PCB 画好以后可以直接生成 Gerber 文件，不用担心文件格式。

10.1.4 Allegro 电路设计软件

Allegro 是 Cadence 推出的先进 PCB 设计布线工具包。Allegro 提供了良好且交互性强的工作接口和强大完善的功能，它与前端产品 Cadence、OrCAD、Capture 的结合，为高速、高密度、多层的复杂 PCB 设计布线提供了解决方案。Allegro 拥有完善的 Constraint 设定，用户只需按要求设定好布线规则，在布线时不违反 DRC 就可以达到布线的设计要求，从而节约了烦琐的人工检查时间，提高了工作效率。它还能够定义最小线宽或线长等参数，以符合高速电路板布线的种种需求。

Allegro 软件中的 Constraint Manger 提供了简洁明了的接口，方便使用者设定和查看 Constraint 声明。它与 Capture 的结合让电子工程师在绘制线路图时就能设定好规则数据，并能一起带到 Allegro 工作环境中，自动在摆零件及布线时依照规则处理及检查，而这些规则数据的经验值均可重复使用在相同性质的电路板设计上。

Allegro 除了上述的功能外，其强大的自动推挤（push）和贴线（hug）走线以及完善的自动修线功能更是给用户提供了极大的方便；同时，具备强大的贴图功能，可以支持多用户同时处理一块复杂板子，从而大大地提高了工作效率。它还支持利用选购的切图功能将电路板切分成各个区块，让每个区块各有专职的人同时进行设计，达到同份图多人同时设计从而缩短设计周期的目的。

10.1.5　ORCAD 电路设计软件

ORCAD Capture（以下简称 Capture）是一款电路设计工具软件，是当今世界最流行的原理图绘制工具之一，具有简单直观的用户设计界面。Capture 软件绘制的电路原理图可以与 PADS 同步，在日常开发工作中，许多工程师都是使用 Capture 绘制原理图，然后使用 PADS-Layout 绘制 PCB。

10.2　智能回收桶电路设计

一个成熟硬件电路的形成过程是设计者进行原理设计、电路仿真、原理图确定、实物制作、环境测试、参数性能指标极限测试等，当出现问题时，再迭代、再测试，直到系统稳定运行。

智能光电电路设计具体工作任务分以下几个方面：设计元件原理图封装、设计原理图、设计元件 PCB 封装、设计 PCB 图、PCB 投板。

针对以上具体工作任务流程，学习者既可以进行单项实训，又可以进行综合实训，以掌握具体工作任务中涉及的知识点与知识面。

本节列举一个案例，进行智能光电电路设计单项实现，详细叙述智能光电应用开发电路设计具体工作任务工作流程。

10.2.1　需求分析及功能设计

在实际应用中，多数智能回收桶都具备智能感应功能，当有人离开或者在红外感应范围之外，桶盖会自动打开或关闭。智能回收桶使得人无须接触回收桶，解决了卫生感染的隐患，能够防止交叉污染。

智能回收桶电路设计

智能回收桶具有耗电量低、智能、使用寿命长、密封性好等优点，在国内市场得到青睐。随着社会的发展，人工智能技术得到普遍应用，我国智能家居产业得到快速发展，智能回收桶作为智能家居的细分市场，市场规模也随之增长。

分析市场产品并结合智能光电发展，智能回收桶需具备以下功能：一键打包、触摸感应、自动换袋、振动检测、红外感应、超载打包、常开模式、超长待机、无线组网、温度测量、异常报警、电压测量等。

需求分析完成后，将需求转换为电路功能，使用成熟电路设计方案，设计智能光电产品电路功能。

分析并对比市场智能回收桶产品需求，拟在原小米智能回收桶基础上进行教学改造，故设计了以 STM32 口袋机为主控单元的智能回收桶系统，如图 10-1 所示。

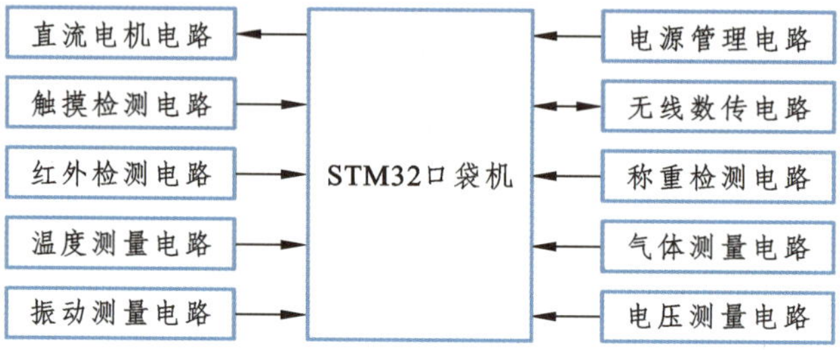

图 10-1　系统框图

直流电机电路实现一键打包、自动换袋、常开模式等功能；称重检测电路完成超载打包；电源管理电路实现超长待机；气体测量电路实现异常报警。其他功能电路的作用不一一列举。

主盖电机的功能：打开或关闭主盖，当垃圾已满时，通过主盖电机动作，打开主盖，取出已经装好的垃圾袋；

小盖电机的功能：打开或关闭小盖，当需要投放垃圾时，通过小盖电机动作，打开小盖，投放垃圾；投放结束后，小盖电机延时关闭，关闭小盖。

打包电机：垃圾装满后，自动将垃圾袋封口。

风机：提供负压，使得新装入的垃圾袋自动展开。

10.2.2　新建工程

新建一个工程，点击“File”→“New”→“Project”，弹出创建工程的对话框，其中 Project Name 为工程名称，这里使用默认名称 PCB_Project。Folder 为文件存储路径，选择好路径后点击“Create”创建工程。

工程创建完成后，开始为工程添加文件：

执行“File”→“New”→“Schematic”添加原理图文件。

执行“File”→“New”→“PCB”添加 PCB 图文件。

执行“File”→“New”→“Schematic Library”添加原理图封装库文件。

执行“File”→“New”→“PCBLibrary”添加 PCB 封装库文件。

添加完成后点击保存。图 10-2 是新建的完成后的工程截图，其中每个文件的作用：PCB1，PCB 图在此文件内绘制和保存；PcbLib1，PCB 封装库在此文件内绘制和保存；Sheet1，原理图在此文件内绘制和保存；SchLib1，原理图封装库在此文件内绘制和保存。

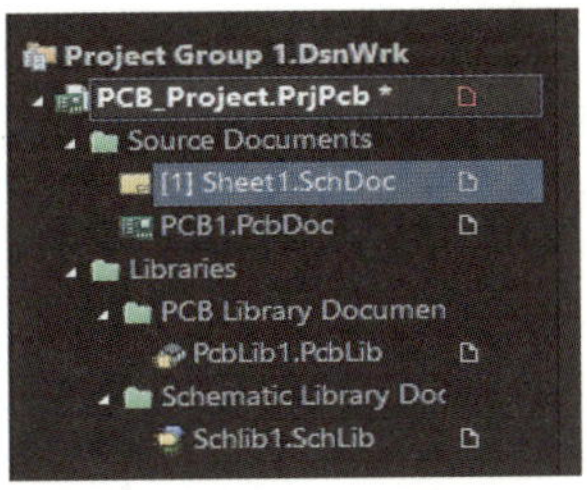

图 10-2　新建的工程

10.2.3　原理图设计

（1）直流电机电路：LV8548 芯片是 2 通道低饱和电压正向/反向电动机驱动器 IC，内置刹车功能，最大 IGBT 集电极电流为 1 A，适合 12 V 系统产品中的电动机驱动器，可以驱动两个直流电动机或一个并联使用的直流电动机，或者可以完全驱动步进电动机。

智能回收桶壳体已经安装好三个电机，分别为主盖子电机、小盖电机、打包电机，参考 LV8548 芯片手册，将三个电机的驱动电路利用 AD21 软件设计出来，如图 10-3 和图 10-4 所示，其中 F1、F2、F3 为自恢复保险，防止电机堵转引起的电路过大而烧毁电机。R_{21}、R_{25}、R_{26}、R_{27}、R_{28}、R_{29} 为下拉电阻，默认 LV8548 输出关闭，P8、P10、P12 端子接电机。

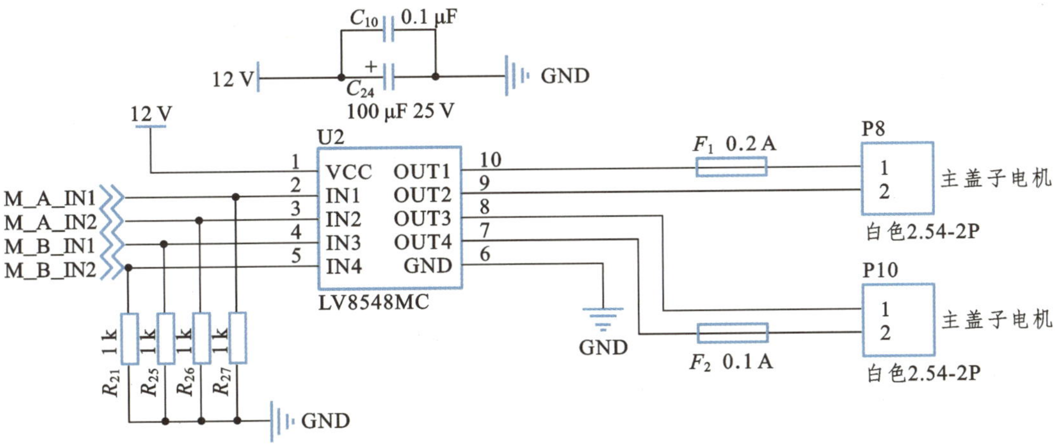

图 10-3　LV8548 电机控制电路 1

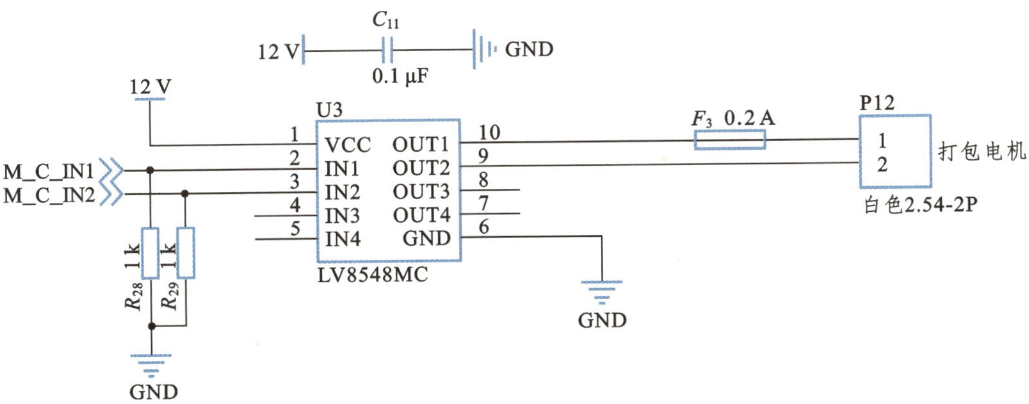

图 10-4　LV8548 电机控制电路 2

风机电机电流较大，所以这里选择大电流 NMOS 管驱动，其中 R13 为栅极限流电阻，R14 为下拉电阻，默认 Q4 关闭。驱动电路如图 10-5 所示。各端口网络标号，单片机 IO 端口对应关系见表 10-1。

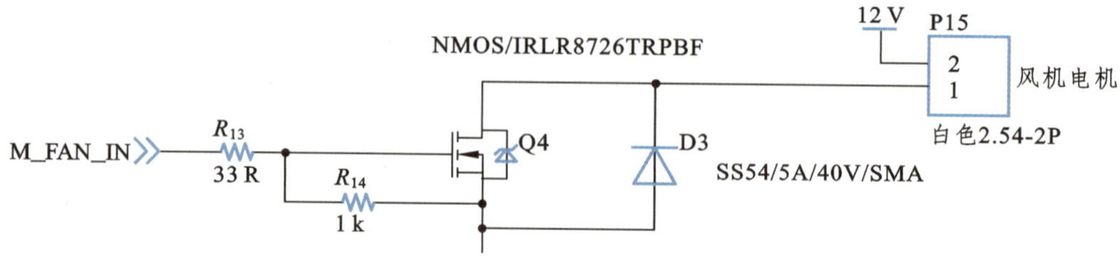

图 10-5　风机电机驱动电路

表 10-1　单片机 IO 端口对应关系

网络编号	单片机 IO 端口	芯片引脚名称	功　能
M_A_IN1	PE8	U2_IN1	电机控制引脚
M_A_IN2	PD14	U2_IN2	电机控制引脚
M_B_IN1	PE10	U2_IN3	电机控制引脚
M_B_IN2	PD12	U2_IN4	电机控制引脚
M_C_IN1	PF1	U3_IN1	电机控制引脚
M_C_IN2	PF12	U3_IN2	电机控制引脚
M_FAN_IN	PD9	Q4_G	NMOS 栅极

（2）触摸检测与红外检测电路设计：智能回收桶外壳以及集成好触摸检测与红外检测电路，所以外围驱动板只需要设计一个端口，通过接插件端口连接到 STM32 口袋机 IO 口。电路原理图设计如图 10-6 所示，各端口网络标号、单片机 IO 端口对应关系见表 10-2。

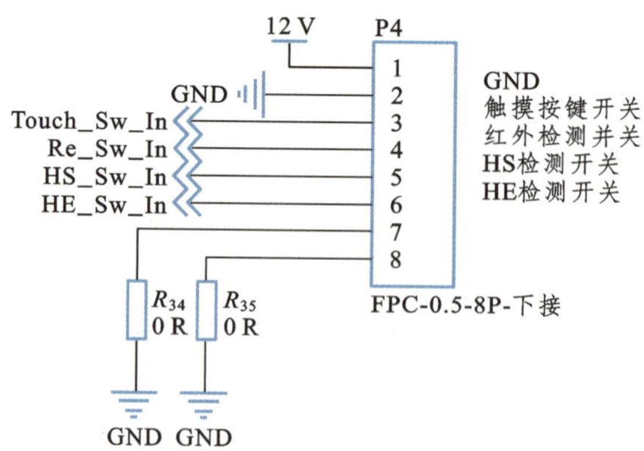

图 10-6　触摸检测与红外检测电路

表 10-2　单片机 IO 端口对应关系

网络编号	单片机 IO 端口	芯片引脚名称	功　能
Touch_Sw_In	PF14	FPC 端子 3 引脚	触摸按键开关
Re_Sw_In	PF15	FPC 端子 4 引脚	红外检测开关
HS_Sw_In	PE13	FPC 端子 5 引脚	电机起始位置检测
HE_Sw_In	PG0	FPC 端子 6 引脚	电机结束位置检测

（3）振动测量与电压测量电路设计：振动传感器电路、电压检测电路如图 10-7 所示，振动检测传感器型号为 SW-1801，R20 为上拉电阻，默认输出低电平，当检测到振动时，传感器输出一个低电平信号。电压检测电路 R30 与 R31 为分压电路，降低输入单片机端口电压，将电压限制在单片机参考电压范围内，C23 为滤波电容，D4 为钳位二极管，将电压钳制在 3 V 以内，保护 MCU 外设 ADC 电路。振动检测信号从 STM32F407 的 PD7 进入，电压信号 ADC-BATT 从 STM32F407 的 PA4 进入。

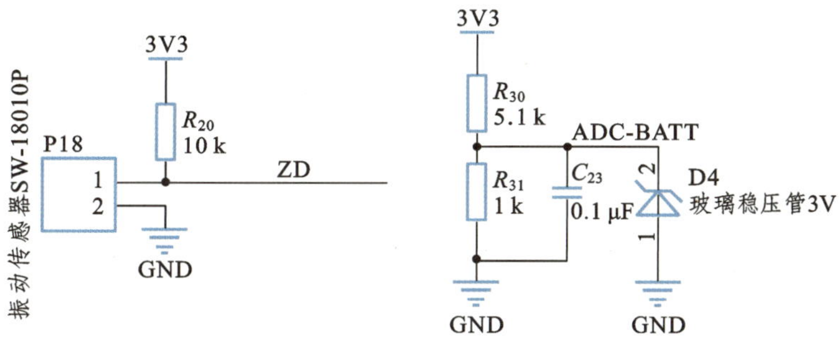

图 10-7　振动传感器电路、电压检测电路

（4）气体测量与温度测量电路设计：气体测量传感器型号为 MQ5，R15 为分压电阻，C21 为滤波电容，将传感器输出电压送入单片机 ADC 模拟输入端口，测量传感器信号值。

（5）温度测量传感器型号为 DS18B20，采用单总线进行数据交互，R16 为上拉电阻，C22 为退耦电容。将 DQ 与单片机引脚相连，进行温度数据读取。电路原理图设计如图 10-8 所示。

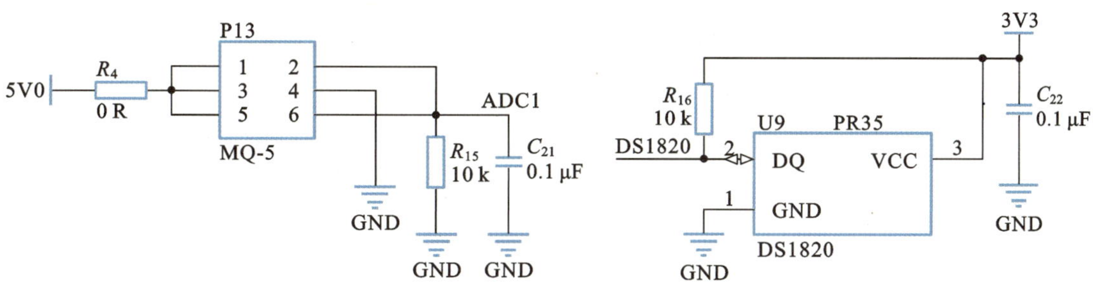

图 10-8　MQ5 气体测量与 DS18B20 温度测量电路设计

使用 STM32 口袋机下方右侧简易牛角端子与驱动电路进行连接，所以驱动电路部分也需要绘制一个相对应的简易牛角，根据需求在新建的原理图中完成此部分电路绘制。MQ-5 输出的模拟信号从 STM32F407 的 PB1 进入，经 ADC 转换得到气体浓度；DS1820 输出的数字信

号从 STM32F407 的 PF11 进入。

（6）无线数传电路设计：无线数传电路 P1、P2 为双列直插的端子，可接入 MINI 433 MHz 无线数传模组，也可接入其他通信模组。P20 为端子可接入 Lora 无线模组，数据通信方式通过 2 路四选一模拟开关 74HC4052 芯片门电路进行控制。电路原理图设计如图 10-9 所示。

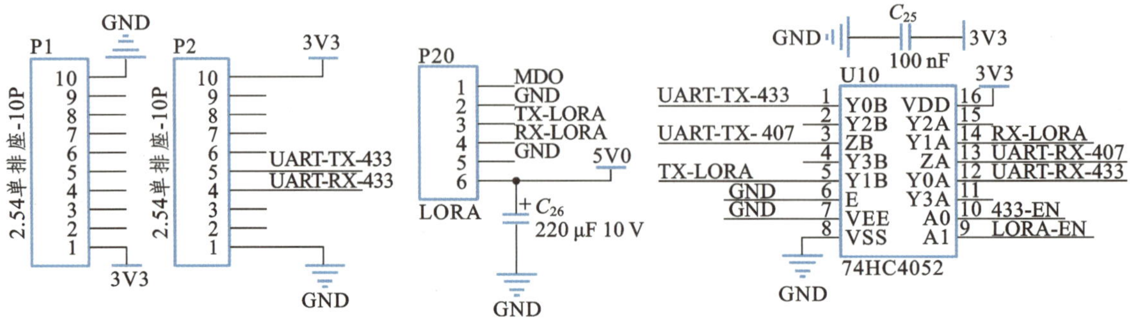

图 10-9　433 模块及 Lora 模块接口、通信方式选择

各端口网络标号、单片机 IO 端口对应关系见表 10-3。

表 10-3　无线使能及通信接口

网络编号	单片机 IO 端口	芯片引脚名称	功　能
UART-RX-407	PA3	A、B 路各自共用输入/输出	数据接收
UART-TX-407	PD5	A、B 路各自共用输入/输出	数据发送
LORA-EN	PE14	选择输入	LORO 使能
433-EN	PG1	选择输入	433 使能

（7）称重检测电路设计：称重检测芯片型号为 CS1237，P17 端子接称重传感器，U6 为 2.5 V 参考电压芯片，FB1 与 C18、C19 组成 Π 形滤波电路，净化称重芯片电源。电路原理图设计如图 10-10 所示。

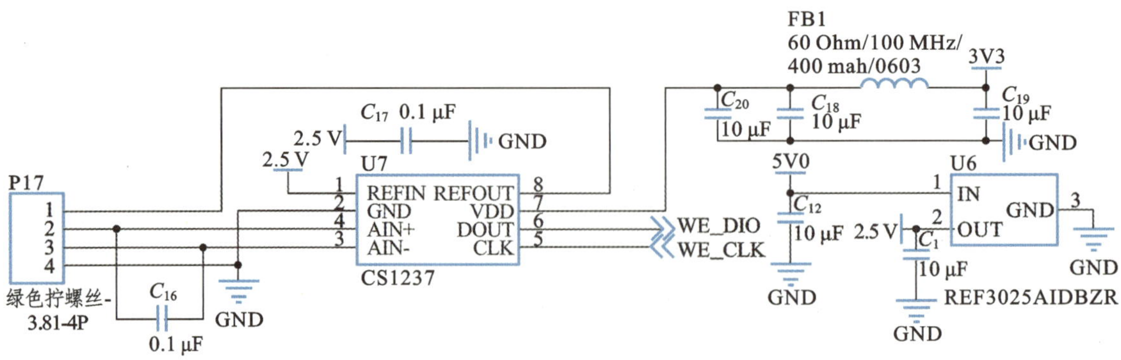

图 10-10　称重电路

各端口网络标号、单片机 IO 端口对应关系如下：

① WE_DIO 接 PB0，为传感器的数据输出，给出称重数据信号。

② WE_CLK 接 PF2，为时钟输入，即 ARM 的时钟送给传感器，支撑传感器正常工作。

（8）电源管理电路：用以配置各部分电压，并对各部分供电电路提供电源保护，电路如图 10-11 所示。

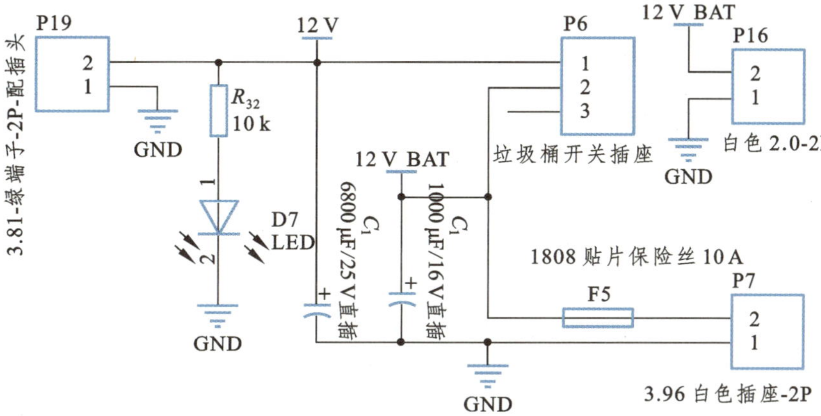

图 10-11　电源管理电路

电源管理电路中各部分功能见表 10-4。

表 10-4　电源接口

元件编号	元件名称	元件功能
P19	2P 端子座	电源输入端子
P6	3P 端子座	回收桶电源开关端子
P7	2P 端子座	电源输出端子
D7	LED 灯	电源指示灯
C1、C2	电解电容	电源储能

图 10-12 电路中 TPS54332D 为开关型 DC-DC 直流稳压芯片，电路设计参考芯片手册，输出电压计算公式为

$$V_O = 0.8 \times (1 + R_1/R_2)$$

理想输出电压为 5.2 V，电压误差±0.2 V 即为正常。U5 选用 AMS1117-3.3 低压差线性稳压芯片，将前级 5 V 电压转换为 3.3 V。

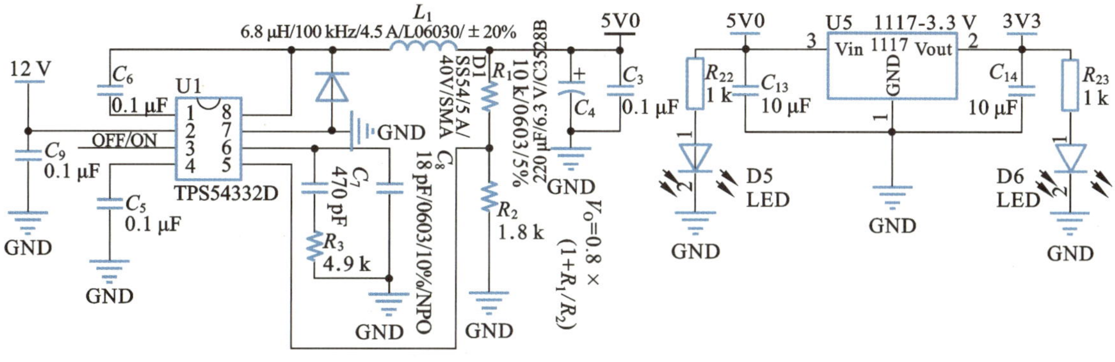

图 10-12　电源电路

电源管理电路共输出 3 个不同的电压值，分别为 12 V、5 V、3.3 V，为系统中各部分功能电路供电。

（9）主盖检测开关电路设计：用以检测主盖开关状态，R33 为上拉电阻，默认主盖关闭时为高电平输出状态，主盖开启输出低电平，电路如图 10-13 所示。主盖检测开关电路检测端口对应 STM32F407 的 PD15。

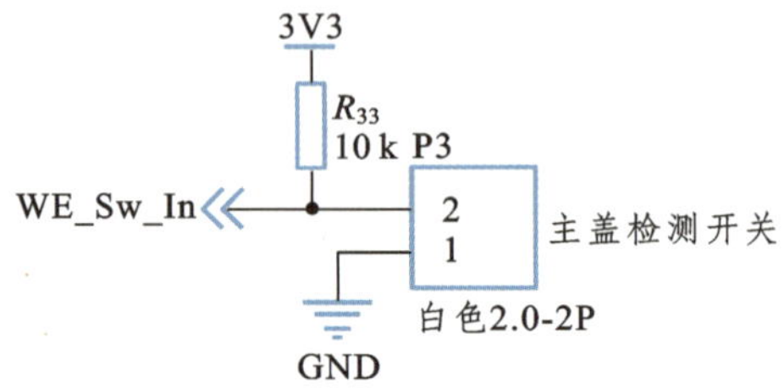

图 10-13　主盖检测开关电路

（10）红外发射管驱动电路：桶内 LED 驱动电路和加热丝驱动电路，NMOS 管工作在开关状态，当 NMOS 管栅极为高电平时，源极和漏极导通，负载得电工作。

红外接收与发射管电路用以检测桶内是否有将垃圾袋展开，其中红外接收传感器选用红外一体化接收头，型号为 VS1838。红外发射管采用 940 nm 波长红外发射管，头通过 P14 端子与红外发射管连接，电路如图 10-14 所示。

加热丝电路用于将垃圾袋进行电热热化垃圾袋，进行垃圾袋封口操作，属于一键打包逻辑功能的一个环节。各端口网络标号、单片机 IO 端口对应关系见表 10-5。

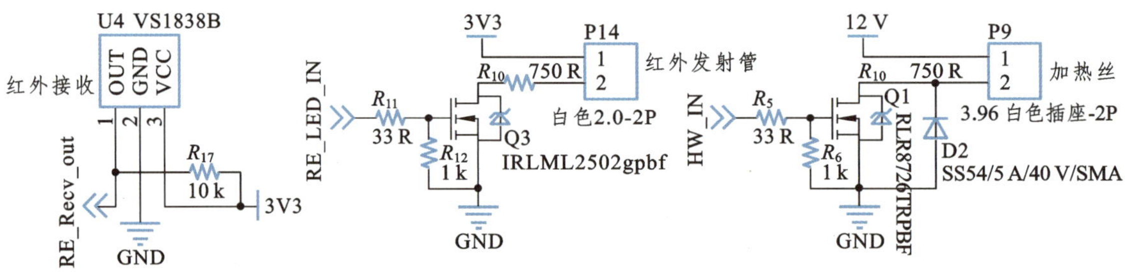

图 10-14　红外接收与发射电路及加热丝电路

表 10-5　红外相关端口网络标号对应关系

网络编号	单片机 IO 端口	芯片引脚名称	功　能
RE_Recv_out	PB13	U4 数据引脚	红外接收
RE_LED_IN	PE15	Q3 栅极	红外发射
HW_IN	PA5	Q1 栅极	加热封口

LED 与蜂鸣器驱动电路：LED 可为桶内提供照明，同时蜂鸣器可以提供报警与操作提示功能，电路如图 10-15 所示。LED 由 PA6 控制，蜂鸣器由 PF13 控制。

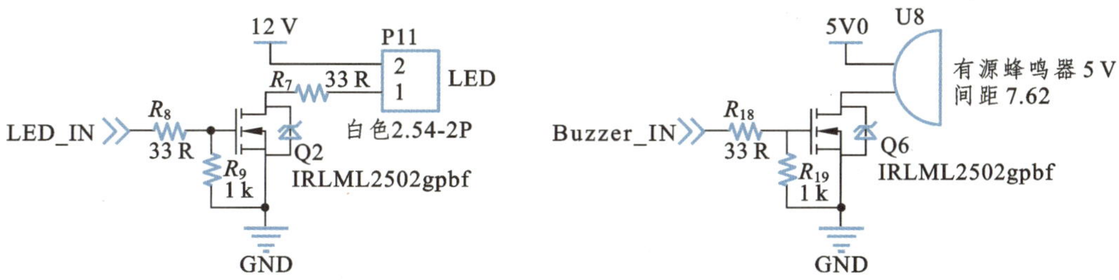

图 10-15　LED 驱动及蜂鸣器报警电路

10.2.4　PCB 图设计

1. 绘制电路板外形结构

根据智能回收桶电路板区域外形结构，选择“Keep”→“Out Layer”层绘制电路板外形，并放置电路板定位孔。选中板框外形，然后执行快捷键“D”→“S”→“D”定义板子外形，如图 10-16 所示。

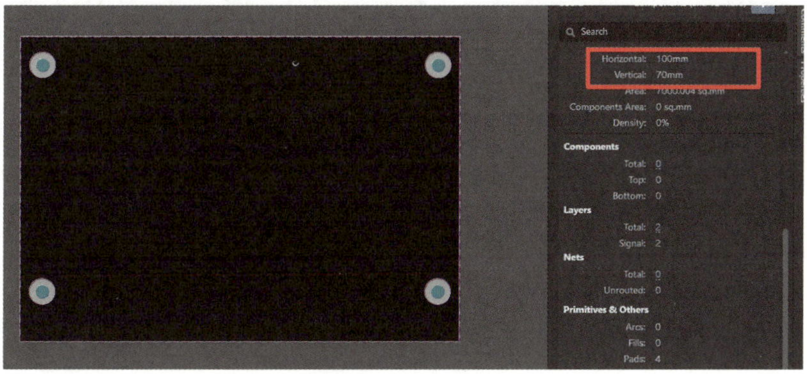

图 10-16　定义电路板外形

2. 更新原理图并生成 PCB 文件

原理图设计完成后，点击“Design”→“Updata PCB Document PCB_Trash”，生成网络表，更新 PCB，如图 10-17 所示。

图 10-17　将原理图信息更新到 PCB 文件

3. 元件 PCB 布局

在 PCB 板设计中，PCB 布局尤为重要，应分析电路板的单元，并根据功能进行布局设计。那么 PCB 板设计布局原则有哪些？这里列出一些需要在进行布局时注意常用的原则。

（1）同一个功能的电路进行模块化布局，模块中各元件采用就近集中原则。

（2）注意退耦电容应该靠近芯片，数字电路和模拟电路分开。

（3）定位孔、标准孔等注意元件位置，避免元件阻碍螺丝的安装。

（4）元件预留好元件间距，特殊情况需要进行手动调整。

（5）发热元件不能紧邻导线和热敏元件，高热器件要均衡分布。

（6）插座要尽量布置在印制板的四周，放置的位置需要分别引线拔插。

（7）尽量在电路板的一个焊接面进行布局，同时在布局时要考虑接地的完整性。

AD21 软件中的 PCB 图默认为双面板设计图纸，以上部分原则可以在“Design”→“Rules”中进行设置，如图 10-18 所示。

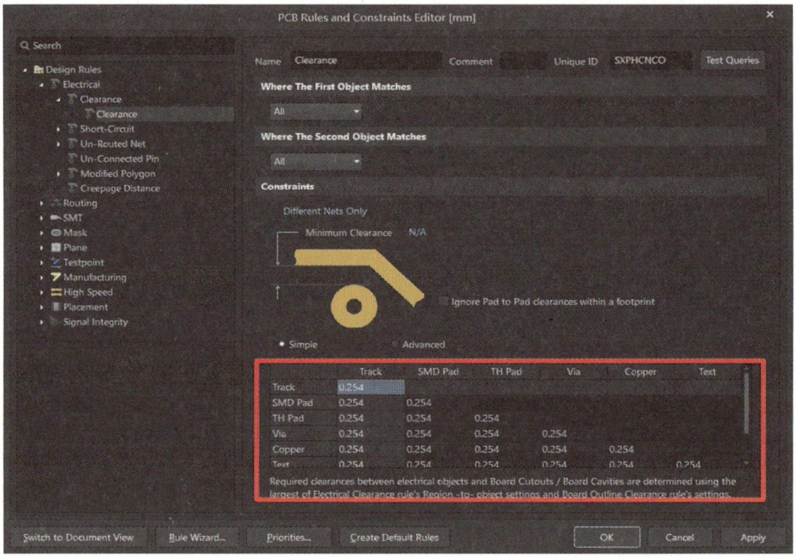

图 10-18　修改元器件布局规则

针对元件间距、定位孔间距等可以在“Rules”→“Electrical”→“Cleaeance”中进行设计，即根据实际要求修改红色框内的规则，完成规则设置。其余部分规则，退耦电容位置、布局版面等，需要工程师根据实际情况手工进行设计调整。

规则设计完成后，元件进行布局，布局完成后如图 10-19 所示。

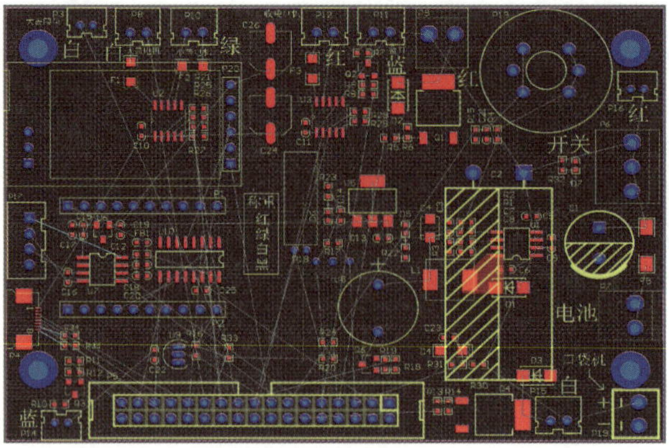

图 10-19　元器件布局

4. PCB 布线

首先需要说明的是，PCB 布线一般为手工布线，至今为止没有一个自动布线的功能可以完全取代 PCB Layout 工程师的技能、经验和灵活性。PCB 布线既是一门科学，也是一门艺术，建议尽可能手动布线，以确保准确性和可靠性。

以下为 PCB 布线的常用原则：

（1）根据电路板外形、特殊元器件的要求，合理设置禁止布线区域。

（2）走线应避免锐角、直角，采用钝角方式走线，关键高速信号线采用蛇形走线方式。

（3）器件密度优先：从 PCB 电路中连接关系最复杂的器件着手布线，或从连线最密集的区域开始布线。

（4）关键元器优先：如 DDR、射频器件、高频器件等核心部分应优先布线，做到高频器件走线等长和路径最短，特殊部分需要进行蛇形走线。

（5）关键走线优先：电源、模拟小信号、高速信号、时钟信号和同步信号等关键信号优先布线。

（6）数字地、模拟地要分开，对低频电路尽量采用单点接地；高频电路宜采用多点串联接地。对于数字电路，地线应闭合成环路从而提高抗噪声能力。

（7）退耦电容走线应该布置得当，需先经过电容，再进入芯片。

（8）走线的宽度应该根据电流或频率进行计算，信号线的线宽保持一致，电源线的线宽通过电流进行计算。可通过 “Rules” → “Routing” → “Width” 进行线宽设置，如图 10-20 所示，布线完成后如图 10-21 所示。

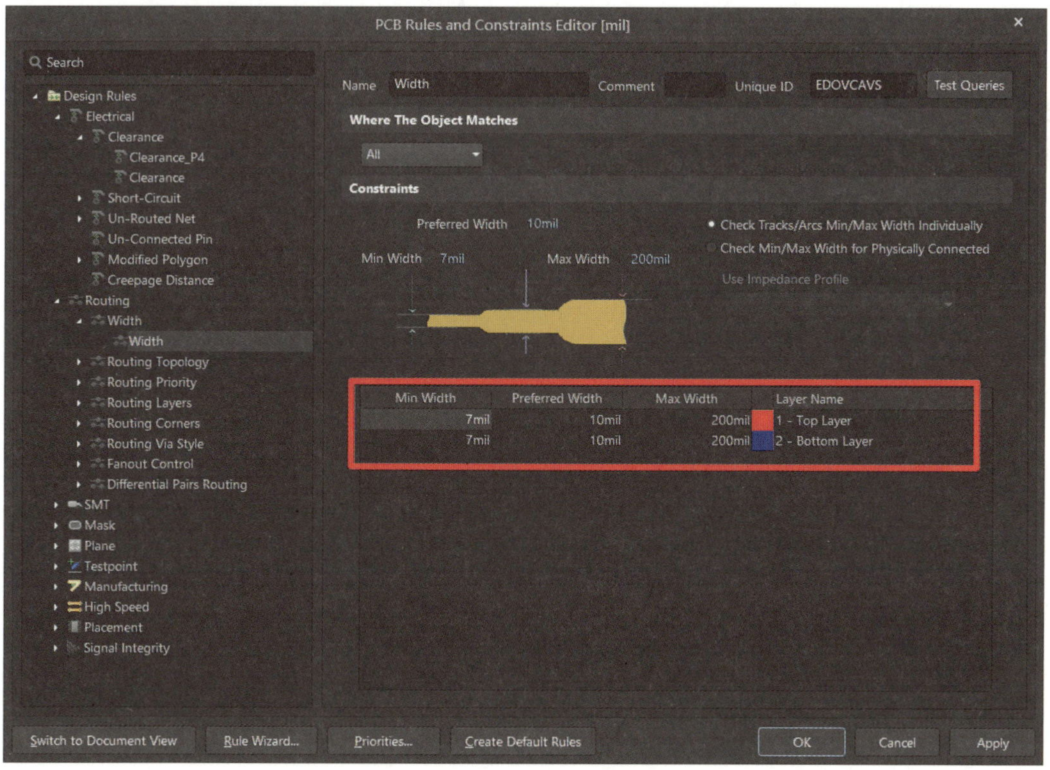

图 10-20　修改布线规则

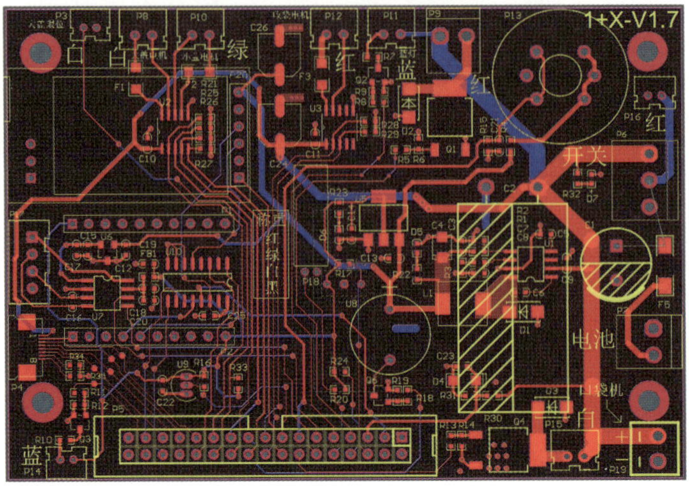

图 10-21　完成布线的 PCB 图

5. PCB 敷铜

敷铜的主要作用是降低接地线阻抗，多数的干扰或噪声是由于接地阻抗太大造成的，同时 PCB 电路板中的数字电路存在大量的脉冲信号干扰，因此非常有必要降低接地阻抗。对于信号完整性要求，铺地给高频数字信号一个完整的回流路径，同时减少接地网络的布线。当然，还有散热、特殊器件安装要求铺铜等原因。

PCB 敷铜的常用原则：

（1）不同的地之间，如模拟地、数字地可以通过 0Ω 电阻、磁珠或电感连接。

（2）晶振等高频器件，可以环绕晶振敷铜，同时将晶振的外壳接地。

（3）稳压器通常提供电流较大，一定要保持良好接地。

（4）敏感型元器件下方禁止走线，如天线、触摸传感器等。

（5）考虑静电击穿或外界信号干扰等情况，铺地应与 PCB 板边缘具有一定的距离。

敷铜有大面积的敷铜和网格铜两种方式。布线完成后可以单击“Place”→“Polygon”进行铺地操作。按下 Tab 键可以修改铺地属性，如图 10-22 所示。

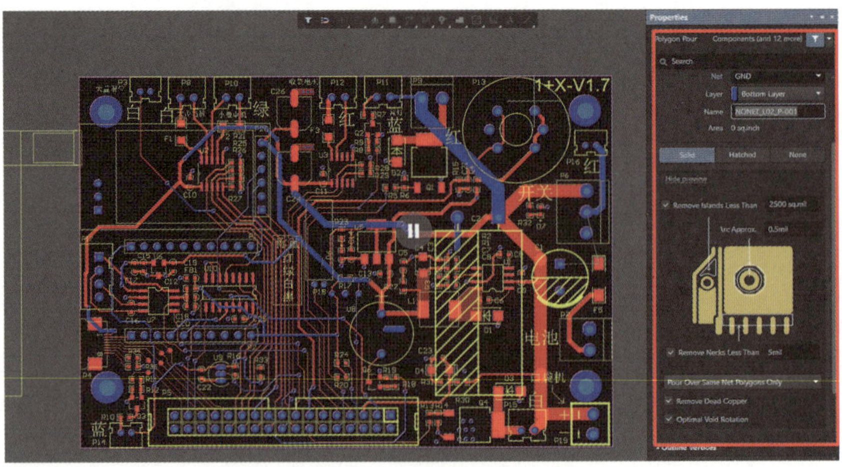

图 10-22　修改敷铜参数

NET 为要铺地的网络，选择 GND 网络。

Layer 选择要在哪个层进行铺地，这里选择 Bottom Layer，即在底层进行铺地。

选择 Soild（大面积的敷铜）方式进行铺地，选中 Remove Dead Copper 移除死铜。

这里要说明的是，铺地只是敷铜的一种情况，大电流或大面积走线均可采用敷铜形式，在进行敷铜时应根据实际情况而定。

过孔、SMD 焊盘、直插焊盘的敷铜连接样式可以在“Rules”→“Plane”→“PolfgonConnect”中设置，如图 10-23 所示。

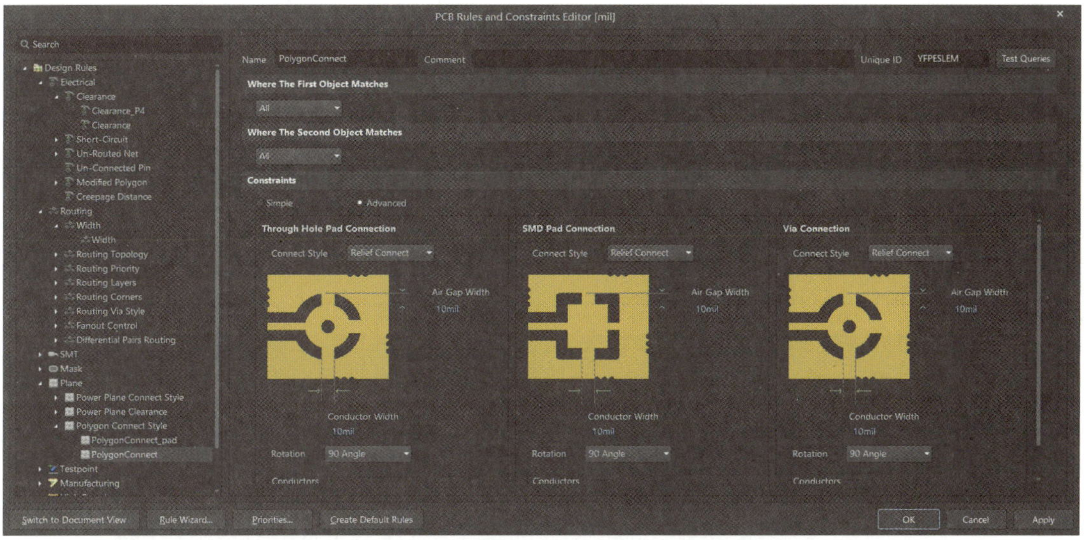

图 10-23　修改焊盘及过孔与敷铜连接样式

敷铜完成后的 PCB 图如图 10-24 所示。

设置好敷铜连接样式后，单击“Place”→“Polygon”，按下 Tab 键设置敷铜属性。然后绘制一个封闭外形，分别对顶层和底层进行敷铜操作。

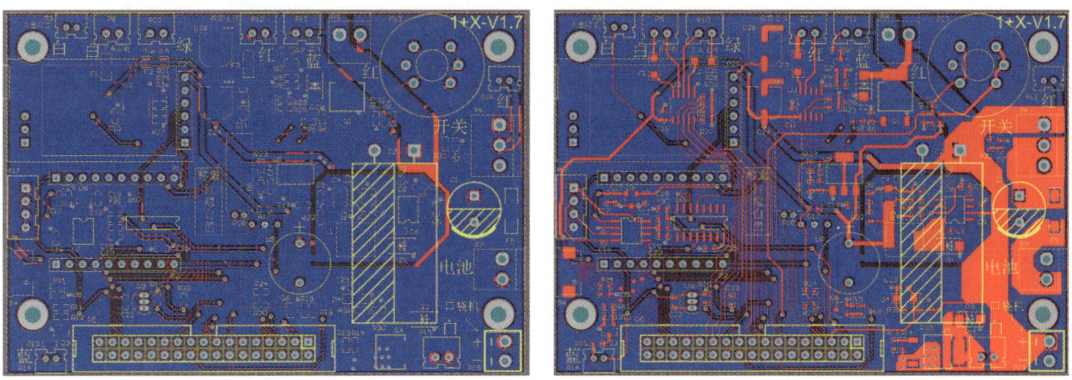

图 10-24　底层敷铜和顶层敷铜

6. 布线信息报告

点击“Reports”→“Board Information”在弹出的对话框中选择“Routing information”，然后点击“Report”，即可弹出布线信息对话框，如图 10-25 所示。

图 10-25 查看布线信息

可以看到 Routing information 中的 Routing completion 为 100%，说明全部布线完成。

7. 导出 BOM 清单

BMO 清单也称为物料清单，是电路板选择装配、编制生产计划和采购计划、配套领料、跟踪物流、追溯任务、计算成本、改变成本设计不可缺少的重要文件。物料清单表明了产品的组件、子件、零部件和原材料之间的结构关系，包括每个组装件所需的各个下属部件的数量。每种型号的产品都有自己唯一的物料清单，它决定了构成一个产品所需的全部零部件及其装配关系。点击“Reports”→“Bill of Materials”，弹出 BOM 清单参数配置对话框，点击“Export”即可导出 BOM 清单，如图 10-26 所示。

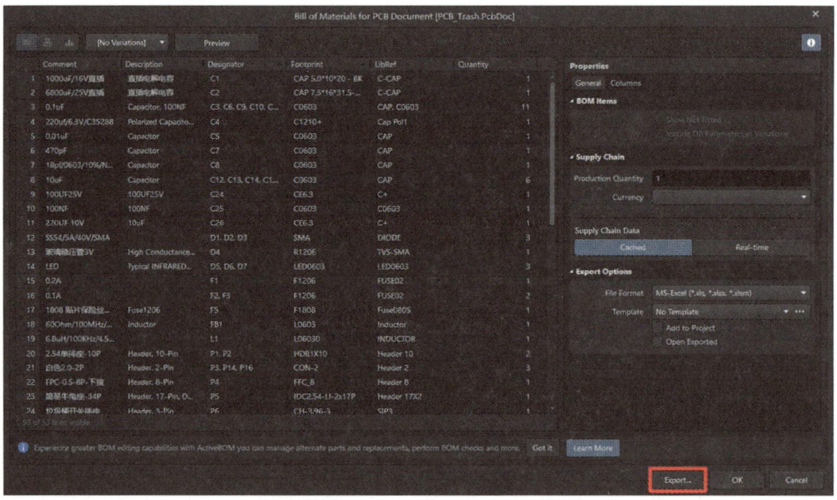

图 10-26 导出 BOM 清单

至此，所有的 PCB 设计工作完成。

10.2.5 PCB 投板

伴随着当代生产工艺的迅速发展，PCB 板加工工艺改变着，不同的 PCB 厂家，加工 PCB 板的流程与工艺或多或少都有一些差异。但基本都遵循以下原则：

1. PCB 投板前检查

（1）确认器件封装及设计更改是否正确。
（2）对所有电源相关部分的布线进行检查（电源线宽、退耦电容布置）。
（3）高速及关键信号走线位置确认。

（4）设计完整性检查（如是否有未完成的走线、敷铜完整性检查）。

（5）丝印预先调整好，根据要求做到规范化。

（6）PCB 打印检查，核对安装孔、新器件封装等。

以上几个方面，根据需求完成原理图到 PCB 的修改后，应该借助软件工具仔细进行检查，准备投板前核对好修改的部分，防止出现不必要的问题。

2. PCB 投板流程

PCB 检查完成后，需要将电路板发到 PCB 加工厂家进行生产，不同厂家的由于加工能力与工艺不同，投板流程也不尽相同，但基本都会遵循以下几个方面：

（1）提供资料给 PCB 加工厂家。

（2）与 PCB 工厂沟通或确认生产加工工艺标准。

（3）PCB 工厂提供报价及交货期。

（4）确认交货期和价格后，双方签署合同。

（5）PCB 工厂 CAM 工程师处理生产资料。

（6）确认生产稿后开始生产。

（7）PCB 电路板生产好后以自提或快递的方式送至客户手中。

（8）板子使用过程中及时向 PCB 厂家反馈并解决。

以上为 PCB 投板的全部流程，不同的 PCB 板，其工艺复杂度和电路复杂度不同，同一个项目的电路板可能有多次迭代，以保证最终版本电路的稳定性。

10.3　不带屏的智能蓝牙手环电路设计

为加深对电路设计的理解，熟练掌握 Altium Designer 软件，这里提供一个简易的不带屏的蓝牙手环硬件电路设计。本节以不带屏的智能蓝牙手环（以下简称“蓝牙手环”）为例，讲解各设计要点。

10.3.1　蓝牙手环功能需求分析

本次设计的蓝牙手环主要具有以下功能：

（1）蓝牙收发功能。通过蓝牙与手机建立长连接，进行数据双向收发，是一款蓝牙手环应具备的最基础的功能。

（2）供电与充电。穿戴类电子产品的供电一般都选用可充电锂电池，但由于手环本身体积小巧，限制了锂电池容量，所以手环在进行电路设计时，所选的每颗芯片的功耗都要尽可能小。

（3）显示交互。本节要设计并制作的蓝牙手环不带 LCD 屏幕，用户交互提示可以通过三颗 LED 灯的亮灭或闪烁来体现。

（4）运动检测。蓝牙手环一般都带有三轴传感器或六轴传感器，进行运动和姿态检测。

综上分析，本案例设计的蓝牙手环使用单节锂电池进行供电，应具有姿态检测功能、LED 指示灯交互功能、蓝牙数据收发功能。同时，需要预留下载与调试接口，以便后期进行代码下载调试。设计整体硬件框图如图 10-27 所示。

图 10-27　蓝牙手环整体硬件框图

10.3.2　蓝牙手环设计原理图原型设计

（1）蓝牙收发主控单元：本次设计选择 Dialog 的 DA14580 作为蓝牙收发器件。DA14580 是目前市面上功耗最低的蓝牙 SOC，与其他同类蓝牙智能解决方案芯片相比，DA14580 拥有更宽的工作电压范围和更小的封装尺寸，非常适合用在穿戴类电子产品上。

DA14580 的集成度非常高，只需要配合极少数的外部元件即可实现一个体积最小、最具特色的蓝牙智能解决方案产品。

DA14580 内嵌一个 32 位 ARM Cortex M0 核心，拥有高达 42 KB 的内存和丰富的外设资源，无须外挂其他 MCU 即可实现复杂的控制、通信、计算任务。同时 DA14580 内部还集成了一个阻抗 50 Ω 的 RFIO 接口，极大地降低了天线部分的电路设计难度。

在 DA14580 芯片数据手册的 Specifications 章节，可以找到这颗芯片最小系统的电路参考设计，如图 10-28 所示。

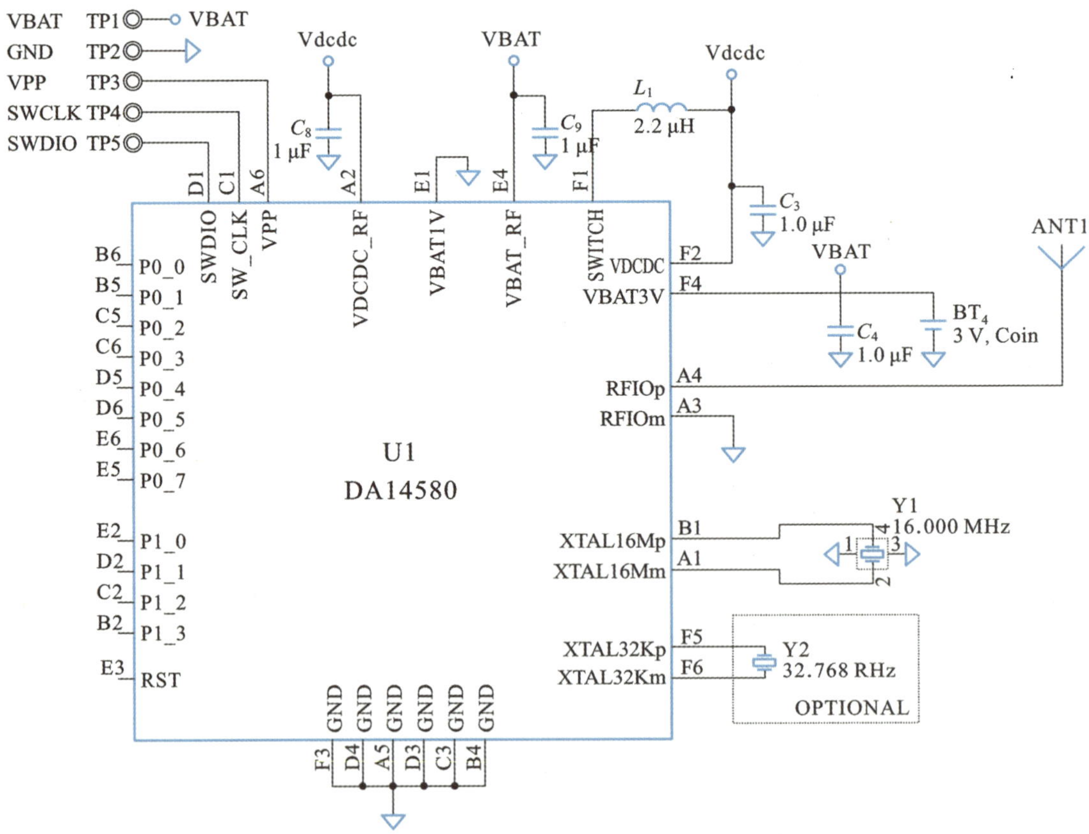

图 10-28　DA14580 参考设计

图 10-28 所示电路是使用单节 3 V 纽扣电池进行供电的 DA14580 外围参考设计电路图。使用 3 V 锂电池供电时，需要将电池接到 VBAT3V 和 VBAT_RF 引脚上，同时这两个引脚都需要各添加至少 1 μF 的旁路电容。在此模式下需要将 VBAT1V 接地。

VDCDC 为 DA14580 内部 DC-DC 变换器的输出引脚，SWITCH 为该 DC-DC 变换器的开关节点引脚，SWITCH 引脚需要外接一个 2.2 μH 的电感以保证 DC-DC 变换器正常工作。VDCDC_RF 引脚需要接到 DC-DC 的输出上，同时 VDCDC_RF 和 VDCDC 引脚需要各添加至少 1 μF 容值的旁路电容。

DA14580 使用 SWD 接口进行代码下载与调试，SWD 接口总共使用两根数据线，分别是 SWCLK 和 SWDIO。

XTAL16Mp/XTAL16Mm 和 XTAL32Kp/XTAL32Km 引脚是 DA14580 外部时钟源的输入引脚，分别需要接入 16 MHz 和 32.768 kHz 的无源晶振。当系统正常运行时，DA14580 核心会选择 16 MHz 外部晶振作为系统的时钟源，当系统进入睡眠模式时，DA14580 核心会切换到 32.768 kHz 的时钟源以保持系统内部的时基。

RFIOp 为单端阻抗 50 Ω 的射频收发接口，需要接上天线。RFIOm 为射频收发参考地引脚，这里将其接到板子的供电地上。

RST 引脚为 DA14580 的硬件复位引脚，一般可以将该引脚接在上电复位电路或者复位按键上，若不需要使用硬件复位则应将该引脚接地。

（2）姿态检测单元：市面上可见的穿戴设备几乎都加入了姿态检测功能。目前大多数手环设备都是利用三轴加速度传感器或者六轴传感器来进行姿态检测。其中，利用三轴加速度传感器来实现姿态检测一般有两种做法：一是直接采集传感器的加速度数据，然后根据数据简单地判断人的运动状态；二是事先对人的运动状态进行建模，然后通过算法对传感器的数据进行处理分析，对比事先建立好的模型来判断人的运动状态。利用六轴传感器进行姿态检测的一般做法是先分别测得传感器的三轴加速度和角速度，然后对数据进行滤波、姿态融合解算。不管利用什么传感器，想要实现精准的姿态检测，都是需要通过复杂的算法实现的，这势必会给 MCU 带来很大的负担。

本设计选用的传感器型号是 MPU6050。MPU6050 是 InvenSense 公司推出的全球首款整合型六轴运动处理组件。MPU6050 集成了三轴陀螺仪和三轴加速度传感器，不仅极大地减少了独立陀螺仪、加速度计的数据在时间上的误差，而且减少了传感器芯片占用的 PCB 板的空间。

MPU6050 作为从机设备，支持 400 KHz 的 I^2C 通信接口。此外 MPU6050 还有一组用于连接外部传感器的 IIC 接口，MPU6050 可以通过该接口连接 IIC 接口的外部磁力计以组成 9 轴传感器。

最重要的是，MPU6050 内部集成了一个数字运动处理器（Digital Motion Processor，DMP）。DMP 可直接输出六轴或者九轴（需外接磁力计）姿态解算数据，而不需要 MCU 来进行烦琐的数据滤波和融合处理，极大减轻了 MCU 的工作负担。

在 MPU6050 芯片数据手册中介绍了该器件的典型应用电路参考设计，如图 10-29 所示，各关键信号设计要点见表 10-6。

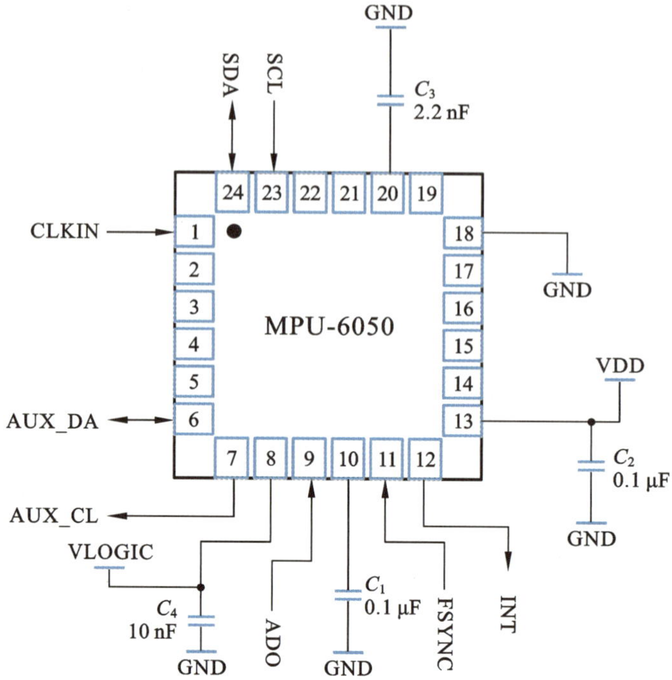

图 10-29　MPU6050 参考设计

表 10-6　MPU6050 各关键信号引脚设计要点

引脚	设计细节
1	外部参考时钟输入引脚，若无外部参考时钟需要将该引脚接地
6、7	第三方磁力计 I^2C 接口信号线，若无磁力计则将引脚悬空
8	数字 I/O 供电引脚，必须要保证 VLOGIC≤VDD，同时该引脚需要对地接一个 X7R 材质 10 nF/4 V 的陶瓷电容
9	该引脚用于设置 MPU6050 I^2C 从机地址的最低位，该引脚拉高用于设置从机最低位为 1，反之从机地址最低位为 0
10	内部稳压器旁路电容接口，该引脚需要对地接一个 X7R 材质 0.1 μF/2 V 的陶瓷电容
11	外部帧同步信号输入引脚，支持图像、视频、GPS 同步，不使用该引脚时需要接地
12	中断输出引脚，MPU6050 的中断可以通过编程配置
13	电源电压和数字 I/O 电源电压，该引脚需要对地接一个 X7R 材质 0.1 μF/4 V 的陶瓷电容
18	系统参考地信号引脚
20	电荷泵电容连接，该引脚需要对地接一个 X7R 材质 2.2 nF/50 V 的陶瓷电容
23、24	400 KHz I^2C 通信接口信号线，需要接上拉电阻

（3）电源及充电单元：系统中所用到的芯片的工作电压，MPU6050 为 2.375~3.46 V，DA14580 为 0.9~3.3 V。

本设计案例使用标称电压为 3.7 V 的单节锂电池给整个系统供电，锂电池正常工作电压范围是 2.5~4.25 V。结合表 10-6 内容，选择用 TLV70033DDCT 将电池电压降到 3.3 V，给整个系统供电。

TLV70033DDCT 是低压差线性稳压器。TLV70033DDCT 具有低输出噪声、高电源抑制比、低静态电流（31 μA）等优点，同时还具有过流、过温、反接保护的功能，这使得它成为了大多数电池供电的便捷式设备的理想选择。

蓝牙智能手环的充电方案一般分为两种，对比如下:

① 手环内置充电电路，充电 IC 选型要求封装足够小、功耗低、效率高、集成度高。除此之外，考虑到安全因素，充电 IC 必须要有热保护、防反接功能。该方案充电电路会占用手环 PCB 相当一部分的空间，但是对充电供电设备的要求不高，只需输入电压在合理范围内即可，可以兼容不同种类的供电设备。

② 手环内部无充电相关电路，该方案不会对手环 PCB 造成额外的空间开销，并且对充电 IC 没有特别的要求，同时可以添加更多的保护电路。但是该方案的充电器一般需要定制，充电相关电路放在充电器内部。因此，该方案一般不能检测电池的温度，无法根据温度智能调节充电电流，有一定的安全隐患。此外，定制的充电器便捷性不好，成本会更高。

考虑到便捷性、安全性和成本因素，本设计采用第①种设计方案。

锂电池充电 IC 选用一片性能优异的单节锂电池充电器——TP4056。TP4056 是专门为单节锂离子电池或锂聚合物电池而设计的线性充电器，芯片内集成功率晶体管，工作时不需要外接阻流二极管和电流检测电阻。TP4056 常常被应用到 MP4 播放器、数码相机、移动 PDA 和便携式蓝牙手环等设备上。

TP4056 的主要特性:

① 过热保护，当芯片温度上升到 135℃以上时，芯片内部的热反馈环路将减小设定的充电电路，以防止芯片过热。

② 电池温度检测，TP4056 内部集成有电池温度监测电路，电池温度过高或者过低时将暂停充电，防止温度过高或过低对电池造成损害。

③ 静态电流低，停机模式下静态电流仅为 35 μA。

④ 电池输入防反接保护。

⑤ 充电电流可编程，充电电流最高可达 1 000 mA。

⑥ 采用 ESOP8 封装，芯片底部带散热焊盘，散热效率高。

⑦ 强大的热调节功能，在无过热风险的情况下自动调节充电电流，实现整体充电速率最大化。

TLV70033DDCT 手册中的参考设计电路图如图 10-30 所示。

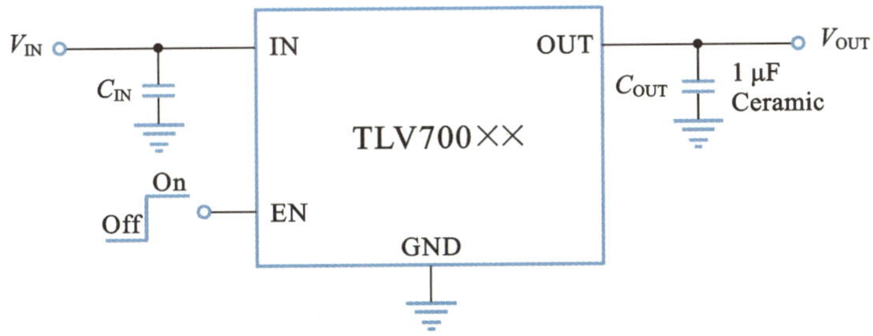

图 10-30　TLV70033DDCT 参考设计

根据手册可知，TLV70033DDCT 可以不用接输入电容也可以保持稳定，但是一般建议在 IN 引脚上对地接一个 0.1 μF 到 1 μF 的陶瓷电容。该电容用于抵消无用输入，改善瞬态响应，抑制噪声和纹波。为保持输出电压的稳定，TLV70033DDCT 的输出引脚添加一个 0.1 μF 或者更大的输出电容。

EN 引脚为芯片的工作使能引脚，将 EN 引脚拉高到 0.9 V 以上时，TLV70033DDCT 将开始工作。将 EN 引脚拉低到 0.4 V 以下时 TLV70033DDCT 将进入关闭模式，此时静态电流将降低到 1 μA。如果不需要进行工作模式的切换，一般将 EN 引脚与 IN 引脚短接即可。

TP4056 的数据手册中的参考设计电路图如图 10-31 所示。

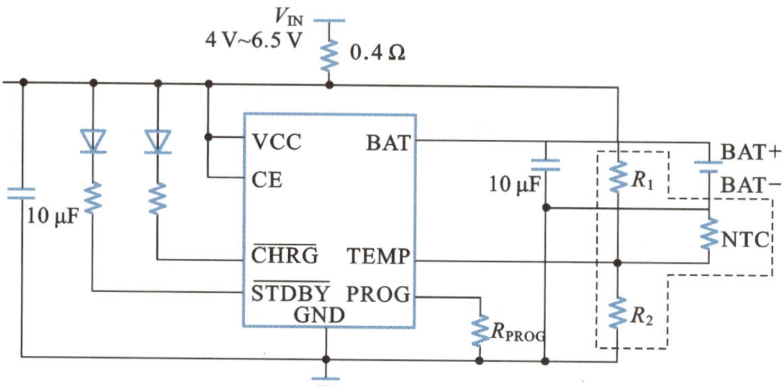

图 10-31　TP4056 参考设计

图 10-31 已经囊括 TP4056 所有的设计细节，虚线框内为电池温度检测电路，电阻 R1 和 R2 的值要根据需要监测的电池温度范围和热敏电阻 NTC 的阻值来确定。如需禁用电池温度监测功能则需要将 TMP 引脚接地。

CHRG 和 STDBY 为两个漏极开路输出的状态指示输出引脚，这两个引脚的输出状态的所有组合方式分别指示 TP4056 的不同充电状态，见表 10-7。

表 10-7　充电状态及故障指示

充电状态	CHRG	STDBY
正在充电	低电平	高电平
充电完成	高电平	低电平
欠压、电池温度过高或过低等故障	高电平	高电平
BAT 引脚无电池，对地接 1 μF 电容	约 20 Hz 方波	低电平

电阻 R_{prog} 用于设定 TP4056 的最大充电电流，其阻值与最大充电电流 I_{max} 之间的关系为

$$R_{prog} = 1\,200/I_{max}$$

R_{prog} 应选用误差精度小于 10%的电阻，R_{prog} 与 I_{max} 之间的关系可参考表 10-8。

表 10-8　Rprog 与 Imax 之间的关系

R_{prog}/K	I_{max}/mA
1.2	1000
2.4	500
3.0	400
4.0	300
6.0	200
12.0	100

10.3.3　电路图绘制

1. 新建 AD 工程

本案例使用 ALTIUM DESIGNER 21 来进行设计。首先打开 AD21，新建一个工程，为工程添加原理图、PCB、原理图封装库、PCB 封装库，如图 10-32 所示。

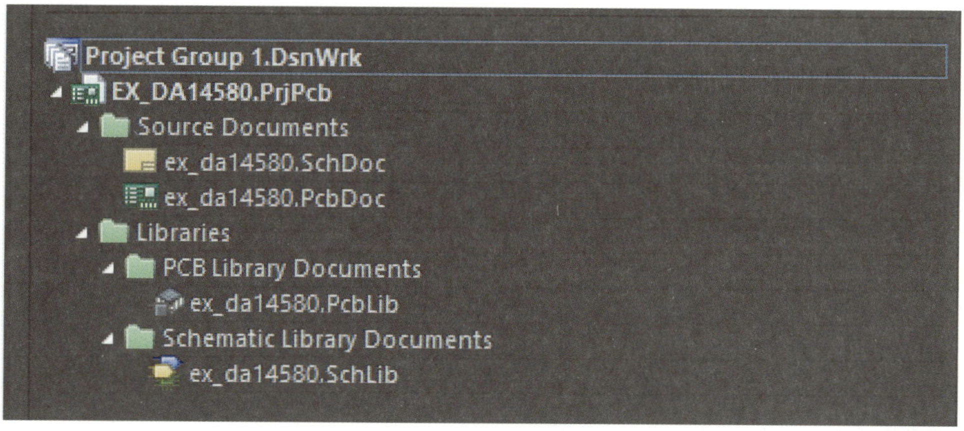

图 10-32　工程结构

2. 画原理图封装

接下来，需要绘制所用到的元器件的原理图封装。这里以绘制 DA14580 的原理图封装为例作简要介绍。

根据 DA14580 的数据手册可知，DA14580 一共有三种封装形式，分别是 WLCSP32、QFN48 和 QFN40。本方案使用方便手工焊接且引脚较少的 QFN40 封装，如图 10-33 所示。

回到 AD21，打开 ex_da14580.SchLib，如图 10-34 所示，选择左下角的“SCH Library”，在弹出来的视图框中点击“Add”选项，添加一个原理图封装，输入封装的名称，最后点击“OK”。

选择刚创建的原理图封装项，点击“Edit”编辑封装信息；点击 AD21 上方“Place”→“Line”，调出绘制线条工具。

注意：处于线条绘制功能时，光标是一个黑色十字形光标。在绘制线条模式下按住 Tab 键，AD21 将弹出线条属性设置界面。在此界面设置 Line 线宽为 Medium，线条颜色为棕红色。用该线条在原理图库绘制区绘制一个正方形用于表示 DA14580 的外形，如图 10-35 所示。

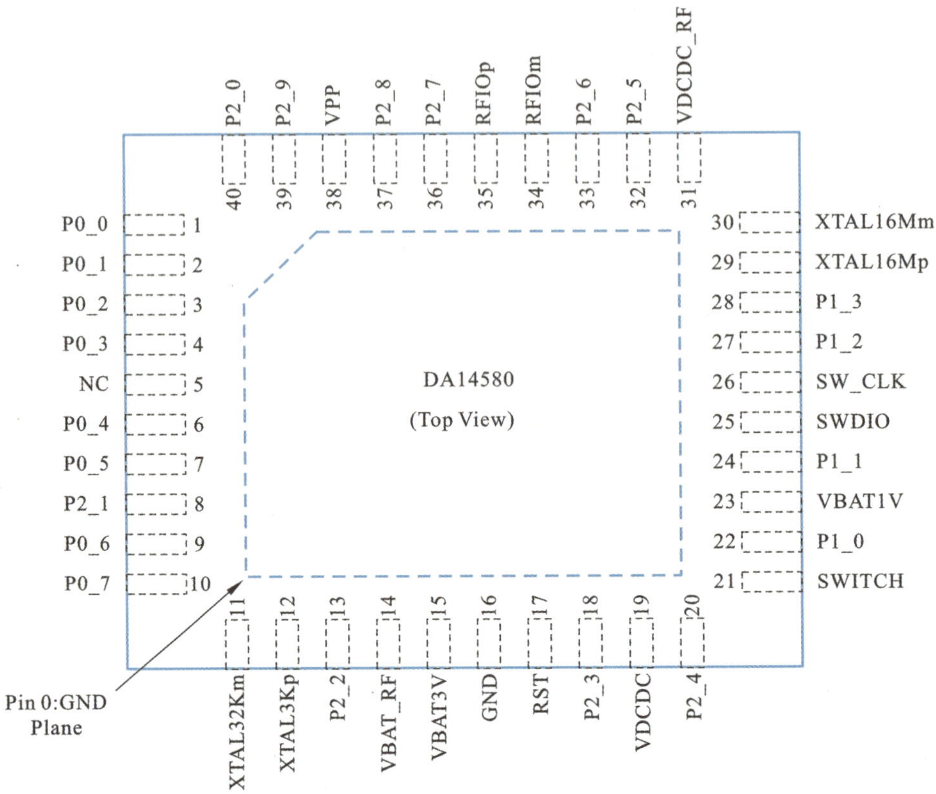

图 10-33　DA14580 引脚分配

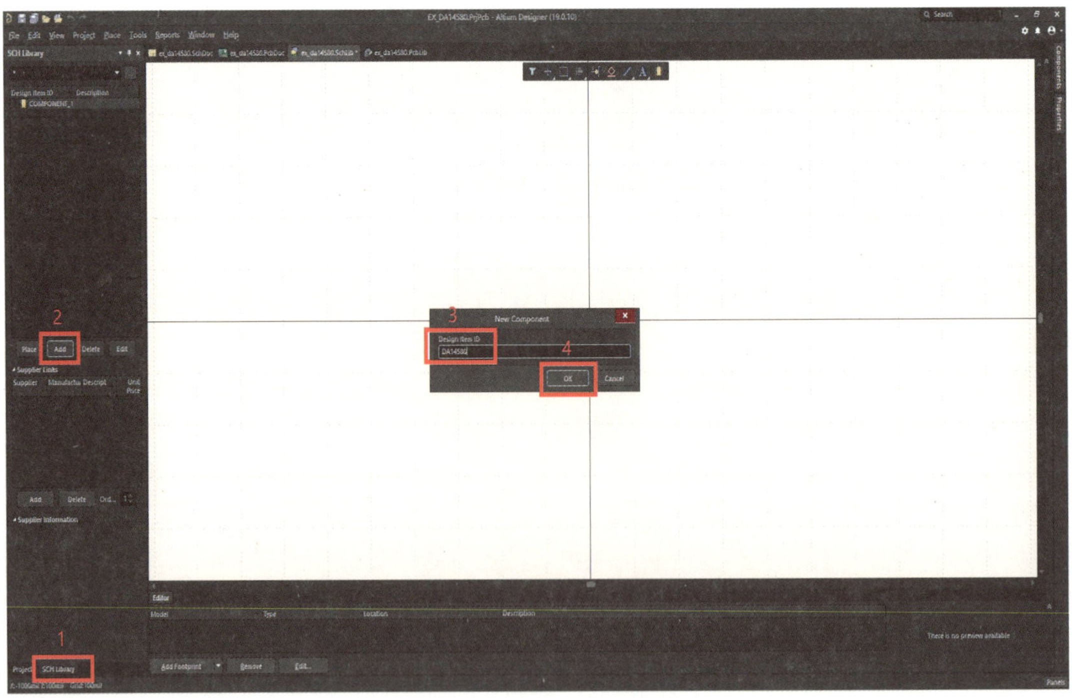

图 10-34　新建元件原理图封装

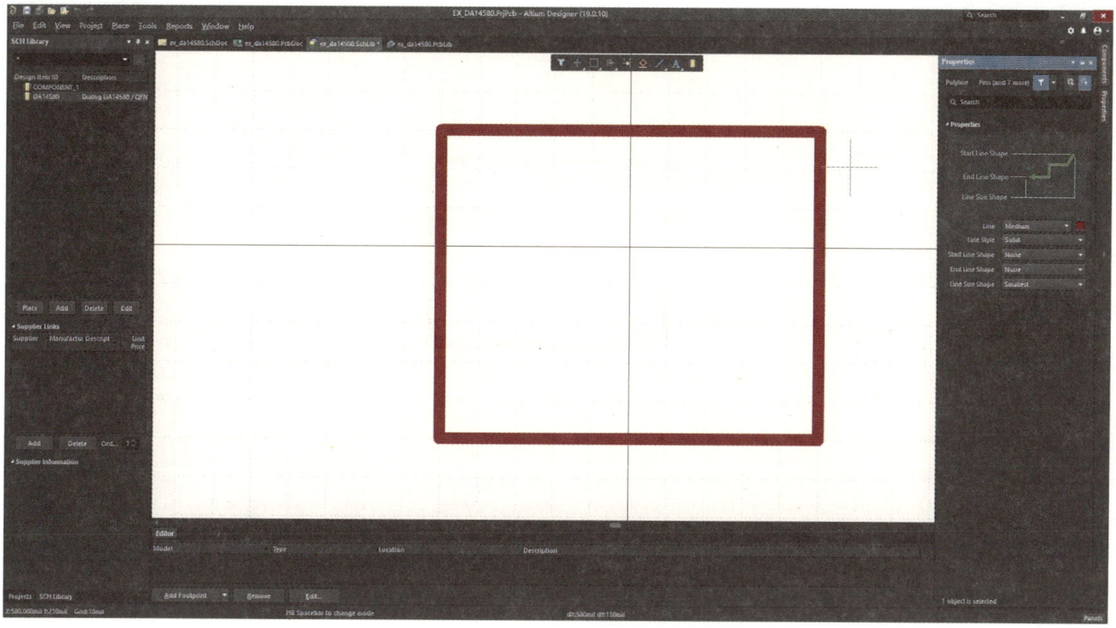

图 10-35　元件原理图封装外框

选择 AD21 上方的 “Place” → “Pin”，进入放置功能引脚模式，如图 10-36 所示。

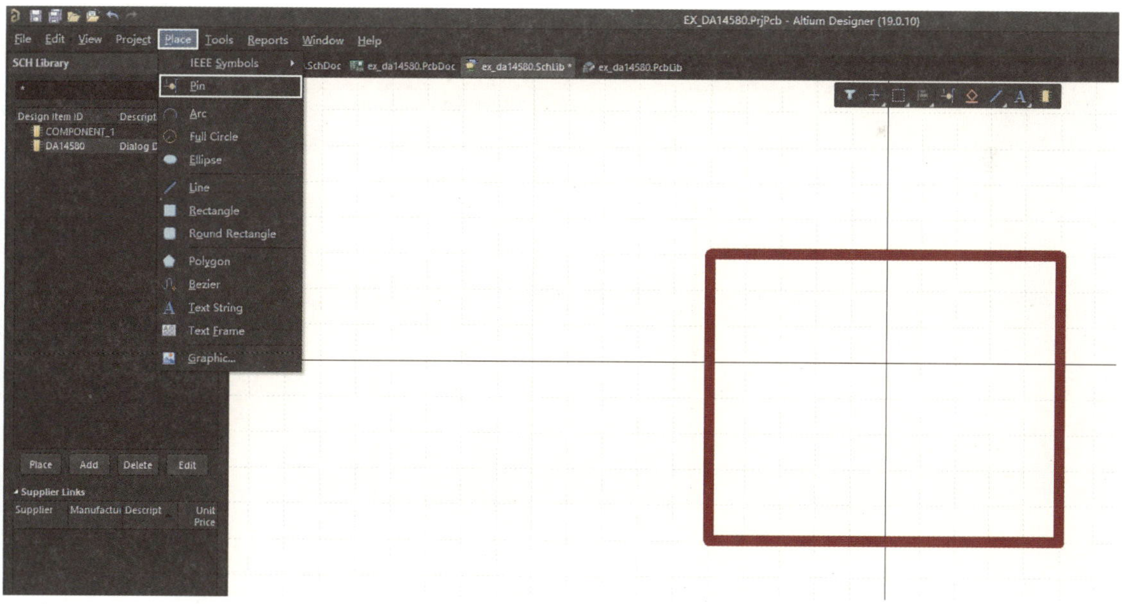

图 10-36　引脚放置功能

同理，在放置功能引脚模式下按住 Tab 键编辑引脚属性。

首先设置该引脚为 1 号引脚，引脚名字为 P0_0，将引脚放置在 DA14580 左上角左侧边界。注意将 Pin 脚的电气连接端（带十字形标记的一端）放置在外侧，电气连接端可与其他器件的 Pin 连接，如图 10-37 所示。

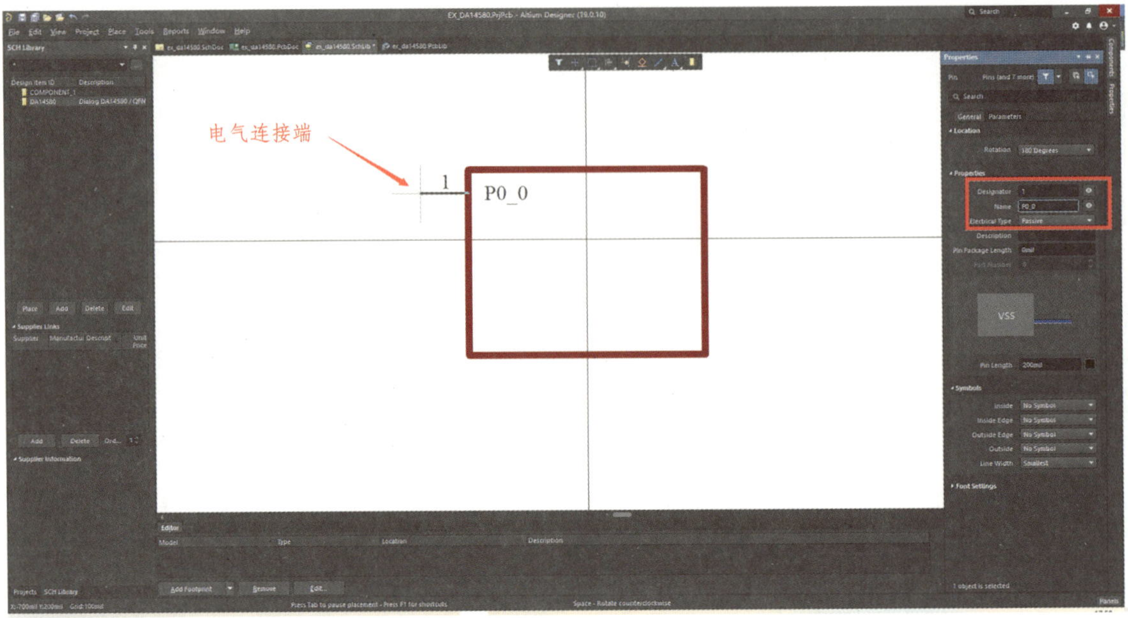

图 10-37　引脚属性编辑

重复以上操作，根据 DA14580 手册 Pinout 信息绘制出完整的原理图封装，如图 10-38 所示。注意：DA14580 正中间还有一个功率地引脚，引脚号为 0。

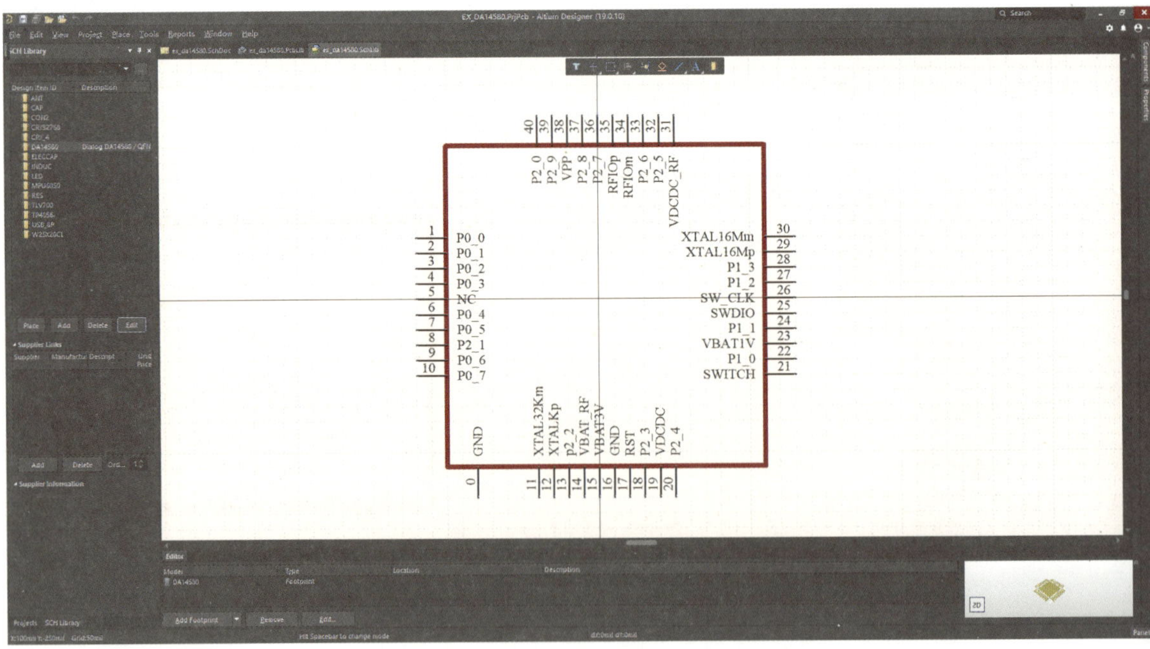

图 10-38　DA14580 原理图封装

至此，DA14580 的原理图封装绘制完毕。

3. 画 PCB 封装

接下来，需要绘制所用到的元器件的 PCB 封装。这里以绘制 DA14580 的 PCB 封装为例作简要介绍。

打开 ex_da14580.PcbLib，选择 AD21 左下角“PCB Library”，点击“Add”新建一个 PCB 封装项，双击新建的封装项编辑封装的名字，点击“OK”进行确认，如图 10-39 所示。

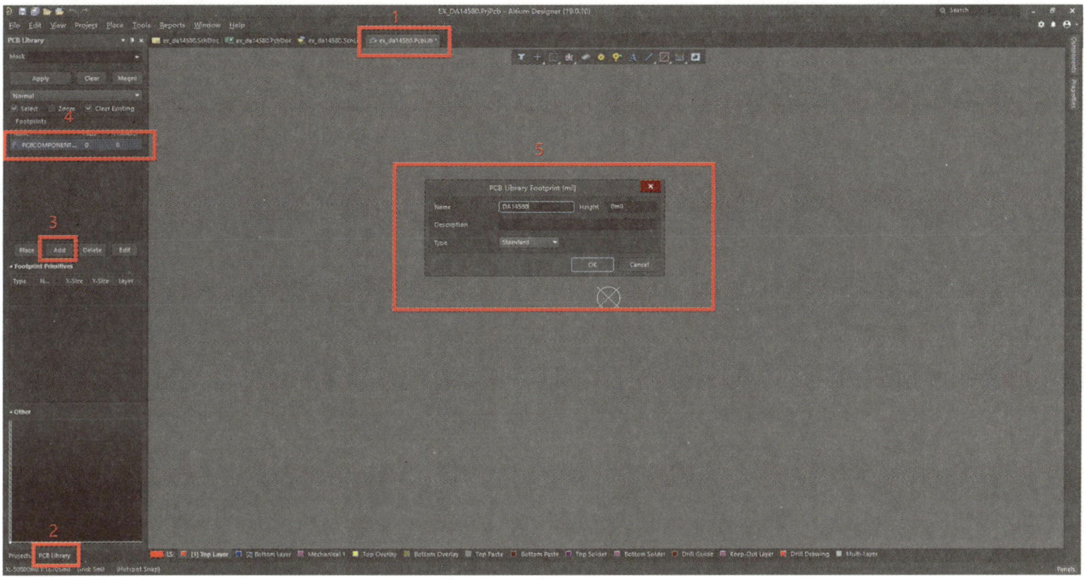

图 10-39　新建元件 PCB 封装

在 DA14580 的数据手册中找到 Package Information 章节，找到 DA14580 QFN48 封装信息，如图 10-40 所示。

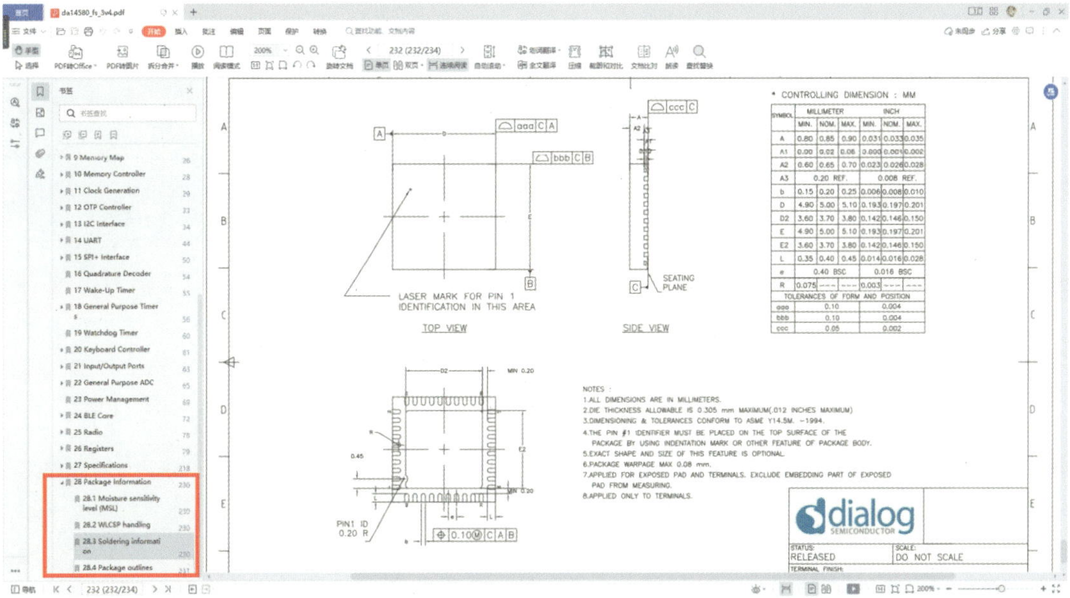

图 10-40　DA14580 封装详情

根据手册可知，DA14580 外侧的 48 个焊盘均是 $b \times L$ 的长方形焊盘，其中 b 最大为 0.25 mm，L 最大为 0.45 mm。

点击 AD21 上方“Place”→“Pad”进入焊盘放置模式，如图 10-41 所示。

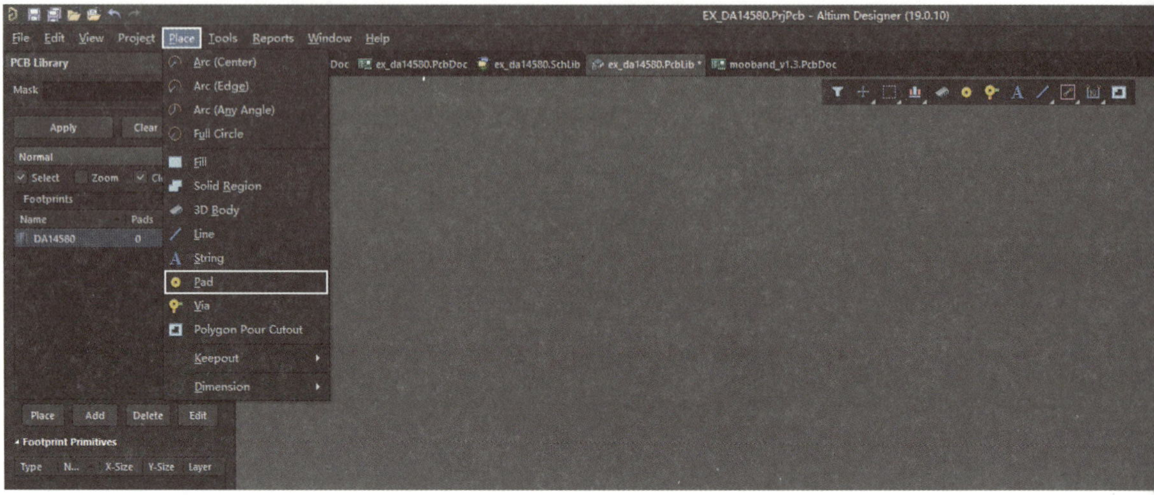

图 10-41　焊盘放置功能

在焊盘放置模式下按住 Tab 键编辑焊盘信息。

如图 10-42 所示，设置焊盘 Designation 为 1，表示焊盘与原理图中 Designation 同为 1 的引脚对应。Layer 中选择“Top Layer”，表示该焊盘为顶层焊盘，Shape 中选择“Rectangular”，将焊盘形状改成矩形，并设置焊盘长、宽分别为 0.25 mm 和 0.9 mm（宽设置成 0.9 mm 是为了方便焊接）。

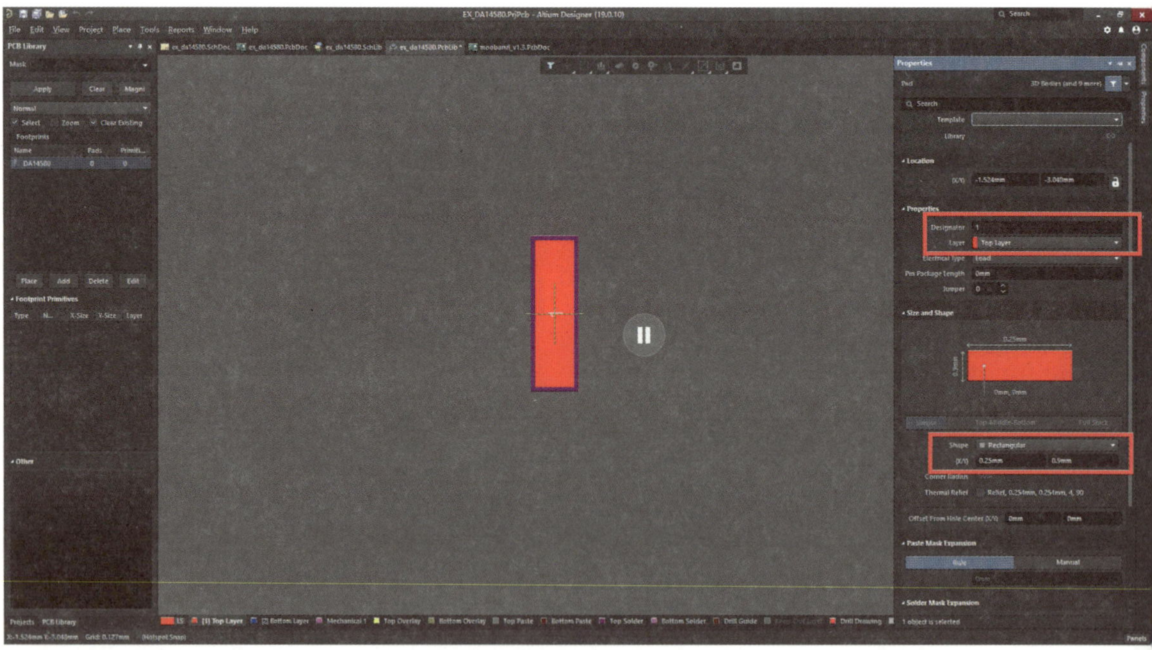

图 10-42　焊盘属性编辑

用鼠标对准 1 号焊盘，长按左键选择 1 号焊盘（鼠标正中间会出现一个绿色十字形），按住键盘空格键调整焊盘方向，如图 10-43 所示（1 号焊盘位于 DA14580 左上角左侧，水平放置）。

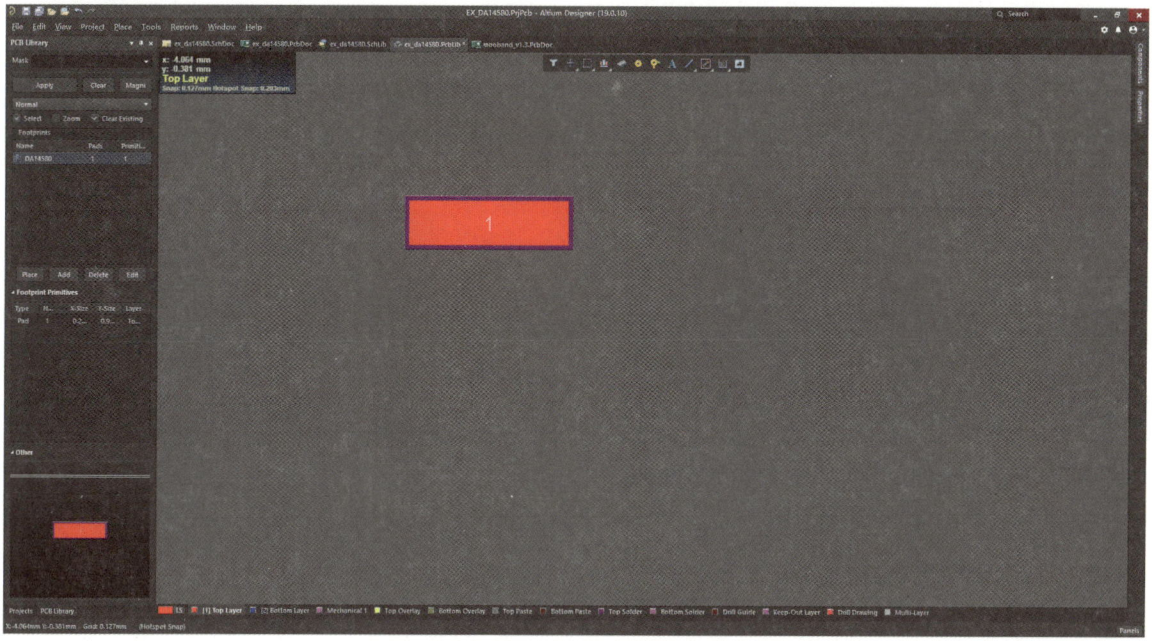

图 10-43　焊盘位置调整

同理按照一样的操作方式放置第二个焊盘，其中焊盘 1 和焊盘 2 在水平方向上对称，垂直方向上间隔 0.3 mm，如图 10-44 所示。

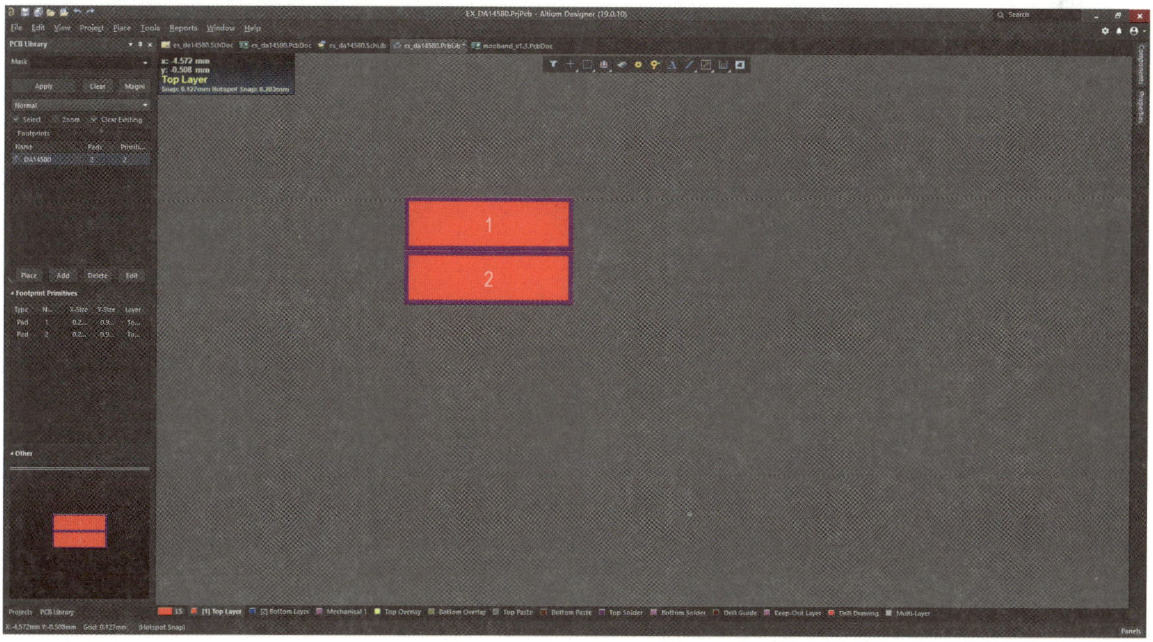

图 10-44　放置焊盘 2

最后，结合数据手册的尺寸信息，绘制出 DA14580 完整 PCB 封装，如图 10-45 所示。

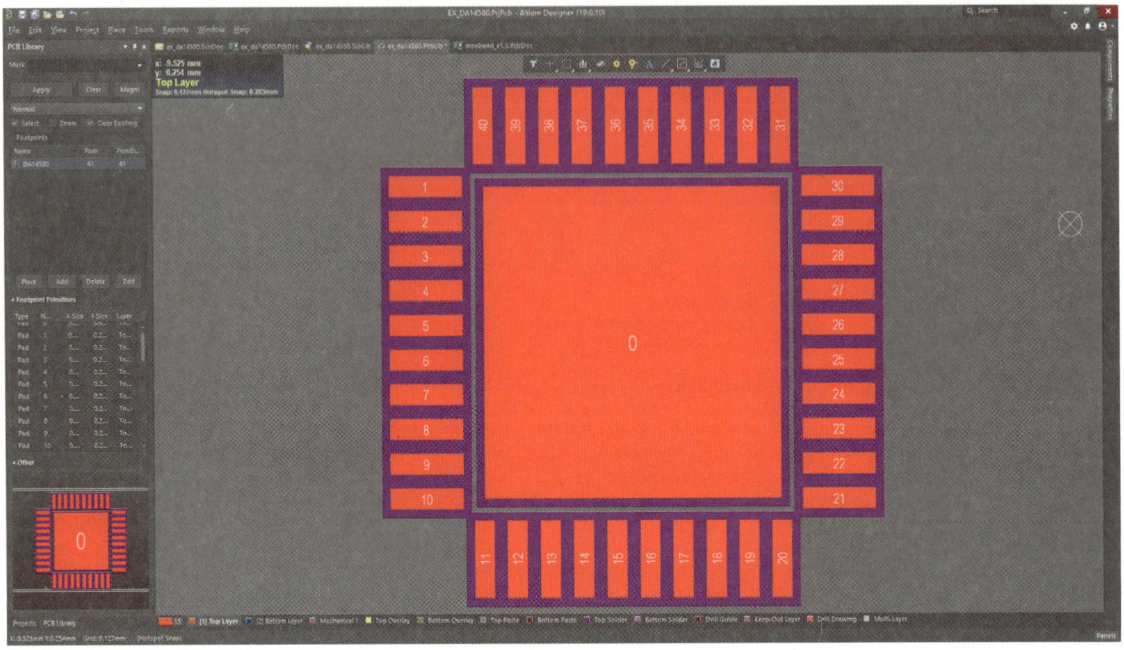

图 10-45　DA14580 完整封装焊盘

选择“Place”→“Line”，进入线条绘制模式，按住 Tab 将线条设置为顶层丝印线条，如图 10-46 所示。

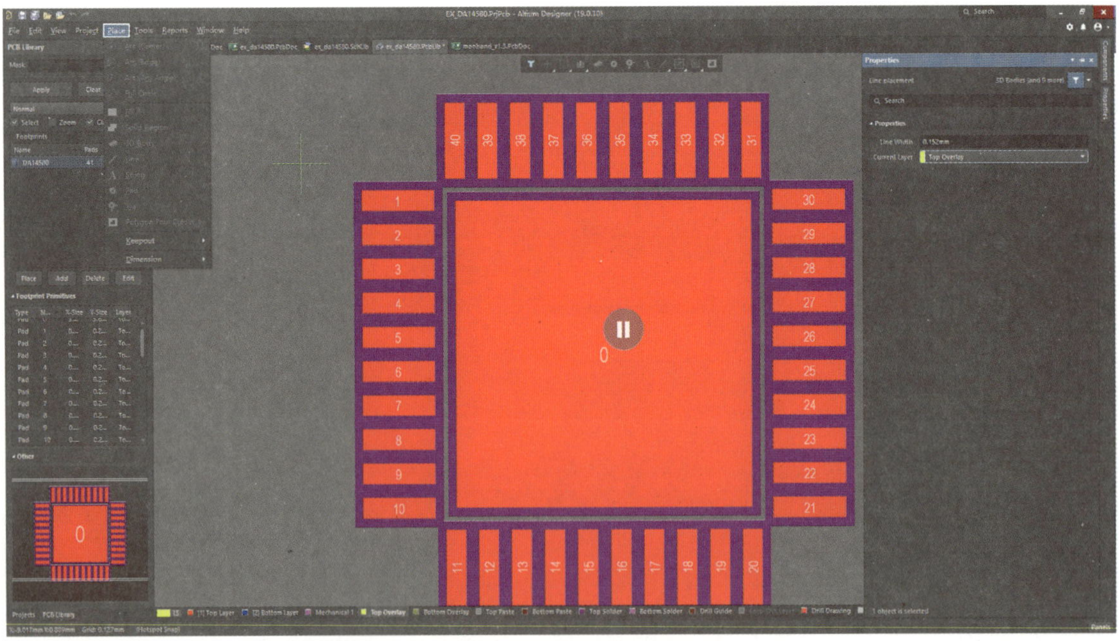

图 10-46　丝印绘制功能

用该线条绘制出 DA14580 的机械外形轮廓，如图 10-47 所示。

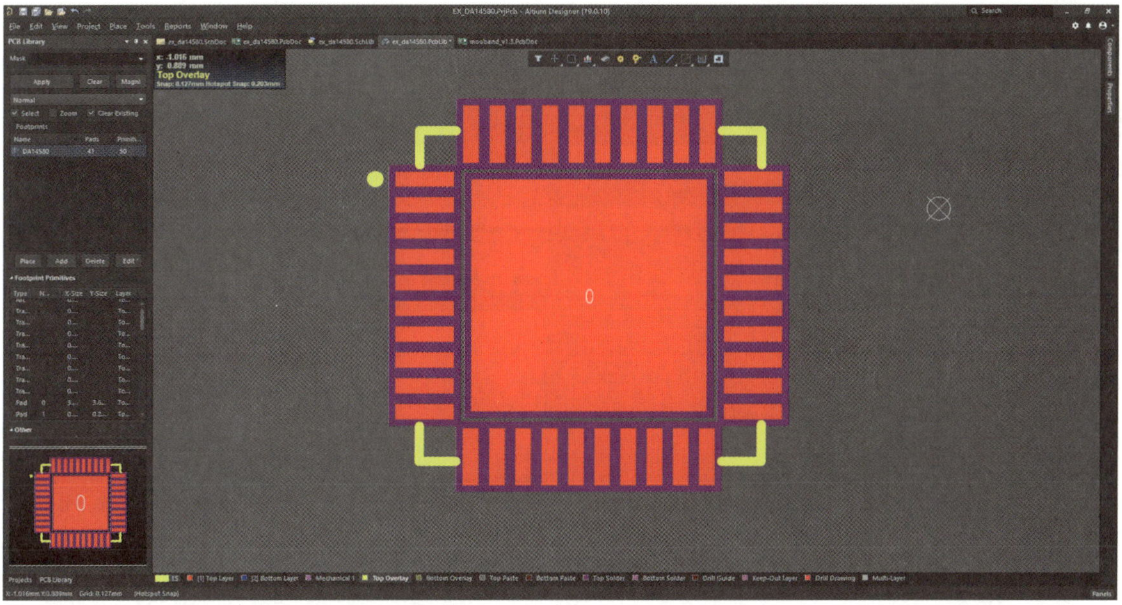

图 10-47　DA14580 PCB 封装

至此，DA14580 的 PCB 封装绘制完毕。

4. 原理图封装与 PCB 封装关联

绘制完元器件的原理图封装和 PCB 封装后，需要将元器件的原理图封装、PCB 封装关联起来。

打开 ex_da14580.SchLib，选择 DA14580 封装项，点击“edit”，找到 Footprint 属性栏，点击属性栏下的“Add”，为原理图封装关联对应的 PCB 封装，如图 10-48 所示。

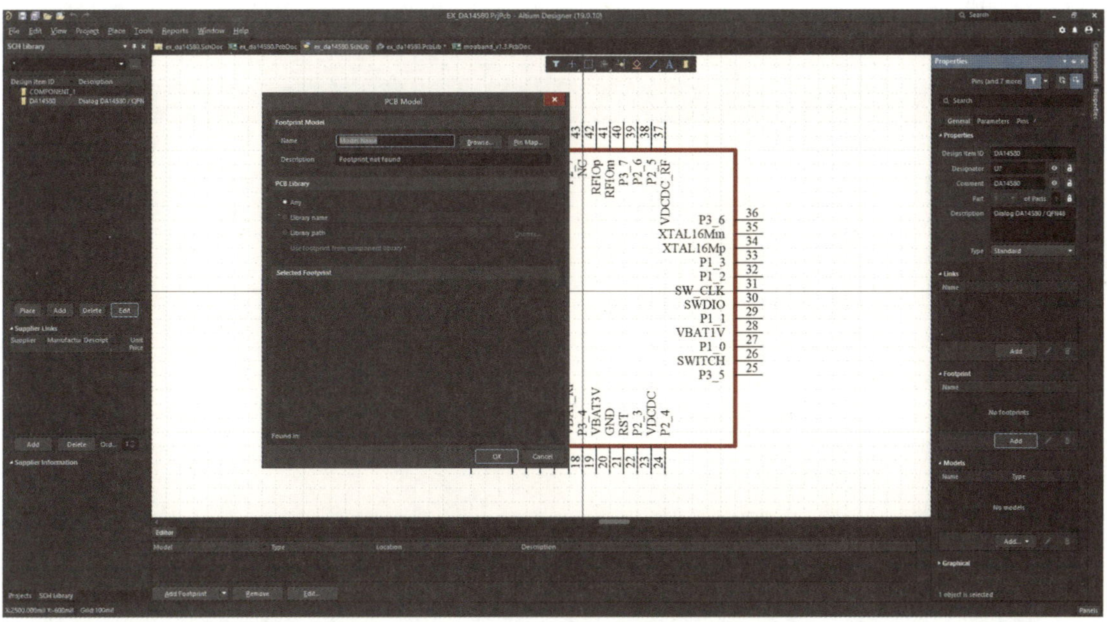

图 10-48　元件原理图封装关联 PCB 封装

点击“Browse”选项，在“Libraries”选项中选择工程的PCB封装库——ex_da14580.PcbLib，选择对应的PCB封装——DA14580，点击“OK”完成关联，如图10-49所示。

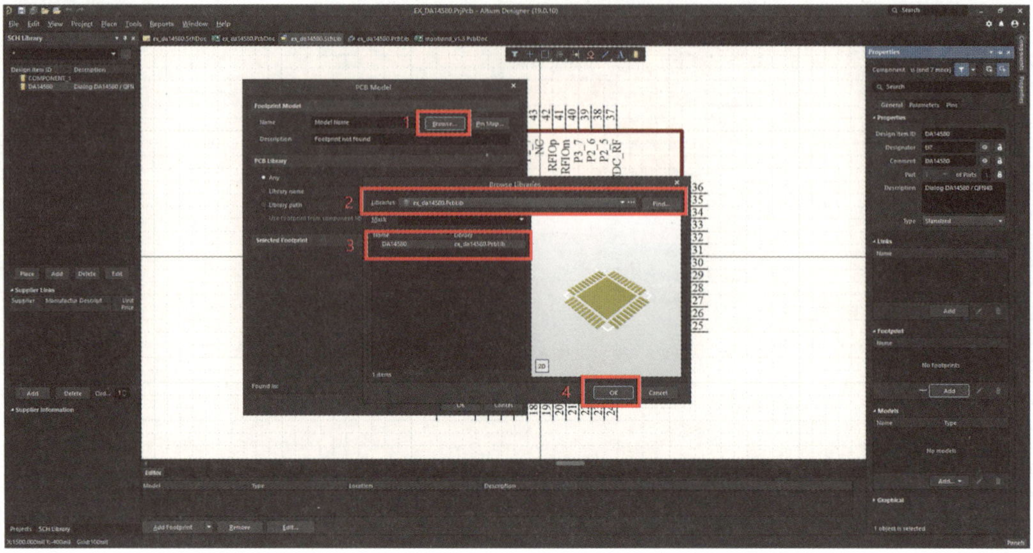

图 10-49　选择封装

5. 原理图绘制

原理图一般是分单元进行绘制的，各单元电路的设计需要参考元器件的数据手册。

下面将以充电单元和电源单元为例，详细介绍如何在AD21上绘制相关电路的原理图，并附上其余单元的完整电路。

打开ex_da14580.SchDoc文件，选择“Components”，选择本工程原理图库，找到TP4056，右击并选择Place TP4056。在原理图中合适位置放置TP4056。同理，依照参考设计，在TP4056外围放置其余元器件，如图10-50所示。

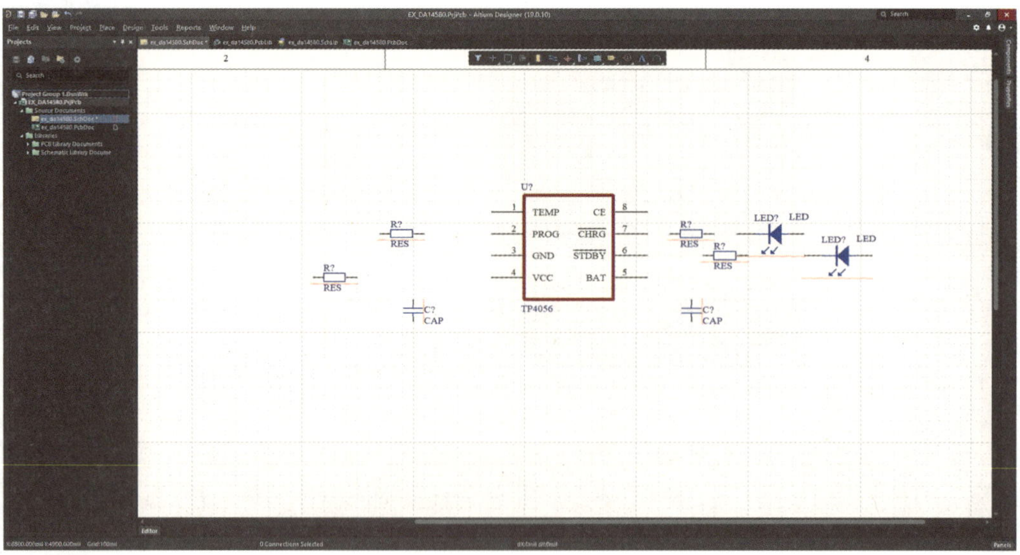

图 10-50　元件放置

点击“Place”→“Power Port”放置电源信号，如图 10-51 所示。

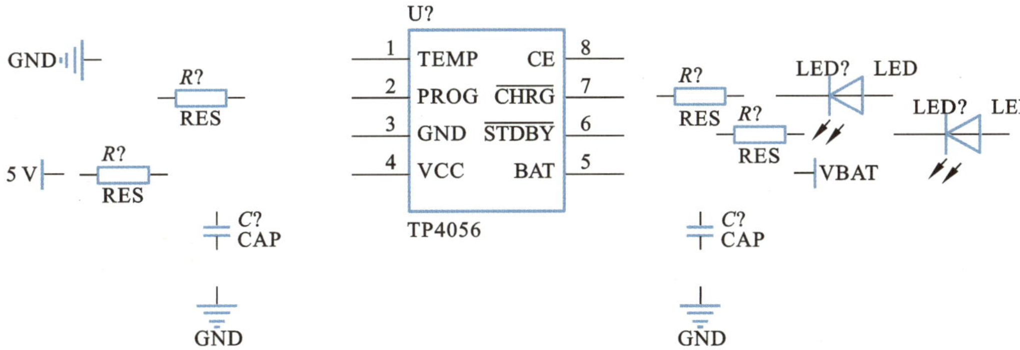

图 10-51　网络标号放置

双击各器件和电源信号进行属性修改，TP4056 电源输入端更改为 5 V 输入（USB 5 V），电源输入限流电阻设置为 0.43 Ω，输入滤波电容更改为 10 μF。BAT 引脚更改为电池输入电压 VBAT，电池输入旁路电容修改为 10 μF，充电指示灯限流电阻更改为 1 K。

在原理图页面按快捷键 Ctrl+W 进入原理图连线模式，在连线模式下将元器件的引脚、网络标号连接起来，同时修改各元器件的位号。

接着放置电池连接座，电池电压通过二个电阻进行分压接到 DA14580 的一个 ADC 引脚上。选择“Place”→“Net Label”，进入放置网络标号模式，按住 Tab 键将网络标号修改为 P01（代表 DA14580 的 P0_1 引脚），然后将该网络标号放置于分压节点处。

至此，TP4056 外围电路的原理图已经绘制完成。同理，参考 TLV70033DDCT 数据手册中参考设计电路图绘制好相关原理图，最终充电与电源单元电路原理图如图 10-52 所示。

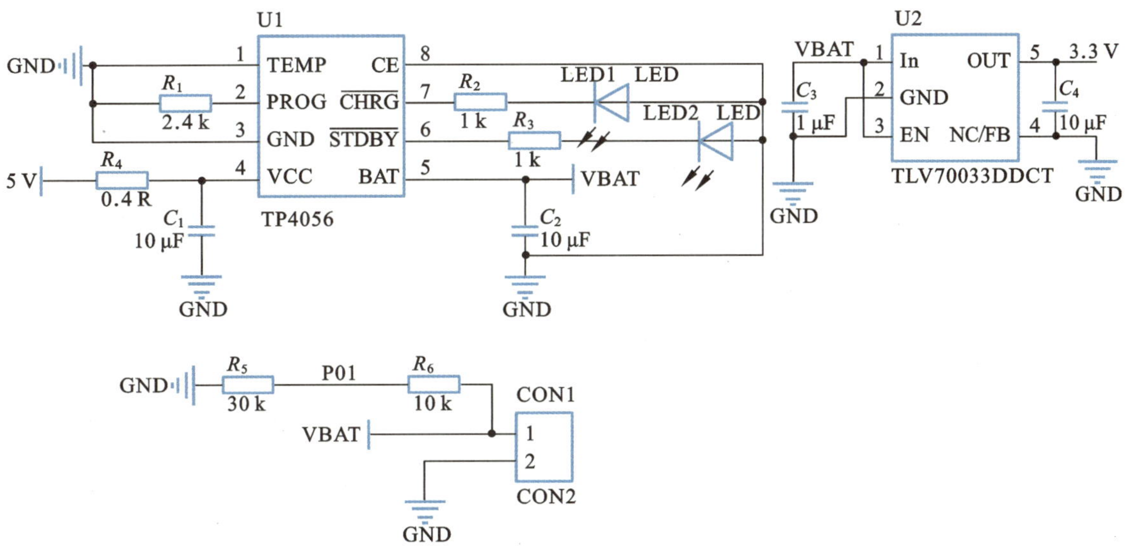

图 10-52　电源单元原理图

其余单元电路设计细节这里不再赘述。其余单元电路最终的原理图如图 10-53 和图 10-54 所示。

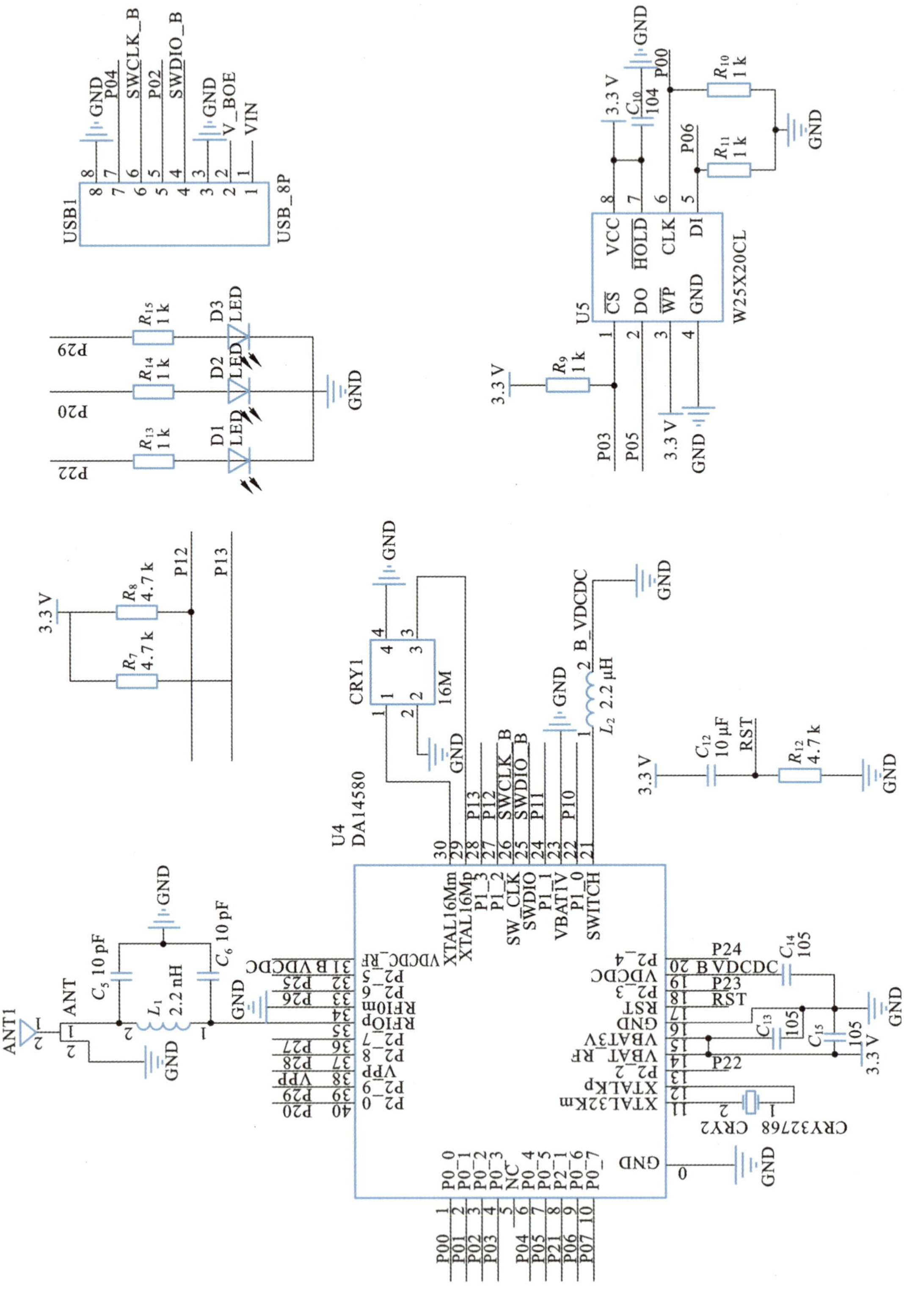

图 10-53　蓝牙收发主控单元、LED 指示灯、下载调试接口电路原理图

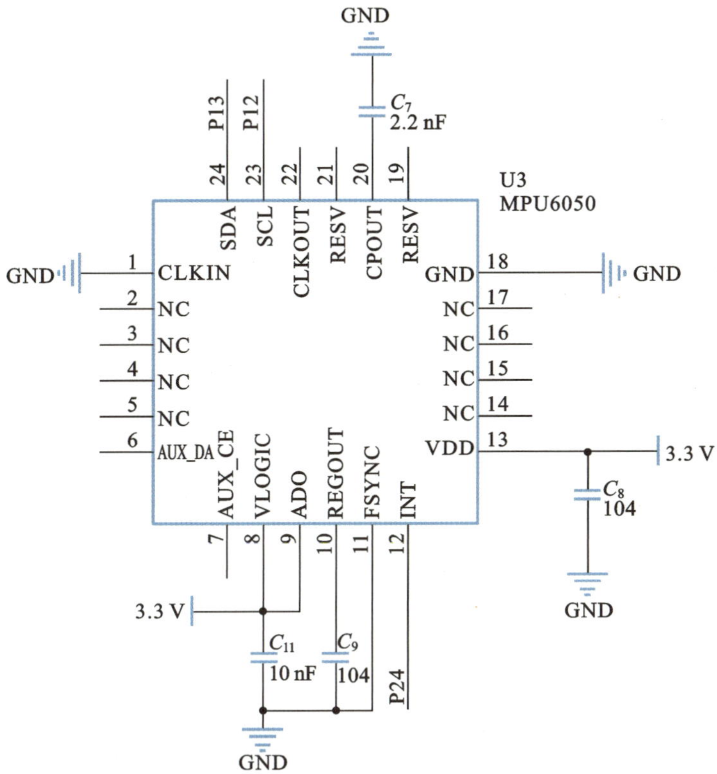

图 10-54　姿态检测单元原理图

6. PCB 布局与走线

在绘制 PCB 之前，需要根据原理图文件，生成对应 PCB 版图。PCB 版图中包含原理图中用到的所有元器件的 PCB 封装以及引脚的网络标号信息。

打开原理图文件，点击“Design”→“Update PCB Document ex_da14580.PcbDoc”，如图 10-55 所示。

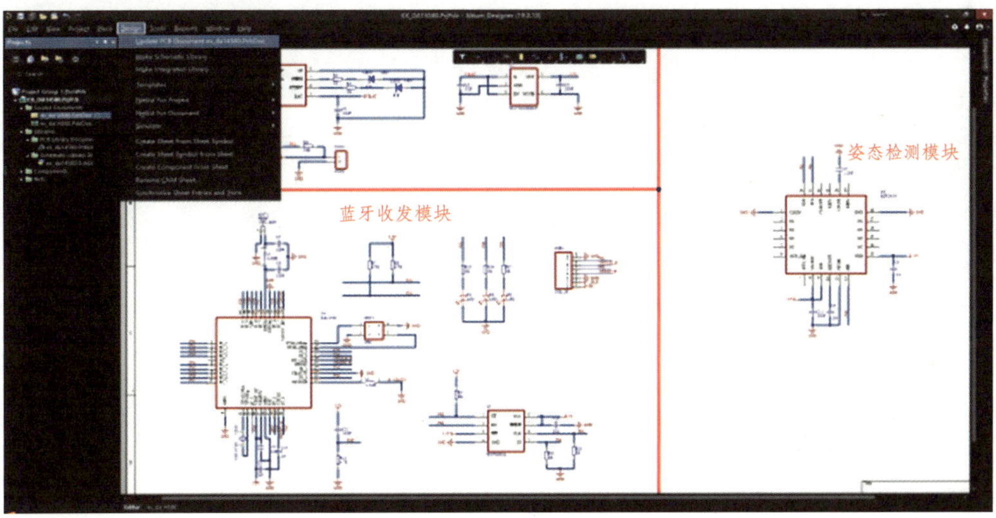

图 10-55　更新 PCB 版图

点击 “Execute Changes”，如图 10-56 所示。

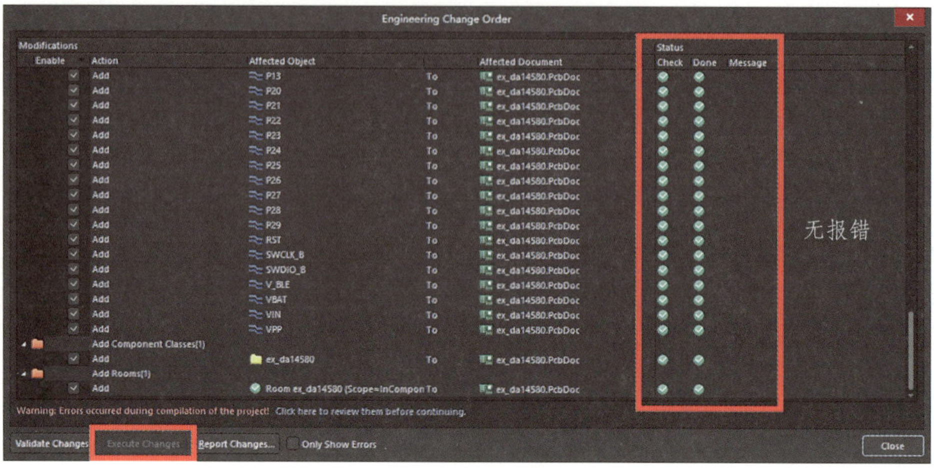

图 10-56 更新 PCB 版图

打开 ex_da14580.PcbDoc 文件，此时 PCB 文件内已经加载出了所有元器件的 PCB 封装，如图 10-57 所示。

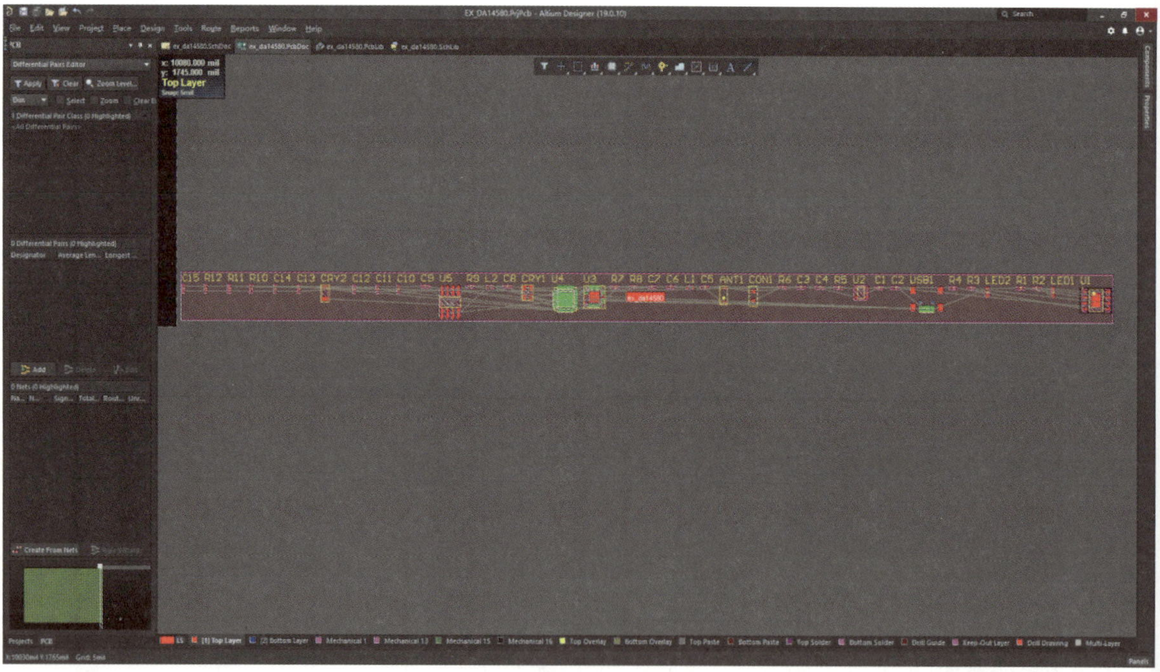

图 10-57 更新 PCB 版图

接着，绘制 PCB 的外形，这里绘制一个 12 mm×31 mm 的矩形框作为手环 PCB 板的外形，后续元器件的布局、PCB 走线都在 PCB 板外形内进行。

在 PCB 绘制页面下，先切换到 “KO” 层，然后点击 “Place” → “Keepout” → “Track”，在此模式下绘制一个矩形框，如图 10-58 所示。

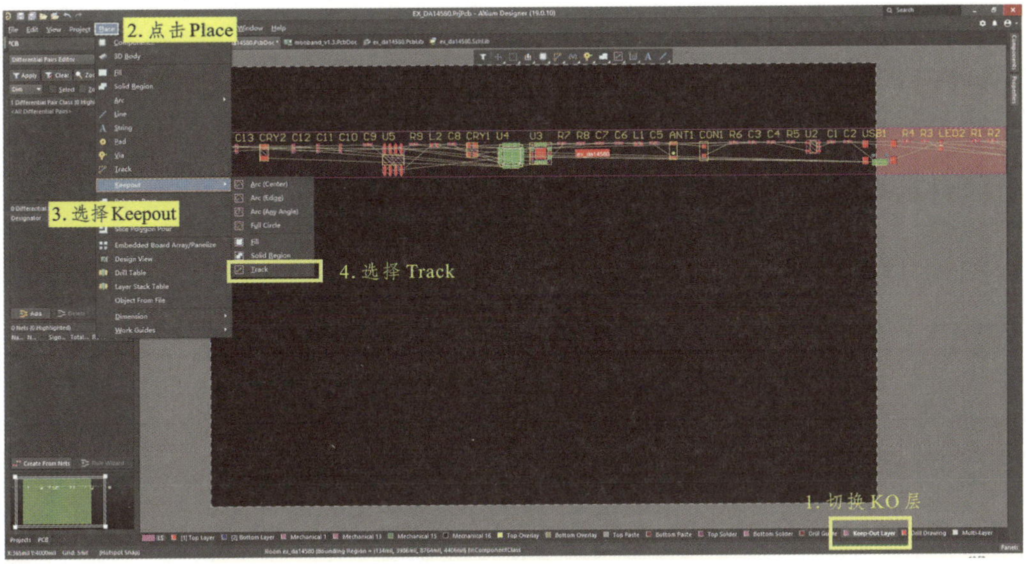

图 10-58　PCB 板框绘制

选中刚绘制的矩形框，点击“Designe”→“Board Shape”→“Define From Selected Objects”。

如图 10-58 所示，黑色部分为目前 PCB 板的实体。在进行布局走线之前，需要对 PCB 设计的规则进行适当更改。

点击 AD21 上方 “Design” → “Rules”，选择 PCB 间隙规则选项，更改所有间隙限制尺寸最小为 5 mil；取消走线宽度限制；设置焊盘和覆铜连接风格；取消元器件间隙限制。

接下来进行元器件布局，对准元器件长按鼠标左键即可锁定元器件，此时可通过移动鼠标来拖动元器件。

图 10-59 所示为手环 PCB 顶层元器件布局情况，其中陶瓷天线靠近 DA14580 的 RFIO 放置，实时时钟晶振、系统时钟、SPI Flash 也是靠近 DA14580 同层放置，避免在走线时频繁换层走线而影响信号质量。图 10-60 所示为 PCB 底层布局展示。

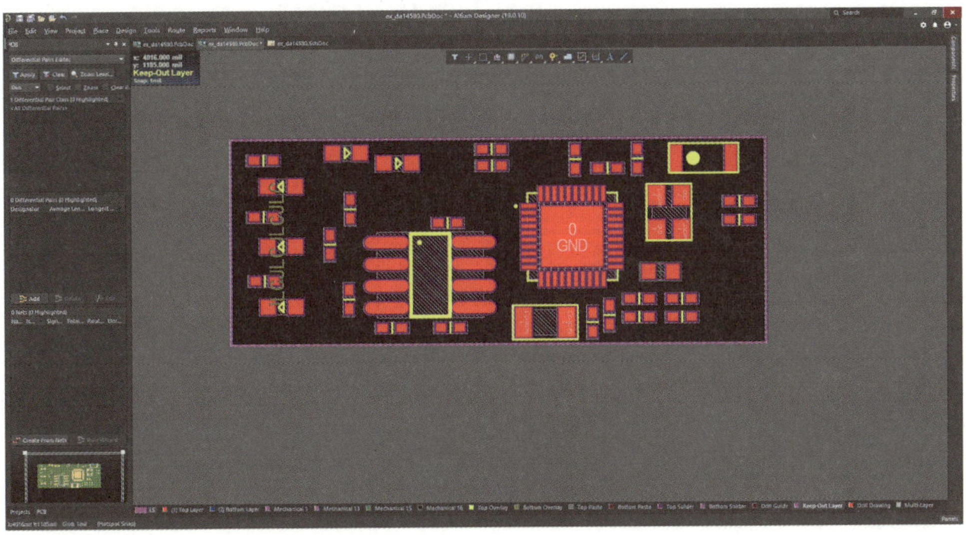

图 10-59　PCB 顶层布局

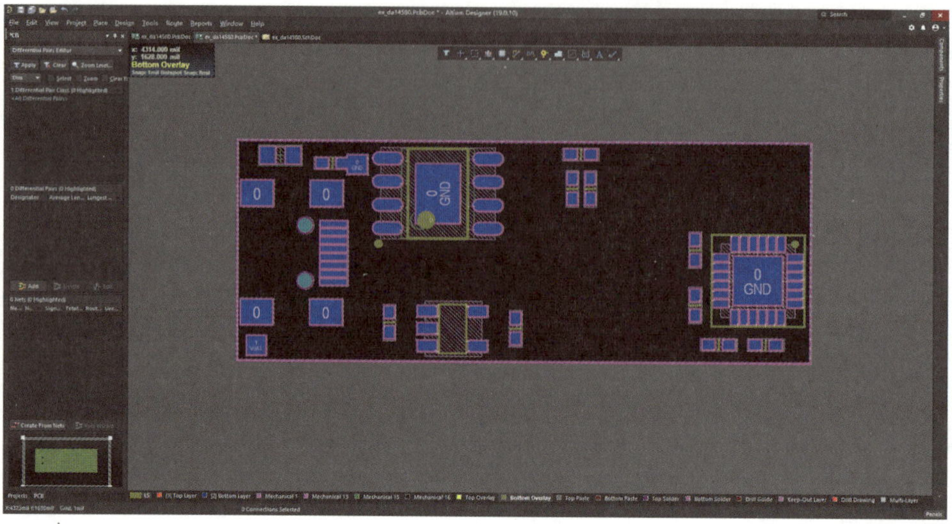

图 10-60　PCB 底层布局

USB 座主要用于代码下载、调试，同时还可以接入 USB 电源给电池充电。由于 USB 座占用体积比较大，因此将其放在 PCB 的底层，与 DA14580 所在平面分开，避免影响顶层关键信号的走线。同时电源单元的电路也将与 USB 座一起放置在底层。MPU5060 六轴传感器也放在底层远离电源的区域。

完成布局后，在 PCB 绘图模式下按住快捷键 Ctrl+W 进入布线模式，手环 PCB 走线应遵循以下原则：

（1）PCB 走线禁止出现锐角、直角。

（2）优先绘制电源、模拟信号（天线）和时钟晶振信号线。电源走线尽量加粗，天线下方严禁走线和敷铜，晶振走线尽可能短，严禁换层走线。

（3）同一网络布线宽度应保持一致。

（4）旁路电容到相应 IC 信号引脚的走线应尽量短。

手环 PCB 顶层、底层走线分别如图 10-61 和图 10-62 所示。

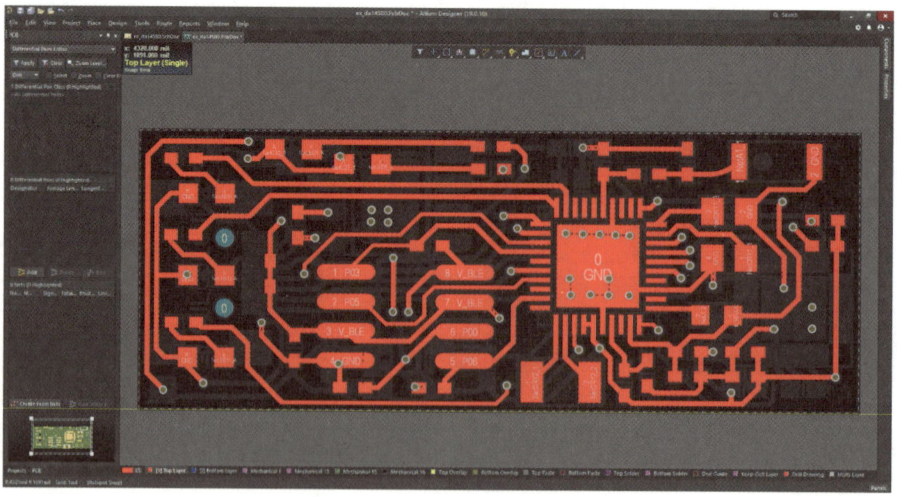

图 10-61　PCB 顶层走线

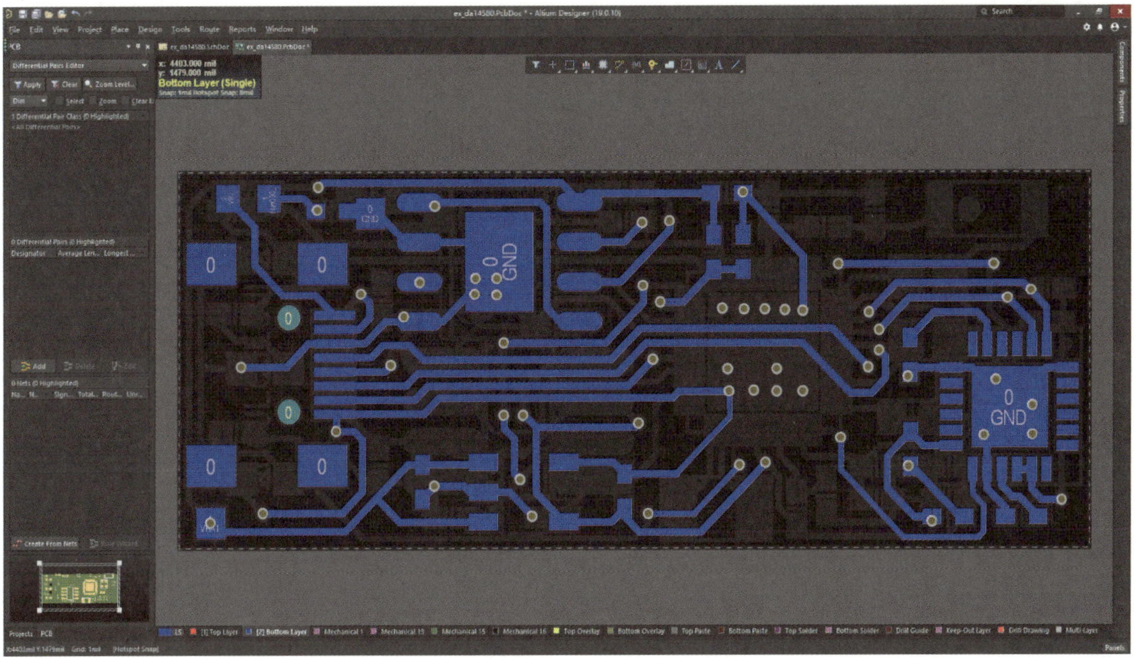

图 10-62　PCB 底层走线

走线完成以后还需要在各层铺上地铜。

选择“Place”→“Polygon Pour”进入覆铜模式，分别在 PCB 顶层和底层沿着板边绘制好覆铜的区域，手环 PCB 覆铜后最终样式如图 10-63 所示。

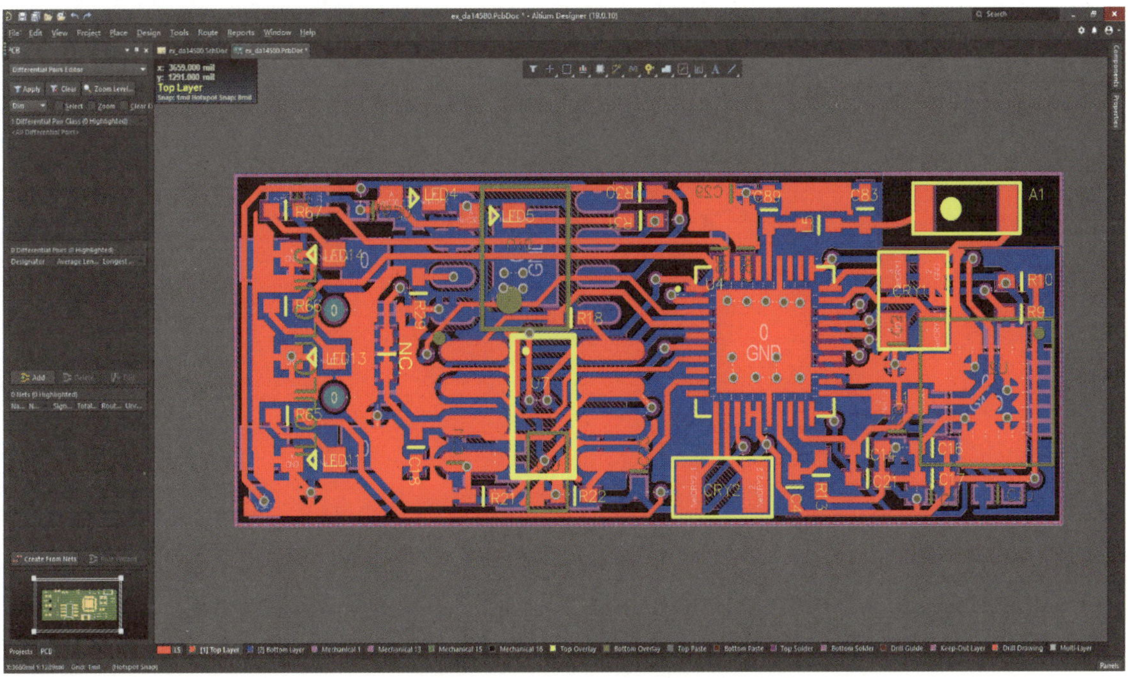

图 10-63　手环完整 PCB

【项目小结】

本项目主要讲解 Altium Designer 21 软件，包括下载、安装 Altium Designer 21 软件，以及安装好后对软件的设置、基本操作等。在正式进入智能光电产品电路设计前，应该掌握此软件如何使用。由于 Altium Designer 21 功能很庞大，本项目只做入门讲解，掌握智能光电电路设计典型工作任务中具体工作任务要求的知识点与知识面即可。

【习题】

1. 设计一个 24 V 转 12 V、5 V、3.3 V 的电路。
2. 绘制 STM32F407 电路，含 LED、按键、串口等。

项目十一　智能光电综合编程实践

【学习目标】

（1）学会智能吸顶灯的设计与制作。
（2）学会智能环境测试系统的搭建。
（3）完成智能回收桶的改造。

11.1　智能吸顶灯应用场景案例

11.1.1　功能设计

1. 概　述

LED 灯有着低电压、低功耗、环保和使用寿命长的优点，近年来逐渐取代白炽灯，成为人们生活中必不可少的冷光源照明设备。智能吸顶灯是由 MCU 控制的多彩色 LED，它融入更多的智能因素，加入多彩变换、触摸控制等多种形式设计而成。

2. 应用场景

智能吸顶灯作为装饰照明和气氛制造 LED 光源产品，在现阶段各行业的照明应用中，随处可见，广泛应用于工业、商业、广告、家庭、娱乐等行业场所。

在娱乐设施的应用中，如绚丽多彩的舞台、酒吧等设施，智能吸顶灯因为其本身发光颜色多样、绚丽多彩，是各种娱乐设施创造气氛，形成照明效果的最佳光源选择之一。在家庭装修应用中，现代的家庭装修风格越强调光效果和家具的结合，智能吸顶灯基本上取代了传统的灯泡照明，在很多地方使用智能吸顶灯制作照明效果，衬托了整个房屋布局的气氛。酒店装饰照明更是广泛应用智能吸顶灯，酒店整体的照明根据区域和功能的不同，照明的需求也不同。不同颜色的智能吸顶灯应用在酒店不同的环境中，提高了空间的设计感，创造出舒适、有魅力、功能性丰富的住宿环境。

3. 系统功能

智能吸顶灯具有丰富的调光调色功能，可调冷暖明暗，并且多种颜色可供选择。智能吸顶灯控制方式多样化，既可以利用遥控器开关，也可以通过手机 App 来实现智能化控制开关灯并调色，或者通过声音、人体感应等多种方式开启，为消费者提供了更便捷、更人性化的家居服务。

11.1.2 硬件系统

本项目利用 STM32 口袋机驱动 WS2812 彩灯模块完成智能吸顶灯产品的设计应用。智能吸顶灯采用 25 颗 WS2812 串行彩灯级联，采用单总线级联形式，标准工作电压为 DC 5 V，功率 0.3 W（±0.01%），每个 LED 可显示真彩 24 位色。项目采用 STM32 口袋机加 WS2812 彩灯模块的最小硬件系统方式实现，项目最小系统图如图 11-1 所示。

图 11-1　智能吸顶灯最小系统图

1. WS2812 智能 LED

WS2812 是一个集控制电路与发光电路于一体的智能外控 LED 光源，其外形采用特殊的封装工艺，将 IC 与发光芯片封装在一个 5 mm×5 mm×1.6 mm 的封装尺寸中，每个元件即为一个像素点。像素点内部包含智能数字接口数据锁存信号整形放大驱动电路，还包含有高精度的内部振荡器和可编程定电流控制部分，有效保证了像素点光的颜色高度一致。

WS2812 内置上电复位、掉电复位和信号整形电路，任何一个像素点收到信号后经过波形整形再输出，保证线路波形畸变不会累加。每个像素点的三基色颜色可实现 256 级亮度显示，完成 16777216 种颜色的全真色彩显示，对扫描频率的要求不低于 400 Hz/s。采用串行级联接口，能通过一根信号线完成数据的接收与解码。任意两点传输距离在不超过 5 m 时无须增加任何电路。当刷新速率 30 帧/s 时，低速模式级联数不小于 512 点，高速模式不小于 1024 点。数据发送速度可达 800 kb/s，并且光的颜色高度一致。

单颗 WS2812 实物及引脚图如图 11-2 所示。

图 11-2　WS2812 实物及引脚图

WS2812 有 4 个引脚，分别是 VDD、DOUT、VSS、DIN，其中 VDD 和 VSS 为电源引脚，分别接电源正极和 GND，DOUT 为数据输出引脚，DIN 为数据输入引脚。

WS2812 芯片不是给电就能点亮的，而是需要特定的高低电平时序，以下为具体的参数，如图 11-3 所示。

图 11-3 就是 RGB 灯识别 0、1 码的具体表现形式。在一个周期内，当接收到的信号高电平占 T0H 时间，低电平占 T0L 时间，那么就表示接收到一个 0 数据。当一个周期内接收到的高电平占 T1H 时间，低电平占 T1L 时间，就表示收到一个 1 数据。在分析 RGB 驱动的时候，使用一个周期内的占空比来确定接收到的是 1 值还是 0 值。具体的周期和占空比，图 11-3 为器件手册里的参数。当要传输 0 值时，高电平持续时间在 220~380 ns，低电平持续时间在 580 ns~1 μs，这个时间还是比较短的，在数据手册中给定的是 800 kb/s 的传输速率，计算一下 1.25μs，大约是传输一个 1 值或者 0 值的周期。可见，需要 MCU 的主频足够高这个传输才可

以正确传输。这里使用 STM32 的最低主频 72 MHz，能满足时序要求。另外，对于 RESET 信号要求，它的时序是非常重要的，当 24 bit 数据发送出去后，此时灯是不会亮的，它需要有一个大于 280 μs 的低电平过来，然后才会将刚刚发送过来的 24 bit 数据应用到灯上，而这个低电平就是需要的 RESET 信号，需要它才能成功点亮 WS2812。

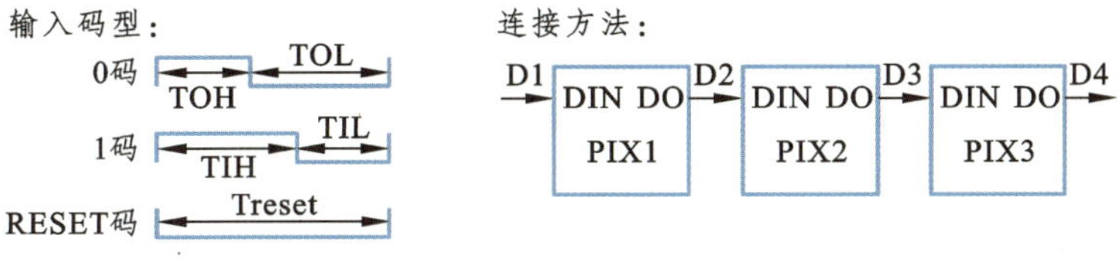

数据传输时间（ TH+TL=1.1 μs±300 ns）

T0H	0码，高电平时间	220 ns~420 ns
T1H	1码，高电平时间	750 ns~1.6 μs
T0L	0码，低电平时间	750 ns~1.6 μs
T1L	1码，低电平时间	220 ns~420 ns
RES	帧单位，低电平时间	300 μs以上

图 11-3　WS2812 时序波形图

由此可见，WS2812 对时序是要求比较严格的，需要到纳秒级别，也可以看到发 0 码的时序和发 1 码的时序是刚好相反的。

2. 数据格式要求

WS2812 需要 MCU 在发送数据时是按照 GRB 的顺序高位先发的，如图 11-4 所示。

24bit 数据结构

G7	G6	G5	G4	G3	G2	G1	G0	R7	R6	R5	R4	R3	R2	R1	R0	B7	B6	B5	B4	B3	B2	B1	B0

注：高位先发，按照GRB的顺序发送数据。

图 11-4　数据格式要求

数据是从连接的 MCU 的那个 IO 口输出的，如果只连接了一个 RGB 灯，那么需要从这个 IO 口输出一个 24 位的数据，即一个 3 字节的数据，这个 24 位的数据就是用来表示一个灯需要显示的颜色。因为光的三原色就是 RGB(RED GREEN BLUE),有了三原色就可以组合成各种各样的颜色。每个颜色占 8 个位，需要注意的是，通常都是直接说 RGB 色，这里灯珠传输的颜色数值，顺序是 GRB。需要让灯亮绿色，就发送 0xff0000，当需要亮红色，就发送 0x00ff00，当需要亮蓝色，就发送 0x0000ff。如果想要其他颜色，改变这里的值即可。

上面是点亮一个 WS2812 灯所需的数据字节格式。如果需要亮 2 个，就让的 IO 口输出 2 个 24 bit 数据就可以了。当 IO 口输出 2 个 24 bit 数据后，第 1 个 24 bit 数据被第一个灯留下了，这个灯会自动地将剩下的 24 bit 的数据转发到后面去，则后面的第 2 个灯可以接收到。同理，如果有 4 个灯，就要发送 4 个 24 bit 数据，即有几个灯，就需要发送几个 24 bit 数据。

本项目采用 25 颗 WS2812 灯珠串联设计，STM32 对其进行驱动时，除了对时序的要求外，每次需要发送 25 个 24 bit 的数据。

3. 模块硬件原理图

WS2812 模块原理图如图 11-5 所示，WS2812 模块的 DIN 与 STM32 的 PB5 相连接。

图 11-5　WS2812 模块原理图

11.1.3　程序设计

要实现点亮和通过 STM32 口袋机的触摸按键修改 WS2812 模块的显示颜色，需要对 STM32 的通用 I/O 模拟的串行数据接口进行程序设计，使之符合 WS2812 数据格式，才能正确点亮 WS2812 模块，并根据对应的触摸按键显示不同的颜色。程序设计流程图如图 11-6 所示。

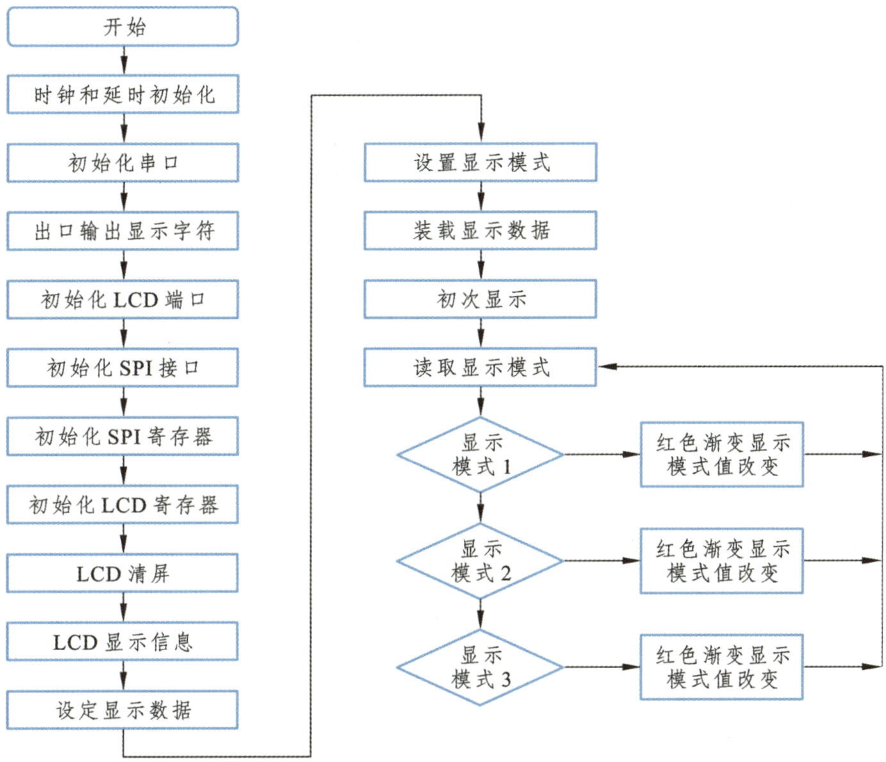

图 11-6　软件设计流程图

设计人员已经设计出驱动 WS2812 模块的若干函数，如向 2812 灯珠发送 1 字节数据的函数 send_one_LED_fun_by_GRB(u8 GG, u8 RR, u8 BB)、同时写 25 颗 2812 灯珠数据的函数 send_LED_25_by_GRB_fun(u8 GG, u8 RR, u8 BB)、设置 25 颗 2812 灯珠颜色函数 LED_COLOR_fun(u32 color)等，只需要调用即可。

1. 主函数模块

主函数模块里完成 USART、LCD、SPI 接口的初始化，定义里用到的 STM32 通用 I/O 初始化后，进入 while(1)循环函数一直运行。

```
    int main(void)
{
        delay_Init();//延时函数初始化
        Usart1_Init();
        delay_ms(100);
```

```
        printf("USART1 Init OK\r\n");
        gpio_lcd_init();
        STM_SPI1_2_Init();
        delay_ms(100);
        LCD_Clean(BACKGROND);//刷屏黑色
        LCD_ShowString(24, 10, "LCD_init_OK!", 32, WHITE);
        LED_COLOR_fun(0x00ff0000);
        color_dat = 0,RR_data = 0,GG_data = 0, BB_data = 0,R_bit = 0,G_bit = 2, B_bit = 2;

    while (1)
    {
        if(R_bit==0)
        {
            RR_data++;
            if(RR_data==100){R_bit = 1;   }
        }
        if(R_bit==1)
        {
            RR_data--;
            if(RR_data==0)
            {
                R_bit = 2;
                G_bit = 0;
            }
        }
        if(G_bit==0)
        {
            GG_data++;
            if(GG_data==100)
            {    G_bit = 1;          }
        }
        if(G_bit==1)
        {
            GG_data--;
            if(GG_data==0)
            {
                G_bit = 2;
                B_bit = 0;
            }
```

```
        }
        if(B_bit==0)
        {
            BB_data++;
            if(BB_data==100)
            {    B_bit = 1;     }
        }
        if(B_bit==1)
        {
            BB_data--;
            if(BB_data==0)
            {
                B_bit = 2;
                R_bit = 0;
            }
        }
        send_LED_25_by_GRB_fun(GG_data,RR_data,BB_data);
        delay_ms(10);
    }   //end of while(1)
}   //end of main
```

2. GPIO 初始化相关函数

GPIO 初始化函数，用于在 LCD 能够正确工作并显示信息之前，对相关 GPIO 口、时钟等各种寄存器进行初始化设置。

```
void GPIO_init(u16 GPIOx, u16 GPIO_Pin, GPIOMode_TypeDef mode, GPIOOType_TypeDef type, GPIOPuPd_TypeDef pupd)
{
#define   GPIO_A   0x0000
#define   GPIO_B   0x0001
#define   GPIO_C   0x0002
#define   GPIO_D   0x0003
#define   GPIO_E   0x0004
#define   GPIO_F   0x0005
#define   GPIO_G   0x0006
    GPIO_InitTypeDef            GPIO_InitStructure;
    GPIO_InitStructure.GPIO_Pin = GPIO_Pin;
    GPIO_InitStructure.GPIO_Speed = GPIO_Speed_100MHz;
    GPIO_InitStructure.GPIO_Mode = mode;
```

```
        GPIO_InitStructure.GPIO_OType = type;
        GPIO_InitStructure.GPIO_PuPd = pupd;
        switch(GPIOx)
        {
         case GPIO_A:
              RCC_AHB1PeriphClockCmd(RCC_AHB1Periph_GPIOA, ENABLE);
              GPIO_Init(GPIOA,&GPIO_InitStructure);
              break;
         case GPIO_B:
              RCC_AHB1PeriphClockCmd(RCC_AHB1Periph_GPIOB, ENABLE);
              GPIO_Init(GPIOB,&GPIO_InitStructure);
              break;
         case GPIO_C:
              RCC_AHB1PeriphClockCmd(RCC_AHB1Periph_GPIOC, ENABLE);
              GPIO_Init(GPIOC,&GPIO_InitStructure);
              break;
         case GPIO_D:
              RCC_AHB1PeriphClockCmd(RCC_AHB1Periph_GPIOD, ENABLE);
              GPIO_Init(GPIOD,&GPIO_InitStructure);
              break;
         case GPIO_E:
              RCC_AHB1PeriphClockCmd(RCC_AHB1Periph_GPIOE, ENABLE);
              GPIO_Init(GPIOE,&GPIO_InitStructure);
              break;
         case GPIO_F:
              RCC_AHB1PeriphClockCmd(RCC_AHB1Periph_GPIOF, ENABLE);
              GPIO_Init(GPIOF,&GPIO_InitStructure);
              break;
         case GPIO_G:
              RCC_AHB1PeriphClockCmd(RCC_AHB1Periph_GPIOG, ENABLE);
              GPIO_Init(GPIOG,&GPIO_InitStructure);
              break;
        }
}
```

11.1.4 系统功能调测

1. 程序编译与功能调测

焊接好的由 25 个 WS2812 组成的 PCB 板实物如图 11-7 所示。

图 11-7　WS2812 模块 PCB 板

进行调测前，先将 WS2812 模块 PCB 板连接 STM32 口袋机和多功能板。在 Keil 编译环境中打开项目文件，整个项目的工程文件见程序文件部分。编译无误后，连接 J-Link 下载器将程序下载到口袋机，整个系统由 JC-Link 的 USB 连接口提供电源，程序运行后 WS2812 模块被点亮，如图 11-8 所示。

图 11-8　WS2812 模块 PCB 板调测

2. 产品设计与应用

应用上述硬件设计和程序工程文件，考虑形状、结构设计进行适当修改，就可以设计出实用的产品，如图 11-9 所示。

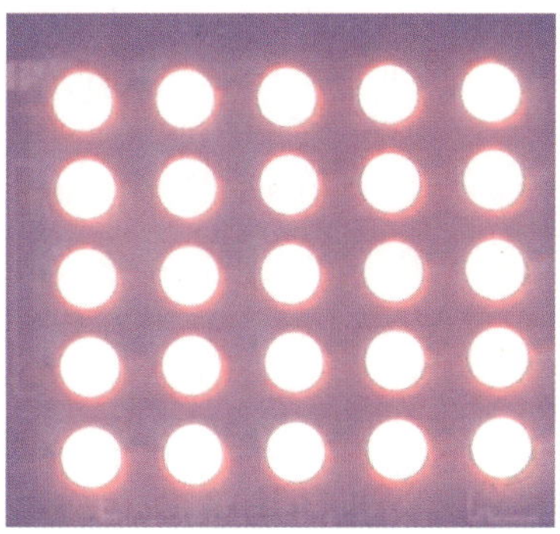

图 11-9　WS2812 实物效果

实际使用的智能吸顶灯是在简易设计原理的基础上，通过大数量的 LED 经过串联形成灯带，然后通过多条灯带并联组合使用，根据 LED 串联的个数与并联灯带的条数，由处理器对其进行编程控制显示，实现多彩变换效果。图 11-10 所示为具有通信控制接口的处理器，由可控多彩 LED 构成的实用型智能吸顶灯产品系统功能框图。

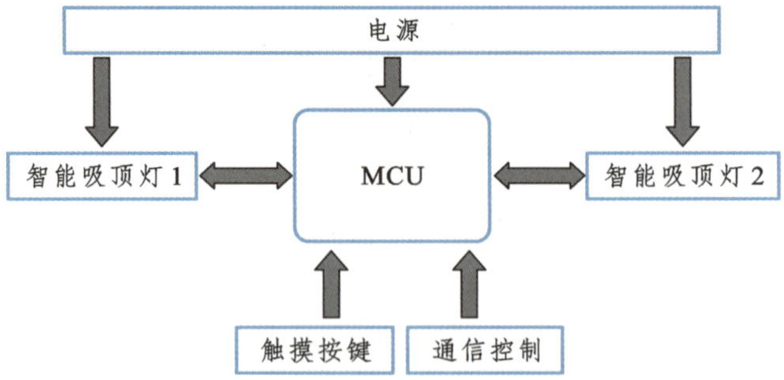

图 11-10　应用型智能吸顶灯系统功能框图

智能吸顶灯有着极其广泛的用途，在商业、广告、家庭、娱乐等各种场所，其颜色丰富、绚丽多彩，是营造气氛，形成多种照明效果的最佳光源选择之一。

11.2　智能环境探测系统的搭建

11.2.1　功能设计

1. 概　述

智能环境探测系统一般采用温湿度传感器对环境温湿度进行检测，自动实时感知空气中的温度和湿度，经由处理器变换成电信号或其他所需形式进行信息输出的系统。

2. 应用场景

智能环境探测系统在智能家居、工业制造、农业生产、食品加工、医药储存等领域有着广泛的用途。

在智能家居行业，智能环境探测系统可以实时监测到室内的温湿度，控制器会根据检测到的温湿度来控制是否启动空调、加湿器等来调控室内的温湿度。在食品行业，环境温湿度对于食品储存来说至关重要，温湿度的变化会导致食物变质，引发食品问题，温湿度的监控和调节有利于食品保鲜和储存；食品运输时为保证食品或制品在储运过程中的安全需要，利用温湿度传感器对温湿度的变化进行实时监控，以确保其质量。在农业生产领域，智能环境探测系统多应用于温室大棚，植物的生长对于温湿度要求极为严格，不当的温湿度下，植物会停止生长，配合气体传感器、光照传感器等可组成一个数字化大棚温湿度监控系统，控制农业大棚内的相关参数，从而使大棚的效率达到极致。根据国家相关要求，药品保存须按照相应的温湿度进行控制，智能环境探测系统的应用，配合空调等联动系统，能保证药品存储始终处于合适的环境温度范围。在工业制造过程中，存储物品以及重要设备的仓库和厂房，需要实时检测温湿度,并根据所测的数据控制排风扇、空调器等设备的运行，确保仓库通风良好，并有合适的温度环境。

3. 系统功能

在这个科技迅速发展的时代，拥有一个舒适的生活和工作环境是每个人所期望的，智能环境探测系统能实现对环境温湿度等相关指标的实时监测，且具有功耗低、可靠性高、体积小巧、安装方便的优点，并能实现无线传感器网络组网或是融入其他家庭智能设备联动，在提升人们的生活质量和引导人们健康生活方面发挥着巨大的作用。

11.2.2　硬件系统

硬件系统本项目硬件设计系统采用不包含控制系统和数据传输系统的实现方式，传感器采用 DHT11 型温湿度传感器，通过单总线接口与 STM32 处理器的通用 I/O 模拟的单总线接口连接，实现 STM32 对 DHT11 温湿度传感器的读写设置实现获取数据，然后通过 SPI 总线将采集的温湿度传感器数据显示在 LCD 上。下面重点学习 DHT11 温湿度传感器及其 STM32 驱动方法，掌握传感器的功能和基本工作原理，通过 STM32 驱动 DHT11，从而实现温湿度传感器采集设计。DHT11 温湿度传感器是集成温度和湿度于一体式元件，通过 MCU 将温度和湿度信号采集到后，经过稳压滤波、运算放大、非线性校正、恒流等电路处理，转换成与温度和湿度成线性关系的电流信号或电压信号，常通过主控芯片串口、SPI 等接口输出。项目简易系统图如图 11-11 所示。

图 11-11　简易系统图

1. 温湿度传感器

温湿度传感器通过检测装置，测量到温湿度后，按一定的规律变换成电信号或其他所需形式的信息输出。由于温度与湿度不管是从物理量本身还是在实际人们的生活中都有着密切的关系，所以温湿度一体的传感器就会相应产生。温湿度传感器指能将温度量和湿度量转换成容易被测量处理的电信号的设备或装置。

2. DHT11 温湿度传感器

DHT11 是一款有已校准数字信号输出的温湿度传感器。精度为湿度±5%RH，温度±2℃，量程湿度 20%~90%RH，温度 0~50℃。内部含有已校准数字信号输出的数字温湿度传感器 ，它用专用的数字模块采集技术和温湿度传感技术，有极高的可靠性和长期稳定性。实物如图 11-12 所示。

图 11-12　DHT11 温湿度传感器

DHT11 的应用

DHT11 传感器内部包括一个电阻式感湿元件和一个 NTC 测温元件，每个 DHT11 传感器都在极为精确的湿度校验室中进行校准，校准系数储存在 OTP 内存中，传感器内部在检测信号后的处理过程中要调用这些校准系数。单线制串行接口，使系统集成变得简易快捷，极低的功耗，信号传输距离可达 20 m 以上，其引脚定义见表 11-1。

表 11-1　DHT11 温湿度传感器引脚定义

引脚	名称	说　明
1	VDD	接电源正，供电 DC 3~5.5 V
2	DATA	单总线串行数据
3	NC	悬空
4	GND	接地，电源负极

DHT11 的工作电压为 DC 3~5.5 V，传感器上电后，要等待 1 s 以越过不稳定状态，在此期间无须发送任何指令。电源引脚（VDD，GND）之间可增加一个 100 nF 的电容，用以去耦滤波。DHT11 模块的应用电路设计如图 11-13 所示。

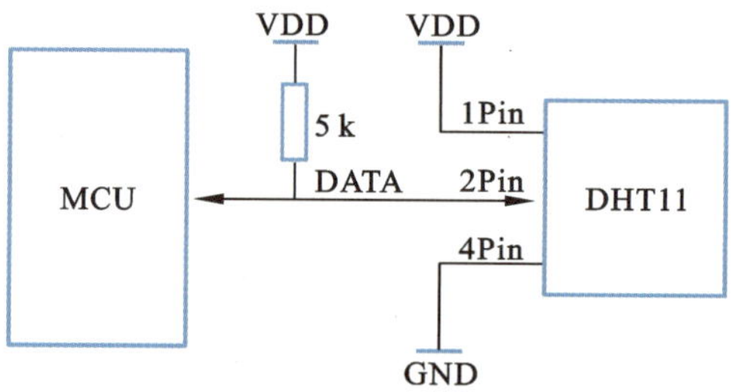

图 11-13　应用电路设计图

DHT11 模块的 DATA 引脚与处理器连接，温湿度的数据获取只与这个引脚有关，DATA 引脚用于处理器与 DHT11 之间的通信和同步，采用单总线数据格式，一次通信时间 4 ms 左右，数据分小数部分和整数部分，当前小数部分用于以后扩展，现读出为零。操作流程如下：

一次完整的数据传输为 40 bit，高位先出。数据格式：

8 bit 湿度整数数据+8 bit 湿度小数数据+8 bit 温度整数数据+8 bit 温度小数数据+8 bit 校验和式中，数据传送正确时校验和数据等于“8 bit 湿度整数数据+8 bit 湿度小数数据+8 bit 温度整数数据+8 bit 温度小数数据”结果的低 8 位。

STM32 发送一次开始信号后，DHT11 从低功耗模式转换到高速模式，等待 STM32 开始信号结束后，DHT11 发送响应信号，送出 40 bit 的数据，并触发一次信号采集，开发者可选择读取部分数据。从模式下，DHT11 接收到开始信号触发一次温湿度采集，如果没有接收到 STM32 发送开始信号，DHT11 不会主动进行温湿度采集。采集数据后转换到低速模式，通信过程 1 如图 11-14 所示。

总线空闲状态为高电平，主机把总线拉低等待 DHT11 响应，主机把总线拉低必须大于 18 ms，保证 DHT11 能检测到起始信号。DHT11 接收到 STM32 的开始信号后，等待 STM32 开始信号结束，然后发送 80 μs 低电平响应信号。STM32 发送开始信号结束后，延时等待 20~40 μs，读取 DHT11 的响应信号，STM32 发送开始信号后，可以切换到输入模式，或者输出高电平均可，总线由上拉电阻拉高。通信过程 2 如图 11-15 所示。

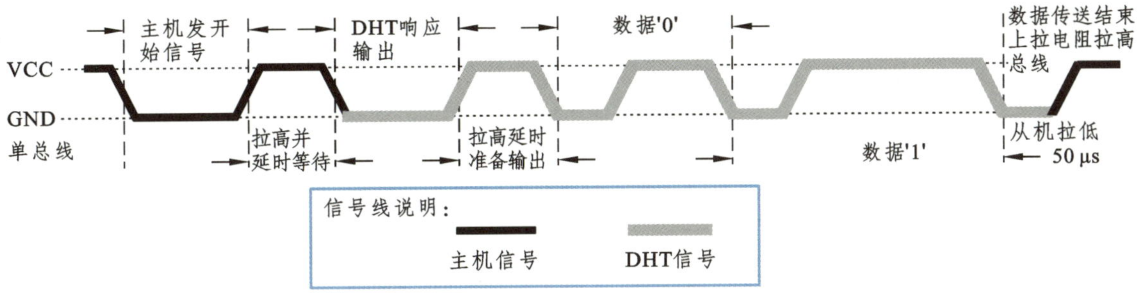

图 11-14　通信过程 1

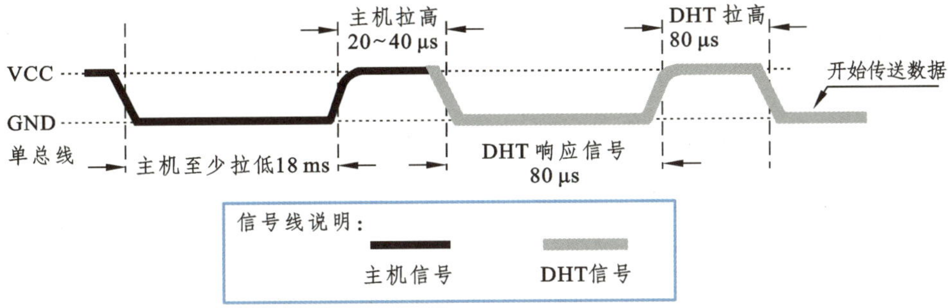

图 11-15　通信过程 2

3. 模块硬件原理图

温湿度模块原理图如图 11-16 所示，DHT11 模块的 DATA 引脚连接到了 STM32 的 PE13，调试 LED 的控制引脚连接到 STM32 的 PB13。

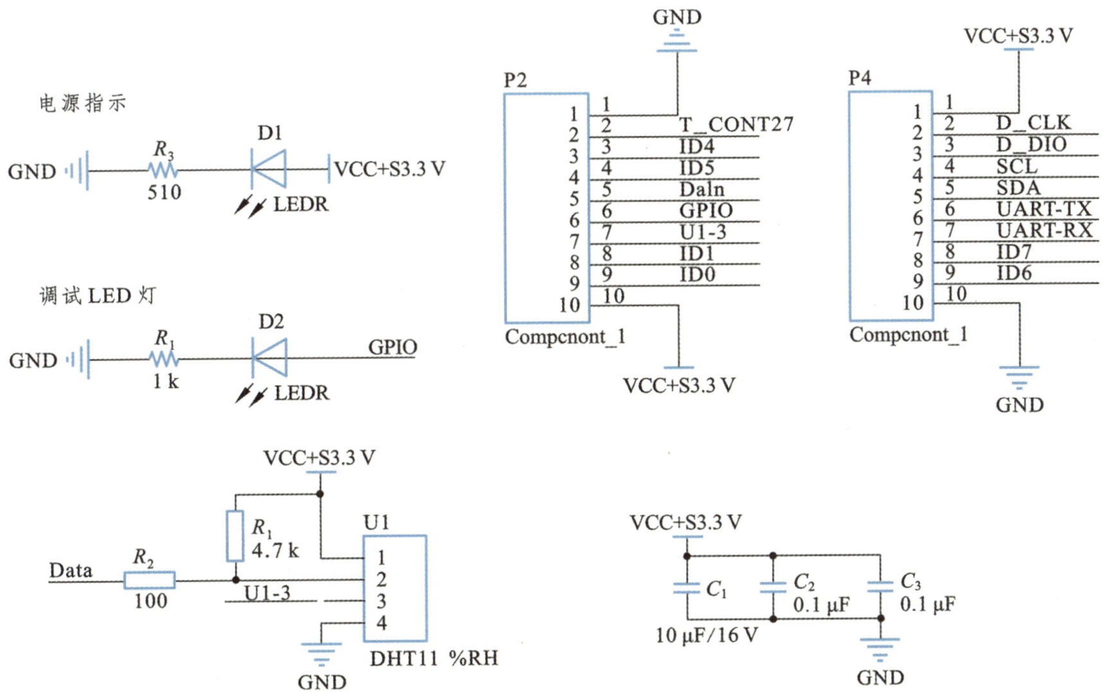

图 11-16　温湿度模块原理图

11.2.3 程序设计

要实现环境温度信息采集，需要对 STM32 的通用 I/O 模拟的单总线接口进行程序设计，使之符合 DHT11 设置和数据读取需要的时序，才能正确读取到温湿度数据。程序设计流程图如图 11-17 所示。

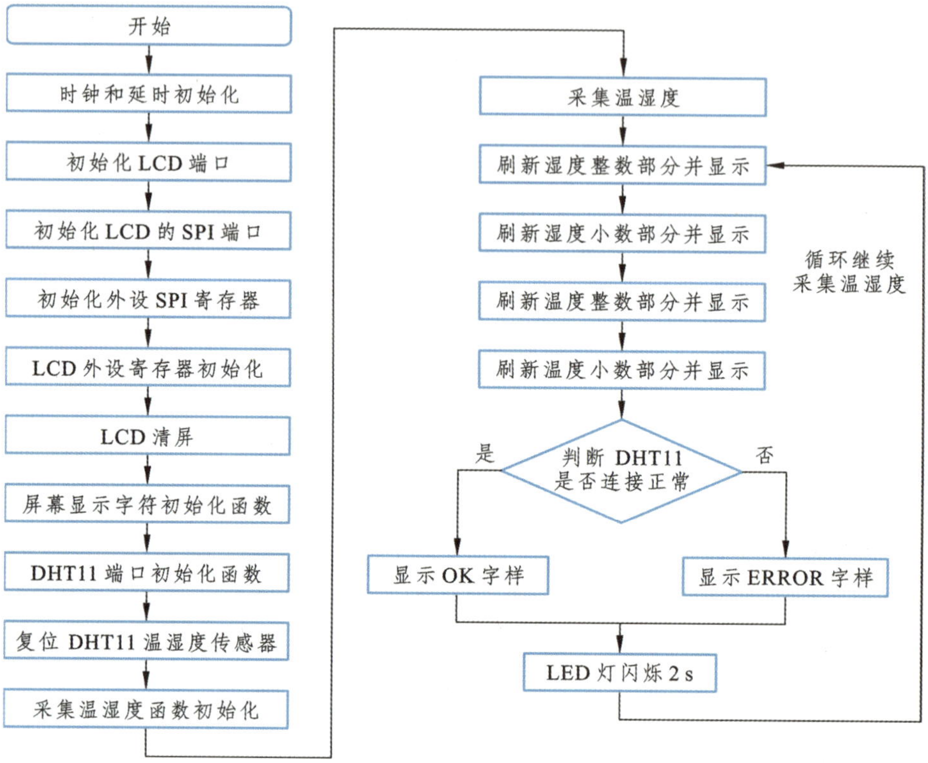

图 11-17 软件设计流程图

1. 头文件定义

头文件里定义了湿度数据数组 HUMI[2]、温度数据数组 TEMP[2]，相关标志位连接 DATA 的 STM32 通用 I/O，以及连接 LED 的 STM32 通用 I/O。

```
extern u8 HUMI[2];
extern u8 TEMP[2];
extern u8 check_bit;
extern u8 check_read;
extern u8 check_add;
#define DATA_L          (GPIOE->BSRRH = GPIO_Pin_13)
#define DATA_H          (GPIOE->BSRRL = GPIO_Pin_13)
#define READ_DATA       GPIO_ReadInputDataBit(GPIOE,GPIO_Pin_13)
#define DHTLED_OFF      (GPIOB->BSRRH = GPIO_Pin_13)
#define DHTLED_ON       (GPIOB->BSRRL = GPIO_Pin_13)
```

2. 主要函数

本次实验需要用到若干如表 11-2 所示已经设计好的函数，学习者直接调用即可。

表 11-2　主要函数

函数名称	函数功能
void gpio_DHT11_init(void)	DHT11 温度传感器初始化
void data_out_mode(void)	DHT11 数据端口-输出模式配置
void data_in_mode(void)	DHT11 数据端口-输入模式配置
void dht11_read(void)	读 DHT11 温湿度传感器数据
void touch_gpio_init(void)	触摸按键初始化
u8 touch_scan_fun(void)	触摸按键扫描函数
void cppy_fun(u8 *p_copy,u8 *p_patse,u16 len)	数组复制函数
u8 crc_fun(u8 *p,u8 len)	CRC 校验函数
void GetUniqueMacAddress(void)	获取 MAC 地址
void cmd_race_fun(void)	接收返回命令函数
void Scan_reply_fun(void)	扫描回复函数
void ID_set_fun(void)	ID 设置函数
void Return_status_fun(void)	返回状态函数
void race_cmd_buf_init(void)	命令数组的初始化
void cmd_explan(void)	命令解析函数

3. 主函数模块

主函数模块里完成 LCD、SPI 接口的初始化，定义里用到的 STM32 通用 I/O 初始化后，进入 while(1)循环函数一直运行。

```
int main(void)
{
        delay_Init();                   //延时函数初始化
        LCD_GPIO_Init();                //LCD 用到的 GPIO 初始化
        SPI_Config_Init();              //LCD 用到的 SPI 接口初始化
        LCD_Init();                     //使用 SPI 接口对屏初始化
        DHT11_GPIO_Config();
        LCD_Clean(BACKGROND);
        LCD_ShowString(0, 0, "Humidity:", 32, GREEN);
        LCD_ShowString(232, 0, ".", 32, TYPEFACE);
        LCD_ShowString(280, 0, "%", 32, GREEN);
        LCD_ShowString(0, 32, "Temperature:", 32, GREEN);
        LCD_ShowString(232, 32, ".", 32, TYPEFACE);
        LCD_ShowString(280, 32, "C", 32, GREEN);
```

```
        LCD_ShowString(0, 208, "Check:", 32, GREEN);
        DHTLED_GPIO_Config();
        DHT11_GPIO_Config();
        /*复位 DHT11*/
        DATA_H;
        delay_ms(500);
        DATA_L;
        while(1)
      {
          DHT11_ReadData();//采集温湿度函数
          LCD_Draw_Rect_Win(200,0,32,32,BACKGROND);
          LCD_Draw_Rect_Win(248,0,32,32,BACKGROND);
          LCD_ShowNum(200, 0, HUMI[1], 2, 32, TYPEFACE);
          LCD_ShowNum(232, 0, HUMI[0], 2, 32, TYPEFACE);
          LCD_Draw_Rect_Win(200,32,32,32,BACKGROND);
          LCD_Draw_Rect_Win(248,32,32,32,BACKGROND);
          LCD_ShowNum(200, 32, TEMP[1], 2, 32, TYPEFACE);
          LCD_ShowNum(232, 32, TEMP[0], 2, 32, TYPEFACE);
          LCD_Draw_Rect_Win(96,208,80,32,BACKGROND);
          if(check_bit==1)
          {    LCD_ShowString(96, 208, "ok", 32, TYPEFACE);          }
  else
  {       LCD_ShowString(96, 208, "error", 32, TYPEFACE);    }
          DHTLED_ON;
          delay_ms(1000);
          DHTLED_OFF;
          delay_ms(1000);
      } //end of while(1)
  }
```

4. 温湿度配置模块

温湿度采集模块有温湿度传感器初始化函数、温湿度传感器读取寄存器函数和温湿度传感器获取数据函数。

```
/*************************************************************************
函数原型：void DHTLED_GPIO_Config(void)
函数功能：模块 LED 端口配置
*************************************************************************/
void DHTLED_GPIO_Config(void)
```

```
{
        GPIO_InitTypeDef GPIO_InitStructure;//声明一个结构体
        RCC_AHB1PeriphClockCmd(RCC_AHB1Periph_GPIOE, ENABLE);
        GPIO_InitStructure.GPIO_Pin = GPIO_Pin_13;
        GPIO_InitStructure.GPIO_Speed = GPIO_Speed_100MHz;
        GPIO_InitStructure.GPIO_Mode = GPIO_Mode_OUT;
        GPIO_InitStructure.GPIO_OType = GPIO_OType_PP;
        GPIO_InitStructure.GPIO_PuPd = GPIO_PuPd_NOPULL;
        GPIO_Init(GPIOB, &GPIO_InitStructure);
}
/*****************************************************************************
函数原型：void DHT11_GPIO_Config(void)
函数功能：DHT11 端口配置
输入参数：无
输出参数：无
*****************************************************************************/
void DHT11_GPIO_Config(void)
{
        GPIO_InitTypeDef GPIO_InitStructure;//声明一个结构体
        RCC_AHB1PeriphClockCmd(RCC_AHB1Periph_GPIOE, ENABLE);
        GPIO_InitStructure.GPIO_Pin = GPIO_Pin_13;
        GPIO_InitStructure.GPIO_Speed = GPIO_Speed_100MHz;
        GPIO_InitStructure.GPIO_Mode = GPIO_Mode_OUT;
        GPIO_InitStructure.GPIO_OType = GPIO_OType_PP;
        GPIO_InitStructure.GPIO_PuPd = GPIO_PuPd_NOPULL;
        GPIO_Init(GPIOE, &GPIO_InitStructure);
}
/*****************************************************************************
函数原型：void DHT11_GPIO_Config(void)
函数功能：DHT11 端口配置为输出模式
*****************************************************************************/
void DHT11_GPIOOutputMode(void)
{
        GPIO_InitTypeDef    GPIO_InitStructure;
        GPIO_InitStructure.GPIO_Pin = GPIO_Pin_13;
        GPIO_InitStructure.GPIO_Speed = GPIO_Speed_100MHz;
        GPIO_InitStructure.GPIO_Mode = GPIO_Mode_OUT;
        GPIO_InitStructure.GPIO_OType = GPIO_OType_PP;
        GPIO_InitStructure.GPIO_PuPd = GPIO_PuPd_NOPULL;
```

```
        GPIO_Init(GPIOE, &GPIO_InitStructure);
}
/***************************************************************************
函数原型：void DHT11_GPIOInputMode(void)
函数功能：DHT11 端口配置为输入模式
***************************************************************************/
void DHT11_GPIOInputMode(void)
{
        GPIO_InitTypeDef    GPIO_InitStructure;
        GPIO_InitStructure.GPIO_Speed = GPIO_Speed_100MHz;
        GPIO_InitStructure.GPIO_Mode = GPIO_Mode_IN;
        GPIO_InitStructure.GPIO_OType = GPIO_OType_PP;
        GPIO_InitStructure.GPIO_PuPd = GPIO_PuPd_NOPULL;//no pull

        GPIO_InitStructure.GPIO_Pin = GPIO_Pin_13;//DATA
        GPIO_Init(GPIOE, &GPIO_InitStructure);
}
```

5. 温湿度采集模块

温湿度采集模块有温湿度传感器初始化函数、温湿度传感器读取寄存器函数和温湿度传感器获取数据函数。

```
u8 HUMI[2];
u8 TEMP[2];
u8 check_bit;
u8 check_read;
u8 check_add;
/***************************************************************************
函数原型：void DHT11_ReadData(void)
函数功能：采集温湿度数据
***************************************************************************/
void DHT11_ReadData(void)
{
        u8 i;
        u8 loop_bit;                //循环标志
        u8 read_data_new;           //读取到新的数据
        u8 read_data_old;           //旧的数据
        u16 count;
        u16 data_H_buf[100];
        u16 time_buf[100];
```

```
u8 buf_count;
for(i=0;i<100;i++)                    //数组清空
{
  time_buf[i] = 0;
  data_H_buf[i] = 0;
}
DHT11_GPIOOutputMode();  //配置 DHT11 引脚为输出模式

DATA_L;                               //复位 DHT11
delay_ms(20);
DATA_H;

DHT11_GPIOInputMode();               //配置 DHT11 引脚为输入模式

loop_bit = 1;                              //循环标志置位
buf_count = 0;                                               //数组计数清 0

while(loop_bit)//进入循环
{
  read_data_new = READ_DATA;                                 //读取 IO 口电平状态
  if((read_data_new==0)&&(read_data_old==1))              //如果是下降沿
  {
        time_buf[buf_count] = count;//保存时间累加数据
        buf_count++;                                     //数组地址加 1
        count = 0;                                           //计数清
  }
  if((read_data_new==1)&&(read_data_old==0))              //如果是上升沿
  {
        count = 0;                                           //计数器清 0
  }
  read_data_old = read_data_new;                              //保存上一次电平状态
  count++;                                                //时间计数自加
  if(count>=2000)                                          //如果超时
  {
        count = 0;                                           //清 0
        loop_bit = 0;                                    //跳出循环
  }
}
```

```
for(i=0;i<40;i++)                                    //提取有用的数据
{
 data_H_buf[i] = time_buf[i+2];
}
HUMI[0] = 0;            //变量初始化
HUMI[1] = 0;            //变量初始化
TEMP[0] = 0;            //变量初始化
TEMP[1] = 0;            //变量初始化
check_read = 0;         //变量初始化

for(i=0;i<8;i++)              //计算第一个字节
{
 HUMI[1] = HUMI[1]<<1;              //先左移一位
 if(data_H_buf[i]>200)                  //判断时间，如果大于 200
 {
      HUMI[1] = HUMI[1]|0x01;        //置 1
 }
}
for(i=0;i<8;i++)
{
 HUMI[0] = HUMI[0]<<1;
 if(data_H_buf[i+8]>200)
 {
      HUMI[0] = HUMI[0]|0x01;
 }
}
for(i=0;i<8;i++)
{
 TEMP[1] = TEMP[1]<<1;
 if(data_H_buf[i+16]>200)
 {
      TEMP[1] = TEMP[1]|0x01;
 }
}
for(i=0;i<8;i++)
{
 TEMP[0] = TEMP[0]<<1;
 if(data_H_buf[i+24]>200)
```

```
            {
                TEMP[0] = TEMP[0]|0x01;
            }
        }
        for(i=0;i<8;i++)
        {
          check_read = check_read<<1;
          if(data_H_buf[i+32]>200)
            {
                check_read = check_read | 0x01;
            }
        }
        check_add = HUMI[0] + HUMI[1] + TEMP[0] + TEMP[1];     //校验和
        if((check_add==check_read)&&(buf_count!=0))  //如果校验正确
        {
          check_bit = 1;
        }else{
          check_bit = 0;
        }
}
```

11.2.4　系统功能调测

1. 程序编译与功能调测

焊接好的温湿度 PCB 板实物如图 11-18 所示。

图 11-18　温湿度 PCB 板

进行调测前，先将温湿度 PCB 板连接 STM32 口袋机和多功能板。在 Keil 编译环境中打开项目文件，整个项目的工程文件见程序文件部分。编译无误后，连接 JC-Link 下载器将程序下载到口袋机，整个系统由 JC-Link 的 USB 连接口提供电源，程序运行后温湿度实时数据会在口袋机 LCD 上显示，如图 11-19 所示。

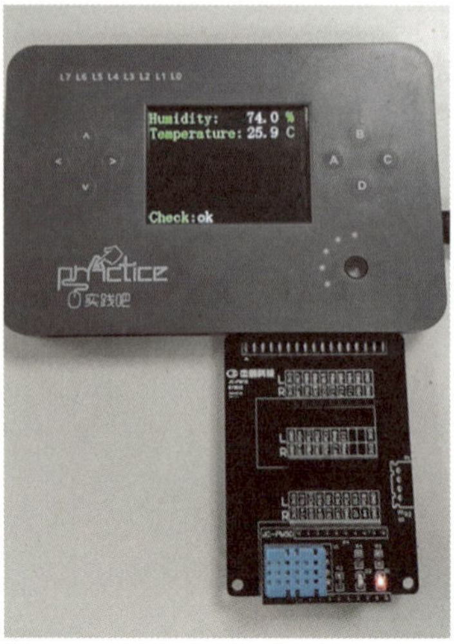

图 11-19　温湿度 PCB 板调测

在屏幕上显示解码后的数据，湿度为 74.0%，温度为 25.9℃。

2. 产品设计与应用

应用上述硬件设计和程序工程文件，考虑结构设计进行适当修改，就可以设计出实用的产品，如图 11-20 所示。

图 11-20　温湿度计实物

实用型智能环境探测系统除了通过温湿度传感器完成对环境温湿度的数据采集外，还包含有数据通信传输接口，由处理器转换为数据进行显示或者变换成电信号进行传输，根据控制需要，还可以增加相应的联动控制系统。包含数据传输和联动控制系统的系统功能框图如图 11-21 所示。

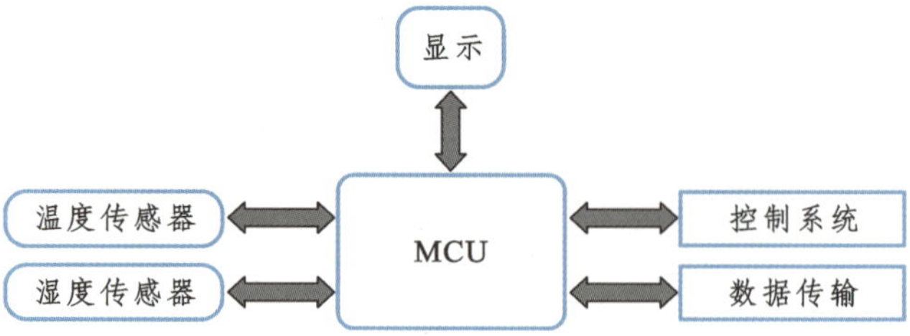

图 11-21　智能环境探测系统功能框图

智能环境探测系统应用广泛，图书馆的温度需保持在 5~25℃，以 25%~60%为宜。环境温度湿度作为图书馆的一项重要环境指标，良好的温湿度环境能保障图书的保存质量，决定着馆内存放书籍的使用期限，所以对图书馆温湿度进行实时检测、监控、管理是很重要的。

11.3　智能回收桶改造训练

前面已经学习了智能光电开发的相关流程，也已经完成了智能吸顶灯应用场景设计和智能环境探测系统设计，本节内容是改造设计一个更加具体的案例，完整地演示智能光电相关开发的全部流程，帮助大家进一步掌握智能光电产品各环节内容。

下面将对传统垃圾桶进行改造，增加智能化功能，并通过无线通信的方式实现对智能回收桶的控制，主要内容涉及智能回收桶的功能设计、硬件系统、通信协议、程序编写等。根据控制协议可以通过上位机实现对智能回收桶的控制，也可以通过应用场景部署平台实现，方便、快捷地获取回收桶相关状态的数据和对智能回收桶进行智能化管理。

11.3.1　功能设计

智能光电产品已经进入人们的日常生活，在传统垃圾桶的基础上，通过改造实现功能更丰富且智能化的智能回收桶颇具意义。智能回收桶功能设计见表 11-3。

表 11-3　智能回收桶功能设计

序号	功能名称	功能说明
1	触摸按键	使用高温度触摸芯片传感器实现功能
2	一键自动打包	长按触摸按键，自动打包
3	自动换袋	自动打包完成后，电机、风机动作产生负压，实现自动换袋功能
4	红外感应开合	红外对射传感器利用光纤反射原理感应手的存在，实现红外感应功能
5	LED 灯光控制	安装 LED 蓝色灯带实现灯光照明功能
6	蜂鸣器报警	安装有源蜂鸣器，实现报警提示
7	超载检测	利用称重传感器实现重量检测，液晶显示重量数据
8	无线端点	可兼容 433M、Lora、蓝牙等多种通信方式，每个设备都有独自 ID，实现无线端点配置
9	可燃气体检测	利用 MQ5 气体传感器检测空气中的有毒气体
10	温度检测	选用数字温度传感器，实现温度测量功能
11	检测振动开启小盖	选用振动传感器，实现振动测量功能

通过对传统垃圾桶进行功能改造，形成具有触摸按键一键打包、自动换袋、红外感应开合、LED 灯光控制、蜂鸣器报警、超载检测、无线端点、可燃气体检测、温度检测、检测振动开启小盖等功能丰富的智能回收桶。下面对部分功能进行详细介绍。

1. 红外感应开盖功能

在智能回收桶的上盖边上有一个红外反射式距离传感器，当有物体靠近时，智能回收桶的小盖会自动开启，投放垃圾。当要把废弃物投入感应桶内时，只需将废弃物或手进入感应区，桶盖便会自动向上开启，待把废弃物投入桶内，手离开感应区一定时间后，桶盖又会自动关闭，人员无须接触感应桶的任何部位。若手或物体不离开感应区，桶盖将一直处于开启状态。

2. 一键自动打包功能

在正面的上方有一个圆形的触摸按键，按一下后，开始执行自动打包程序。打包原理是利用在智能回收桶的盖子下面的两个滑杆，分别由两个直流电机驱动，能够沿水平面的 X 方向和 Y 方向水平移动，将垃圾袋收紧，X 轴和 Y 轴是机械联动的，由一个电机控制。当电机运动到终点的两个限位开关处时会停止转动，然后控制盖子下的一个电热丝工作，将垃圾袋收紧的部分加热，局部融合，再熔断，实现封口并熔断功能。

3. 自动换袋功能

在智能回收桶的内部有一个红外发射管和一个红外接收管，红外发射管一直发送信号，当封口后的垃圾袋被拿出后，红外接收管可以收到信号，用于检测垃圾袋是否被拿出。当检测到打包好的垃圾被拿出后，控制智能回收桶里面的风扇工作，向外吹风，利用负压，将新的垃圾袋充满垃圾桶，实现自动装袋功能。

4. 称重功能

智能回收桶的内部设计了一个称重传感器，可以实时检测垃圾的重量。

5. 温度及可燃气体检测功能

智能回收桶选用数字温度传感器，实现温度测量功能。设计有 MQ5 气体传感器，检测厨房和其他环境等空气中的有毒气体泄漏。

11.3.2 硬件系统

1. 硬件系统构成

智能回收桶的硬件系统主要由智能回收桶控制板、STM32 口袋机、上位机应用场景部署平台三部分构成。

智能回收桶控制板是本项目的主要硬件设计部分，它包含回收桶所需的各种传感器接口电路、控制电路和电源电路。控制板设计了与 STM32 口袋机相匹配的控制接口，实现将了 STM32 口袋机作为控制器对智能智能回收桶的直接控制，简化了整个硬件部分的设计工作。

上位机应用场景部署平台是一种智能光电设备的管理平台，运行部署平台软件的计算机连接的无线收发器，通过无线通信方式与智能回收桶进行无线数据交互，实现对设备的管理。平台软件具有与智能回收桶进行数据存储、交换、分析功能，是对智能回收桶单机独立工作基础上的功能扩充。同时，平台软件还能对多台设备提供物联网设备间基于互联网的存储、访问、控制，支持人机交互功能，操作界面友好、交互性强，实现了设备端和 Web 端与智能回收桶的远程交互、多样化场景应用等。

硬件系统构成如图 11-22 所示。

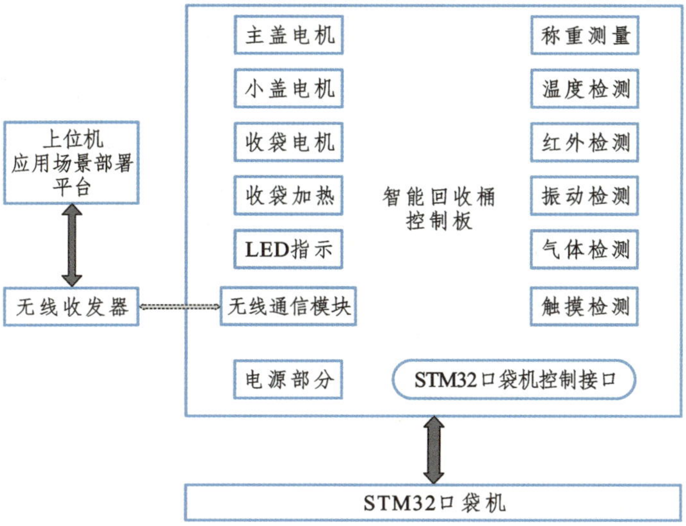

图 11-22　硬件系统构成

2. 器件选型与原理图设计

电源电路部分稳定、可靠是一个完整电控系统能稳定工作的前提，设计时首先需要考虑所选用的电源芯片能保证稳定的电压和足够的电流，其次需要考虑防止外部的干扰及减少对系统信号的干扰。根据本项目功率估算、实际开发选型、用到的传感器和相关电路单元供电要求，设计了三个不同电压要求的电路。

电源电路原理图如图 11-23 所示。电源适配器提供的 12 V 作为外接电源输入，C_1 与 C_2 为滤波补偿电容，F5 为自恢复保险，做过流和保护用，D7 为电源指示灯，当 12 V 电源接入电路后 D7 点亮。

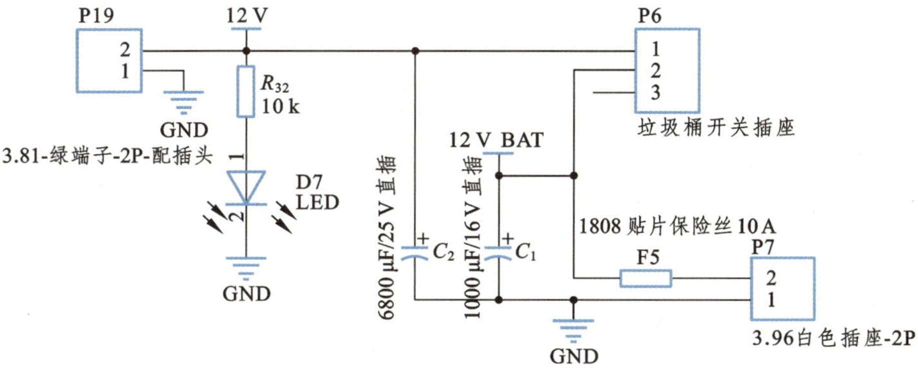

图 11-23　电源电路原理图

12 V→5 V 降压电路原理图如图 11-24 所示。12 V 转 5 V 同步降压电路采用 DC/DC 同步降压电路，一般使用开关电源芯片做电源拓扑和反馈补偿，利用电感储能特性，通过 PWM 驱动与反馈的机制进行降压。本电路使用的降压芯片型号为 TPS54332D，参考芯片手册搭建降压拓扑电路，从芯片手册可知输出电压计算公式为

$$V_O = 0.8 \times (1+R_1/R_2) = 0.8 \times (1+10/1.8) \approx 5.2\ (\mathrm{V})$$

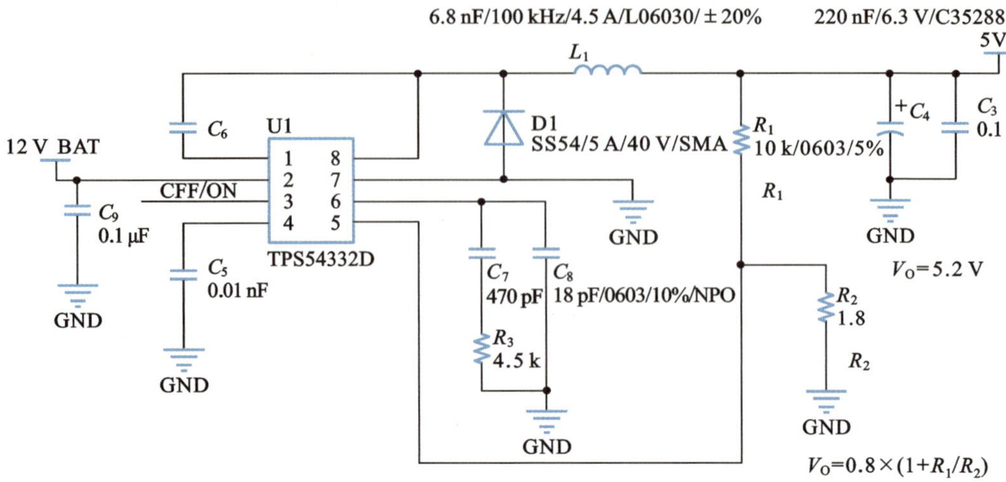

图 11-24 12 V→5 V 降压电路原理图

5 V→3.3 V 降压电路原理图如图 11-25 所示。5 V 转 3.3 V 电路选用成熟稳定的 LDO 降压芯片 ASM1117-3.3 V，C_{13} 和 C_{14} 为滤波电容，当 5 V 和 3.3 V 电源电路工作正常时 D5 和 D6 分别点亮。

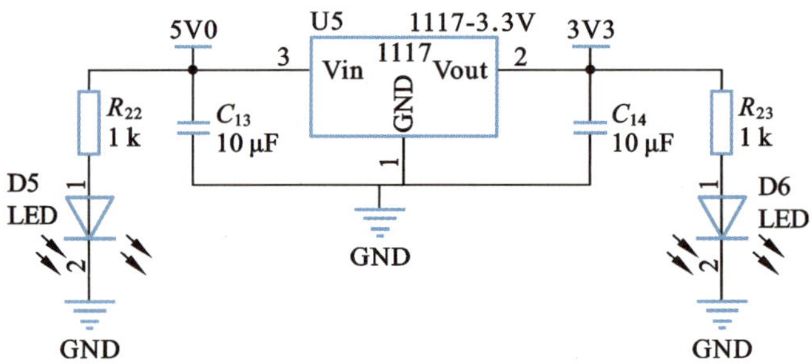

图 11-25 5 V→3.3 V 降压电路原理图

在设计传感器外围工作电路时，首先要参考传感器数据手册的典型电路，根据手册参考实际应用电路的设计，另外要注意电路的稳定性与可靠性，增加滤波与防护处理。

气体检测传感器外围电路图如图 11-26 所示。MQ5 气体传感器电路：根据传感器手册可知，MQ5 气体传感器的工作电压为 5 V，R_{15} 与传感器内部电化学物质组成串联电阻，C_{21} 用作信号滤波，滤除高频干扰。ADC1 与单片机的 GPIO_B1 处于同一网络，将模拟信号送入单片机进行采样。

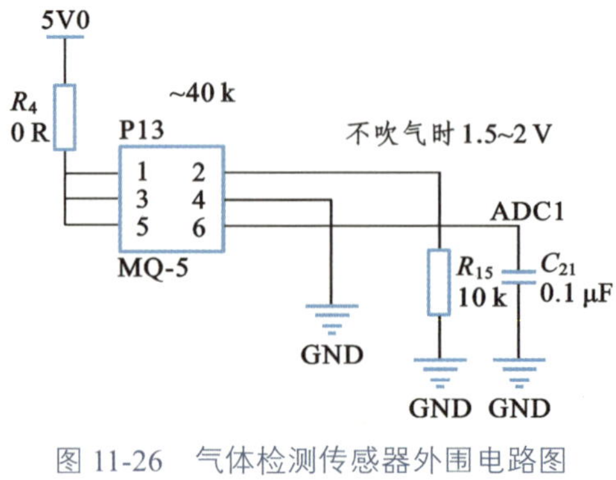

图 11-26 气体检测传感器外围电路图

振动传感器连接电路图如图 11-27 所示。振动传感器与 R_{20} 组成串联网络，ZD 网络连接到单片机端口，默认状态下 ZD 为高电平，当检测到振动时，ZD 变为低电平，此时，单片机检测到低电平发生一次外部触发中断。

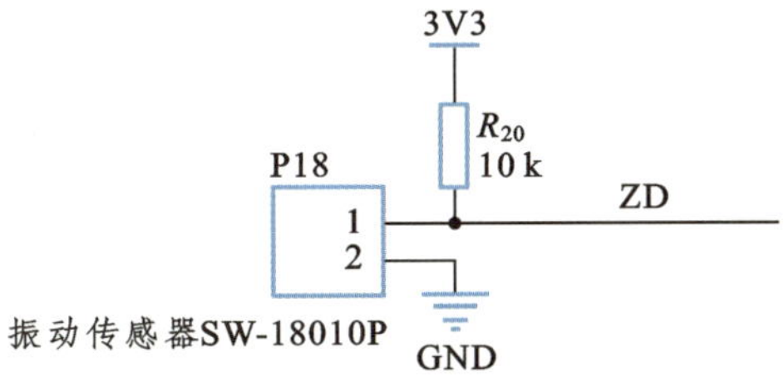

图 11-27　振动传感器连接电路图

温度传感器连接电路图如图 11-28 所示。温度传感器选用单总线器件 DS18B20，C_{22} 为滤波旁路电容，R_{16} 为上拉电阻。

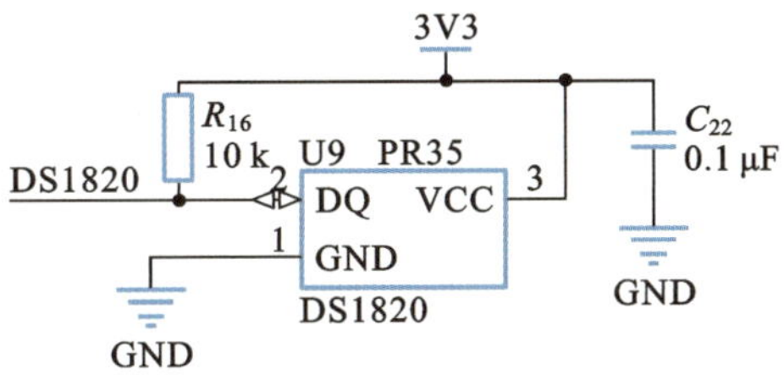

图 11-28　温度传感器连接电路图

电压检测电路图如图 11-29 所示。R_{30} 与 R_{31} 串联分压，将 12 V 电压降低，取 R_{31} 两端电压作为采样电压，C_{23} 为滤波电容，D4 稳压二极管为保护管，始终将电压钳制在 3 V 以内。

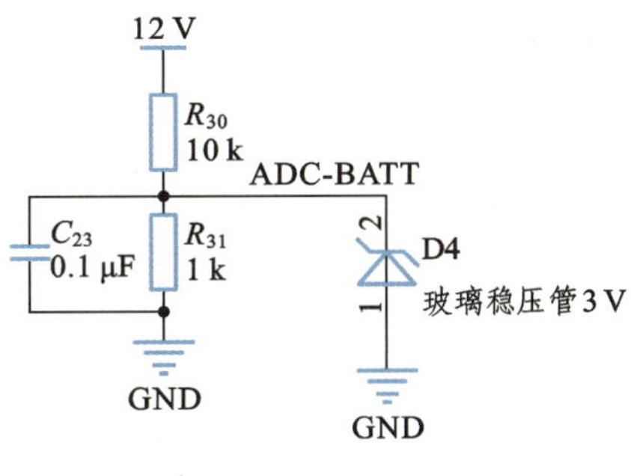

图 11-29　电压检测电路图

主盖检测开关电路图如图 11-30 所示。主盖检测开关电路接口 P3 信号输出端默认状态为高电平，当检测开关闭合，则输出一个低电平信号。同样 P4 也是一个接线端子，将智能回收桶原有传感器的信号线引出，送入 STM32 口袋机进行信号检测或控制。

称重传感器信号调理电路图如图 11-31 所示。CS1237 为称重测量专用芯片，采集两路模拟量，FB1 与 C_{18}、C_{19}、C_{20} 组成 Π 型滤波电路，为整个称重传感器提供一个纯净的电源，REF3025 为电压基准源，为 U7 提供一个稳定的电压参考基准。

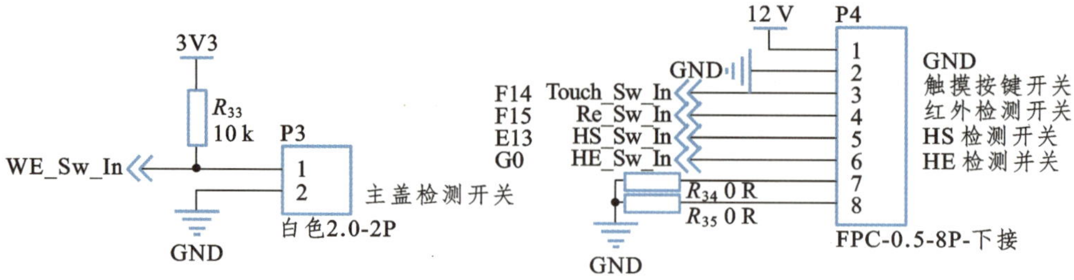

图 11-30　主盖检测开关电路图

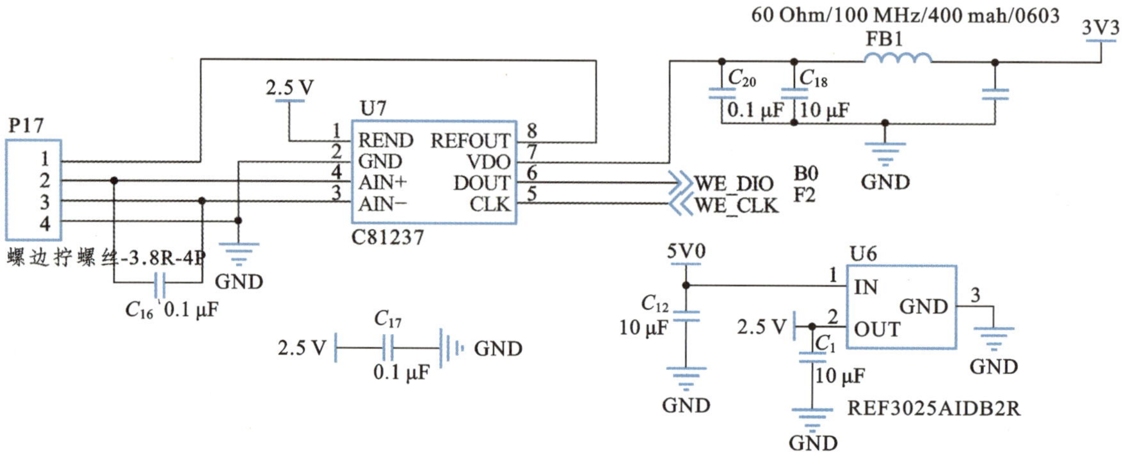

图 11-31　称重传感器信号调理电路图

红外接收电路图如图 11-32 所示。VS1838 为红外一体化接收头，用以接收回收桶内部红外发射管发出的信号。

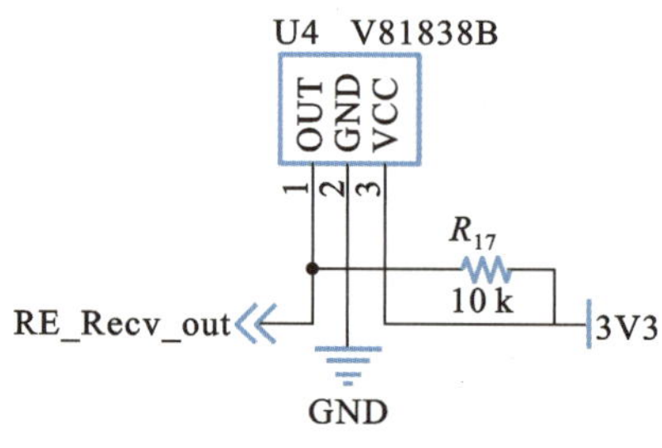

图 11-32　红外接收电路图

电机驱动电路图如图 11-33 所示。智能回收桶内部动作执行装置由多个电机组成，使用 H 桥芯片做电机的驱动，LV8548MC 为双 H 桥驱动芯片，F1、F2、F3 为自恢复保险，当电机堵转时自恢复保险断开，起到过流保护的作用，R_{21}、R_{25}、R_{26}、R_{27}、R_{28}、R_{29} 为下拉电阻，默认状态下 OUT 口输出为低电平。P8、P10、P12 为接线端子。

风机电机驱动电路图如图 11-34 所示。由于风机的工作电流较大，所以选用大功率 MOS 管作为风机的驱动。

加热及 LED 电路图如图 11-35 所示。自动打包完成后，电热丝加热，垃圾袋封口融化后自动封口。加热丝工作电流较大，因此同样使用大功率 MOS 管作为驱动管。回收桶内部 LED 和红外发射管灯使用小功率 MOS 管驱动。

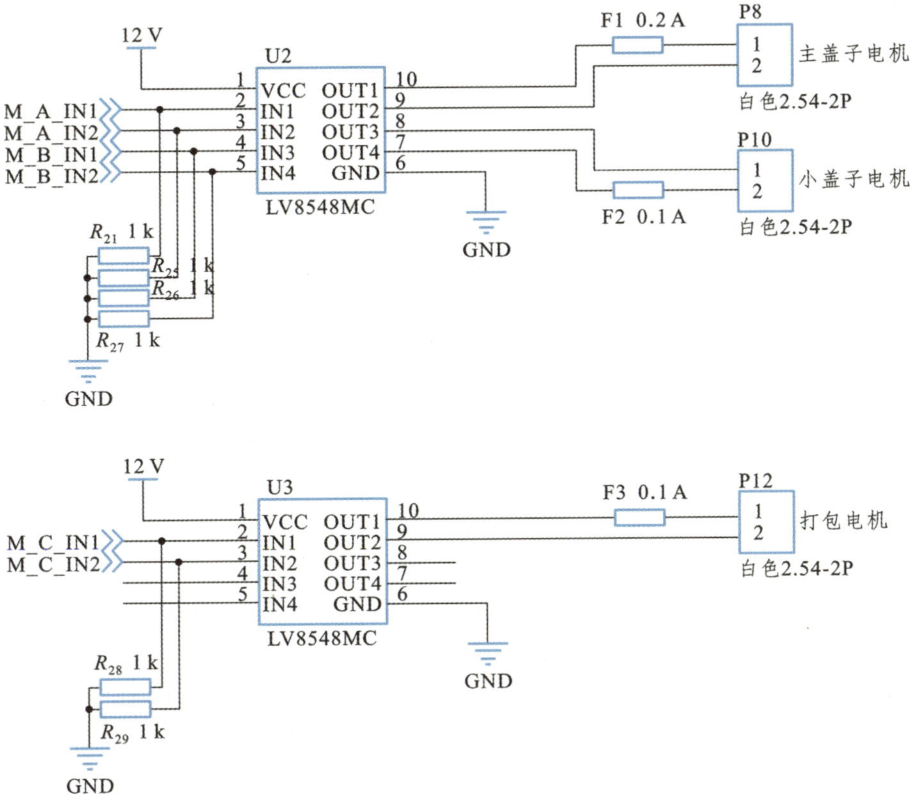

图 11-33　电机驱动电路

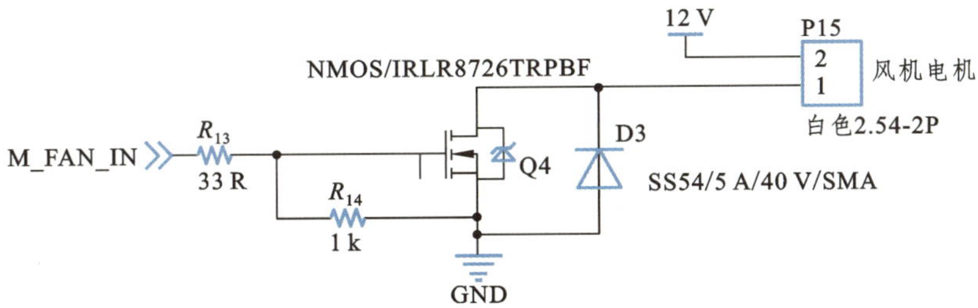

图 11-34　风机电机驱动电路图

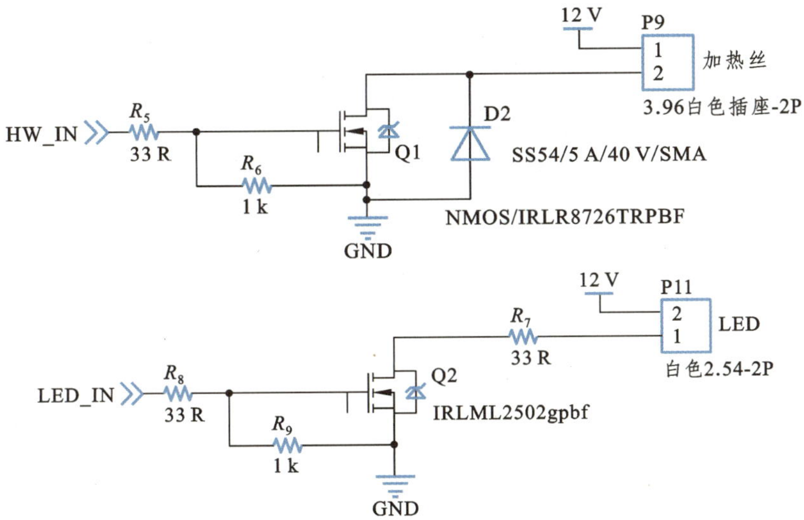

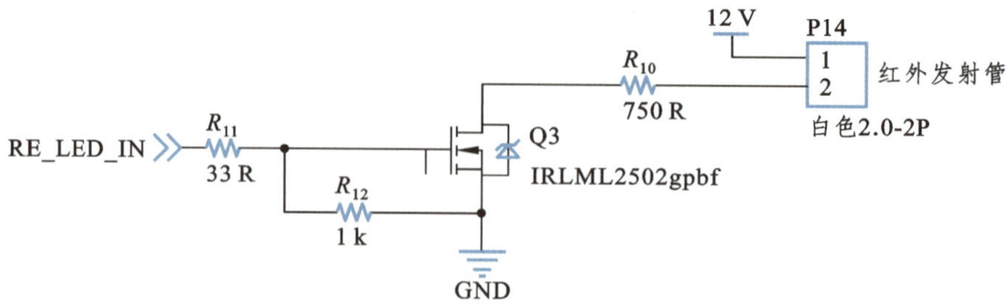

图 11-35　加热及 LED 电路

通信部分电路图如图 11-36 所示。P1 为 433 MHz 无线通信模组插座，P20 为备用的 Lora 模组插座，由于单片机引出的串行接口只有一个，所以使用 74HC4052 作为模拟开关芯片，做两路通信切换用。

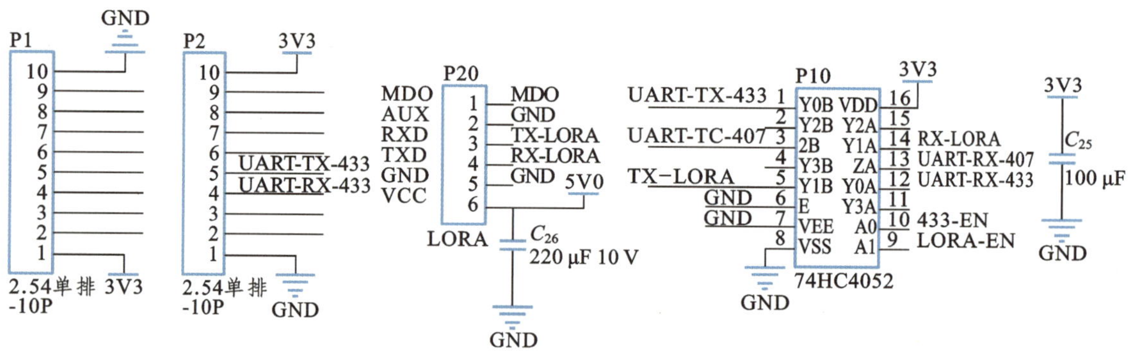

图 11-36　通信部分电路图

3. 无线通信模块介绍

无线通信模块采用 433 MHz 无线通信模组，采用 Si4438 无线通信芯片，载波频率 425~525 MHz，供电电压 3.3 V。模块可设置通道并保存到 EEPROM，掉电不丢失，可应用于单机和多机通信，如图 11-37 所示。

图 11-37　无线通信模块

4. PCB 图设计

在以上智能回收桶原理图的基础上进行了 PCB 图设计，依据智能回收桶给定的外形就能够对元器件进行布局，布局完成后进行布线，布线完成的 PCB 图如图 11-38 所示。

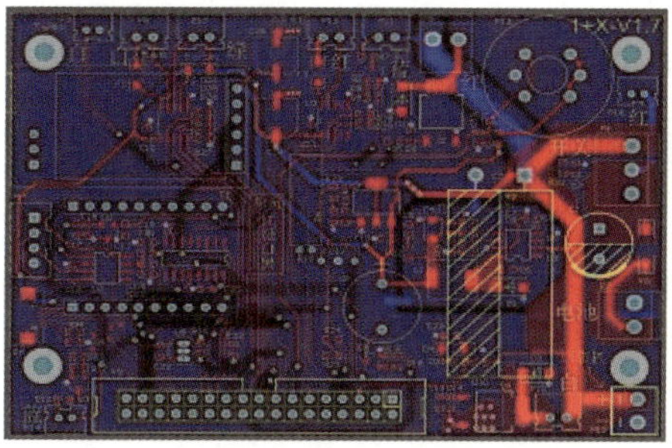

图 11-38　PCB 图

投板加工完成后的电路板实物如图 11-39 所示。

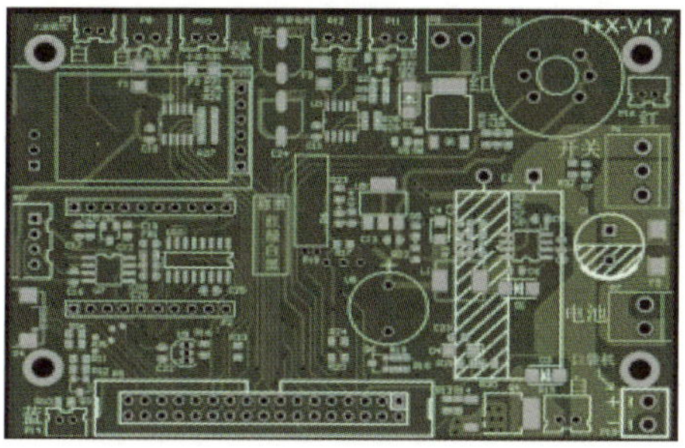

图 11-39　加工完成的电路板

在加工生产电路板的同时，通过 AD 软件导出 BOM 清单交付给采购部门进行电子元器件的采购。按要求编写了项目的元器件 BOM 清单。

PCB 绘制完成后导出 BOM 清单，依照 BOM 清单购置电子元器件，然后进行元器件的焊接，对功能进行调试。焊接好的电路板如图 11-40 所示。

图 11-40　焊接好的电路板

11.3.3　通信协议

智能回收桶采用自定义协议与上位机应用场景部署平台软件通信，智能回收桶设备作为设备端，为被动应答从机，应用场景部署平台为主机，主动发送广播信息。智能光电产品组件主机设备发送的广播地址信息，被被动应答从机接收并进行解析，若解析后的设备地址与广播的目标地址相同，那么从机就会根据主机发送的请求命令类型进行相应的应答，从而完成部署平台与智能光电产品组件回收桶设备的数据通信交互，如图 11-41 所示。

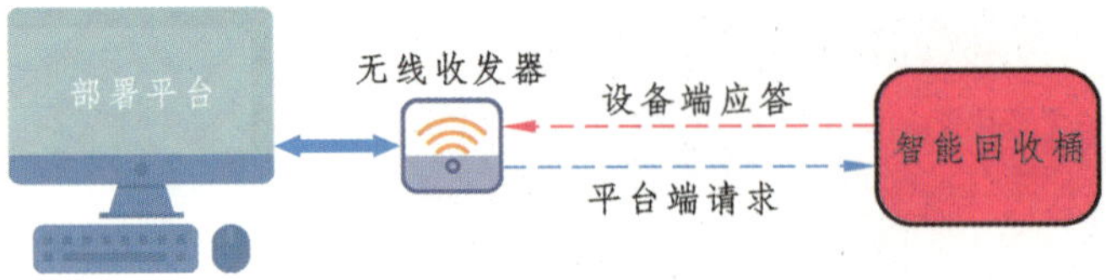

图 11-41　实验原理框图

帧类型和通信命令

发送请求的通信协议格式见表 11-4，应答的通信协议格式见表 11-5。

表 11-4　发送通信协议

序号	功能	长度	内　容	举例
1	帧头	1 B	固定 0x5A	0X5A
2	长度	2 B	低 8 位	0X00
			高 8 位	0X00
3	目的 ID	2 B	低 8 位	0XFF
			高 8 位	0XFF
4	源 ID	2 B	低 8 位	0X00
			高 8 位	0X00
5	帧类型	1 B	解释详见帧类型列表，请扫描二维码	0X01
6	帧序号	1 B	回复帧跟请求帧的序号保持一致	0X1C
7	命令	1 B	解释详见通信命令列表，请扫描二维码	0X00
8	数据	x B	xB 数据域的长度由长度域定义，不同命令数据长度不一样	无
9	校验	1 B	所有字节的异或，取低 8 位	47

表 11-5　应答通信协议

序号	功能	长度	内　容	本案例举例
1	帧头	1 B	固定 0x5A	0x5A
2	长度	2 B	低 8 位	0x14
			高 8 位	0x00
3	目的 ID	2 B	低 8 位	0x00
			高 8 位	0x00
4	源 ID	2 B	低 8 位	0x00
			高 8 位	0x00
5	帧类型	1 B	详见帧类型列表，请扫描二维码	0x33
6	帧序号	1 B	回复帧与请求帧的序号保持一致	0x1C
7	命令	1 B	详见通信命令列表，请扫描二维码	0X00
8	数据	x B	详见通信命令列表，请扫描二维码	M0,M1,M2,M3,M4,M5,0X03,0X01,0X01,0X01,17,2,5,2
9	校验	1 B	所有字节的异或，取低 8 位	

11.3.4　程序设计

智能回收桶程序设计

1. 头文件及主函数

```
/*******控制相应器件的端口对应关系*******
5      A4      红外接收，三极管接收
6      B13
7      A5       加热丝，HW_IN 加热丝 1：加热        TIM2_CH1
8      D7
9      A6      LED，TIM3_CH1
10     F4
11     B0      WE_DIO 称重数据
12     F2      WE_CLK 称重时钟
14     D9      风扇
17     F12     M_C_IN2，收袋轴电机
18     F1      M_C_IN1，收袋电机
19     F13     Buzzer，蜂鸣器
20     D12     M_B_IN2，小盖电机
21     E10     M_B_IN1，小盖电机
22     D14     M_A_IN2，大盖电机
23     E8      M_A_IN1，大盖电机
24     D15     WE_Sw_In，主盖检测开关
25     F14     Touch_Sw_In，触摸按键开关；按下是端口是 1，不按是 0，回收桶没
开机时采集是 0
26     D5      U2_TX
27     F15     Re_Sw_In，红外检测开关
28     E13     HS_Sw_In，HS 检测开关
29     G0      HE_Sw_In，HE 检测开关
32     E15     RE_LED_IN，红外发射二极管，检测塑料袋的
**********/

extern u8 usart1_race_buf[UART1_RACE_MUN];
extern u8 usart1_race_over_bit;
extern u8 usart1_race_count;
extern u8 usart2_race_buf[UART2_RACE_MUN];
extern u8 usart2_race_over_bit;
extern u8 usart2_race_count;
u8 xiaogai_state = 0;       //小盖状态
u8 dagai_state = 0;
u8 zhendong_up_save;   //在执行动作时保存一下振动值
```

```
u8 CS1237_ok_bit; //称重检测值  1是ok   0是有问题
u8 test_mode_bit = 0;  // 1是测试模式  0是运行模式    上电前按住触摸按键进入测试
模式
void test_mode_chack(void)
{
        u8 temp;
        temp = touch_scan_fun();      //扫描口袋机触摸按键
        if(temp!=0)                   //是否有按键按下
          {
          if(temp==BUTTON_LEFT)
            {
             test_mode_bit = 1;
            }
          }
}

int main(void)
{
      delay_Init();                      //延时函数初始化
GPIO_init(GPIO_D,GPIO_Pin_7,GPIO_Mode_OUT,GPIO_OType_PP,GPIO_PuPd_NOPULL);
        PD7_H;
        init_all();                      //所有端口初始化
            bell_fun(1);
        Usart1_Init();                   //串口1初始化
        delay_ms(1000);                //延时
        Usart2_Init();
        gpio_lcd_init();                 //LCD屏初始化
        delay_ms(100);
        STM_SPI1_2_Init();               //SPI接口初始化
        delay_ms(100);                   //延时
        LCD_Init();                      //屏幕初始化
        LCD_Clean(BACKGROND);       //刷屏黑色
        touch_gpio_init();                  //口袋机触摸按键端口初始化
        Adc_Init();
        CS1237_ok_bit = CS1237_test_fun();
        Ds18b20Rst();                       //DS18B20复位
        delay_ms(100);
        test_mode_chack();
```

```
        EXTIX_Init();                  //振动中断配置
        GetUniqueMacAddress();
        read_all_fun();
        LCD_Clean(BACKGROND);          //刷屏黑色
        dis_read_data();
        delay_ms(3000);
        LCD_Clean(BACKGROND);          //刷屏黑色
        bell_fun(1);
        test_in_set_mode();
         while(1)
            {
                run_mode_fun();//智能回收桶本身的传感器采集和控制
                kaiguan_dongzuo_chack_fun();   //应用场景部署平台发送过的开
关和动作的执行                         if(usart2_race_over_bit) //如果无线模块发来的命令
蜂鸣器响一声  然后标志清零
                {
                    bell_fun(1);                    //蜂鸣器响一声
                    usart2_race_over_bit = 0;   //清除标志位
                }
            }
}
```

2. 主要函数

本次实验需要调用若干已经设计好的函数，如数据温度传感器 DS18B20、气体测量模块等，见表 11-6。

表 11-6　主要函数

函数名称	函数功能
DS18B20 数据读取	
u8 Ds18b20ReadBit(void)	从 DS18B20 读取一个位 输出参数：返回这个位，0 或 1
u8 Ds18b20ReadByte(void)	从 DS18B20 读取一个字节 输出参数：返回的字节
void Ds18b20Rst(void)	DS18B20 复位
void Ds18b20WriteByte(u8 dat)	向 DS18B20 写一个字节 输入参数：dat 要写入的字节
u8 Ds18b20Check(void)	等待 DS18B20 的回应 输出参数：1 无响应，0 响应

续表

函数名称	函数功能
void Ds18b20Start(void)	开始温度转换
u16 Ds18b20GetTemp(void)	从 ds18b20 得到温度值 输出参数：温度值（-550~+1 250）
void ds18b20_test(void)	测试温度传感器并显示
void wendu_chack(void)	检测温度是否达到报警值
气体测量模块	
void yanwu_adc_fun(void)	采集气体传感器 ADC 值并显示
触摸按键检测	
void chumo_chack(void)	检测智能回收桶上的触摸按键
红外检测模块	
void hongwai_chack(void)	红外长按或短按检测函数
振动检测模块	
void EXTIX_Init(void)	外部中断初始化函数
void zhendong_test_fun(void)	振动检测函数
void EXTI4_IRQHandler(void)	PF4 外部中断服务函数
电池电压测量模块	
void Adc_Init(void)	ADC 初始化
u16 Get_Adc(u8 ch)	ADC 采集
void batt_adc_chack(void)	电池电压采集
称重模块	
u8 CS1237_test_fun(void)	检测称重芯片是否正常
u32 CS1237_read(void)	称重读取函数
void chengzhong_kedu(void)	称重刻度
风扇模块	
void Fan_fun(void)	风扇运行
大盖模块	
void dagai_test_fun(void)	检测大盖是否到位
void big_lid_open(void)	大盖开启动作
void big_lid_close(void)	大盖关闭动作
收袋模块	
void pack_fun(void)	垃圾袋打包，不开大盖
void dabao_all(void)	打包全部动作

续表

函数名称	函数功能
小盖模块	
void Small_lid_open(void)	小盖开启
void Small_lid_close(void)	小盖关闭
void Small_open_and_close(void)	小盖开启和关闭
开关动作检测模块	
void kaiguan_dongzuo_chack_fun(void)	开关或者动作检测是否需要执行
PWM 加热丝与传感器采集模块	
void TIM2_PWM_Config_PA5(uint16_t period, uint16_t prescaler)	定时器 2 产生 PWM 用于垃圾袋熔断加热丝 输入参数：period 表示周期，prescaler 表示分频系数
void HW_Ctrl_Duty(u16 duty, u16 time_ms)	输入参数：duty 是 PWM 占空比，time_ms 是时间
Flash 模块	
void STMFLASH_Write(u32 WriteAddr,u32 *pBuffer,u32 NumToWrite)	写 Flash
void flash_write_fun(void)	写 Flash
void peizhi_buf_save_to_flash(void)	将配置字节复制到 Flash 字节
void get_peizhi_fun(void)	得到配置字节
void save_bianliang_fun(void)	保存配置字节
void save_buf_fun(void)	把 peizhi_buf 的数据写到 Flash 中
void read_all_fun(void)	读取 Flash 中的内容，并将数据分配给变量
void biaoliang_to_save_buf(void)	将变量赋值给数组
void read_buf_to_bianliang(void)	将数组的值给配置变量
void dis_read_data(void)	LCD 显示变量参数
串口通信协议相关函数	
void cmd_explan(void)	串口收到数据后的解释处理模块
void saomiao_huifu_fun(void)	扫描命令处理模块
void ID_set_fun(void)	设置 ID 命令处理模块
void fanhui_zhunagtai(void)	收到查询命令后处理
void kaiguan_fun(void)	收到开关命令处理模块
void dongzuo_fun(void)	收到动作命令处理模块
void xie_peizhi_fun(void)	收到写配置命令后处理模块
void du_peizhi_fun(void)	收到读配置命令后处理模块

以上函数设计成具有特定功能的程序后，下载到口袋机，并将口袋机、接口板、驱动板、回收桶、433M 无线模块连接成一个系统，打开智能回收桶电源，可以在本地控制回收桶，也可将数据通过 433M 模块传输到运维平台或被运维平台控制。

3. 上位机应用部署平台对智能回收桶的控制

进行硬件的连接，将无线收发器（网关设备）通过 USB 先连接到应用部署平台服务器主机或计算机设备，如图 11-42 所示。

图 11-42　连接无线收发器

打开智能回收桶电源，计算机预装 STM32 下在线驱动，将 STM32 口袋机下载线连接到计算机，根据功能需求对智能回收桶进行编程。程序调试无误后，上电设置智能回收桶 ID（与无线收发器一致）。

4. 应用场景部署平台软件操作

（1）打开浏览器，在网址栏输入 http://localhost:8090/SmartGateWay/#/，登录应用场景部署平台，进入登录主界面。用户名为 admin，密码为 aimin123456，如图 11-43 所示。

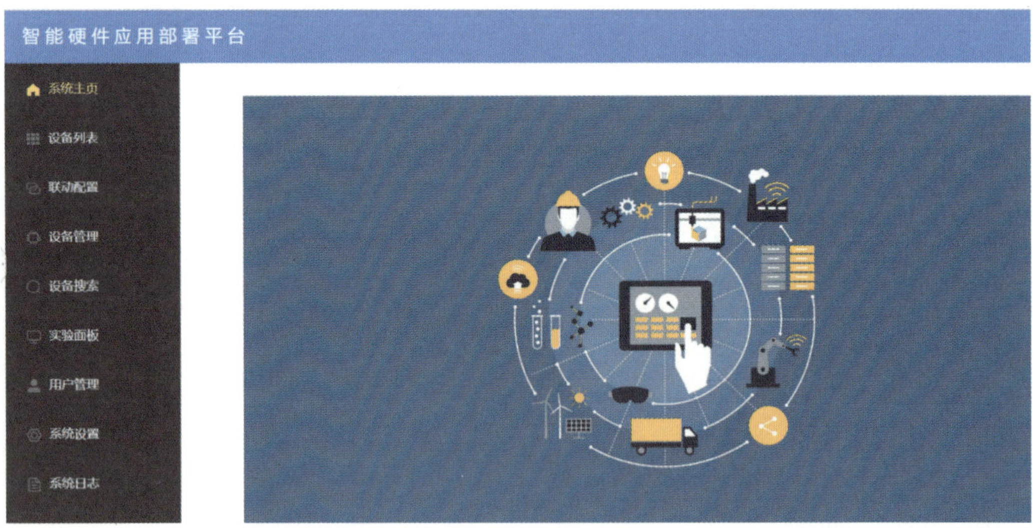

图 11-43　平台主界面

（2）选择通信配置，进行智能回收桶产品组件部署。进入应用场景平台界面，点击系统配置，选择“433 通信配置”，如图 11-44 所示。

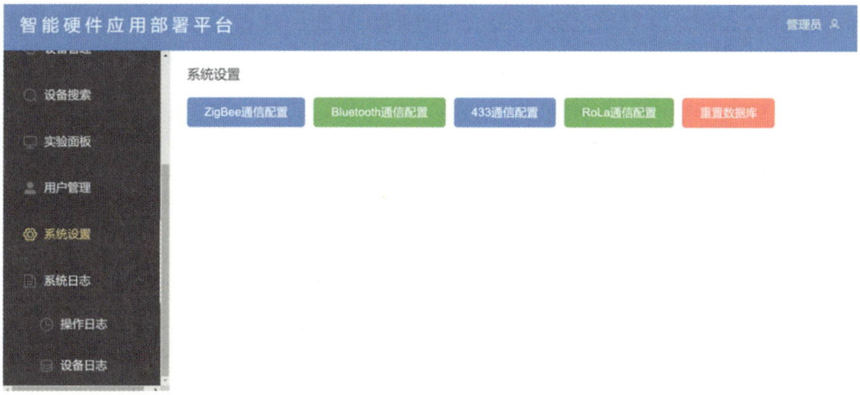

图 11-44　通信配置

（3）在 433 通信配置界面选择正确的串口号。默认配置：波特率为“115200”，数据位为“8”，校验位为“NONE”，停止位为“1”，通道号为“1”，通信使能打开。配置完成后点击“确定”，如图 11-45 所示。

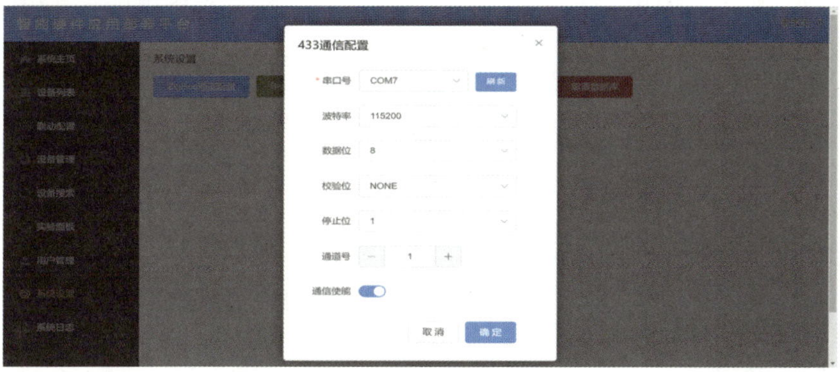

图 11-45　433 通信参数设置

（4）进入设备搜索界面，点击“开始搜索”按钮，片刻后再点击“刷新设备”按钮，可以看到搜索到设备为智能回收桶。选中相应设备，点击“添加设备”，系统提示添加成功，如图 11-46 所示。

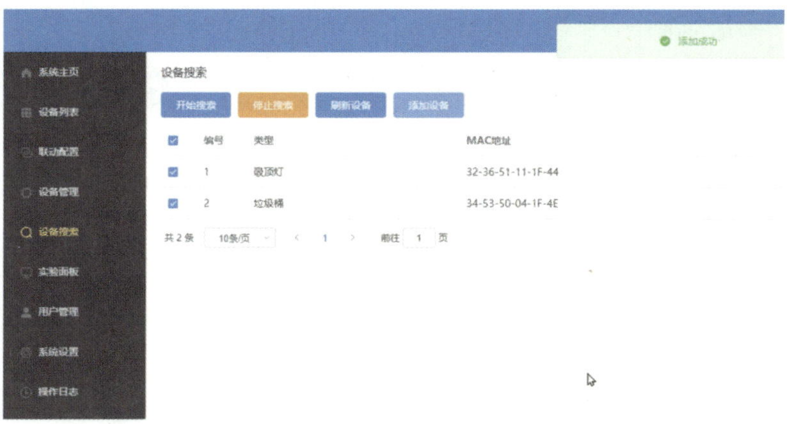

图 11-46　设备搜索

（5）设备添加完成后，打开设备列表，点击刷新列表，可以看到刚才添加的智能光电产品组件已经加入设备管理列表中，如图 11-47 所示。

图 11-47　设备管理

（6）点击智能回收桶图标，设备 ID 为 1，然后点击“保存设备信息”，如图 11-48 所示。

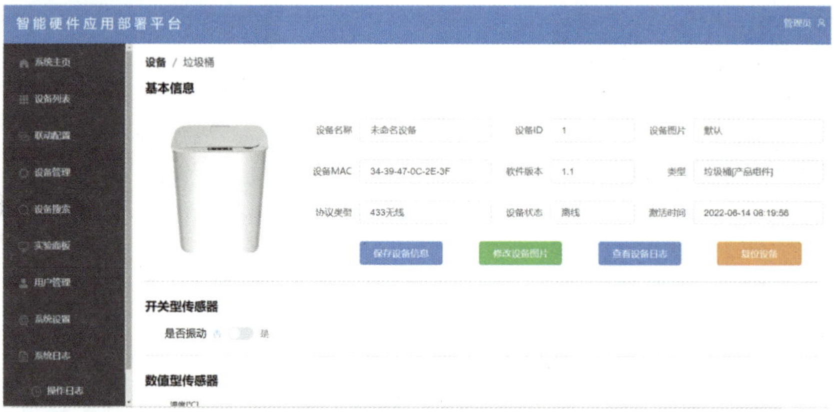

图 11-48　设备信息

（7）在智能光电产品组件下可以配置相关组件的参数，以及显示读取到的传感器信息，实现本案例中应用场景部署平台要求的功能，如图 11-49~图 11-54 所示。

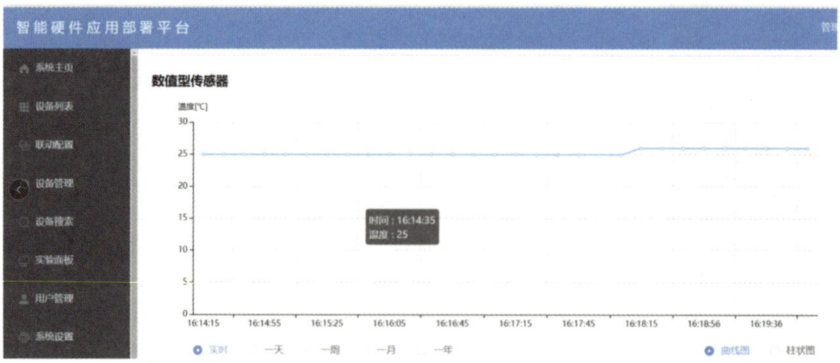

图 11-49　温度实时信息显示

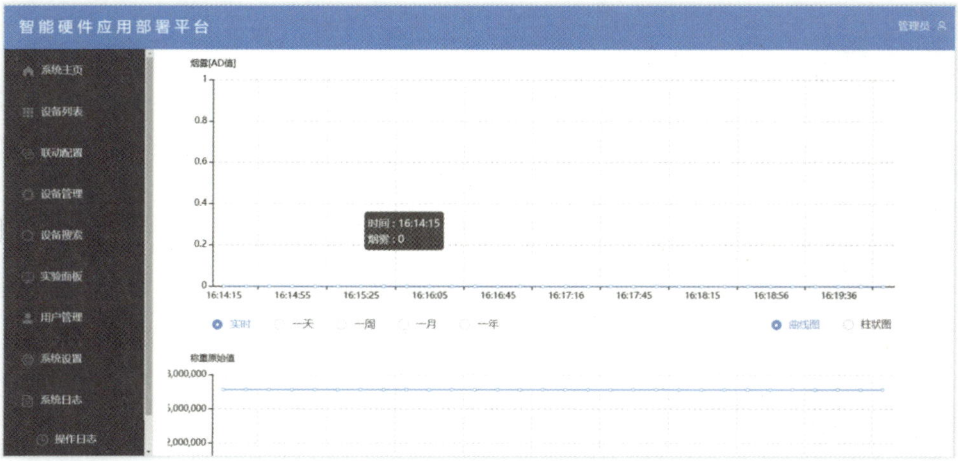

图 11-50　烟雾实时信息显示

图 11-51　称重实时信息显示

图 11-52　开关量操作

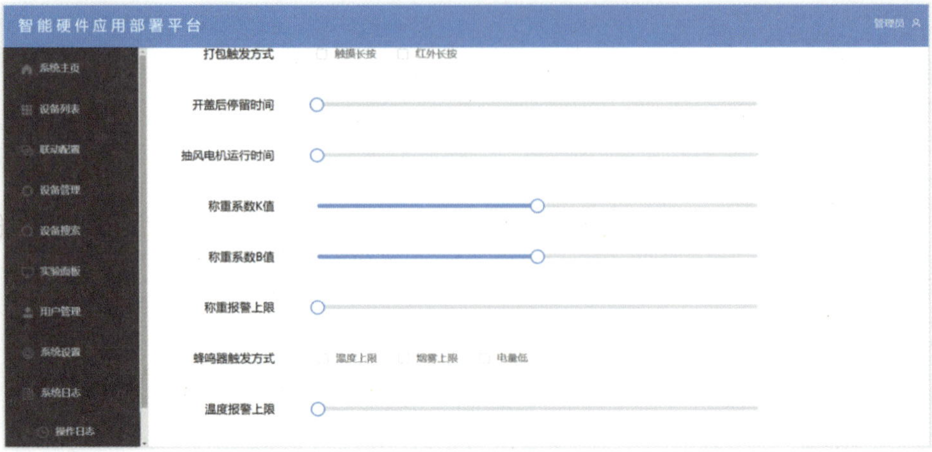

图 11-53 智能回收桶控制界面 1

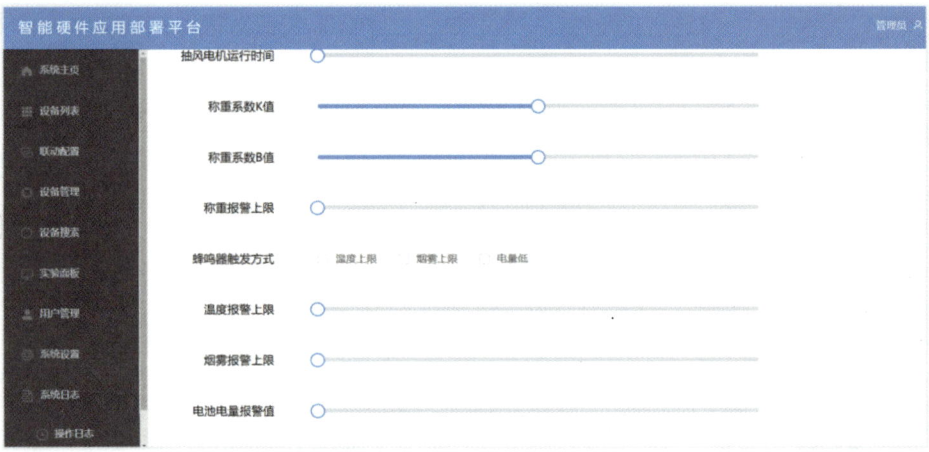

图 11-54 智能回收桶控制界面 2

【项目小结】

本项目介绍了几个综合性的智能光电应用案例，包括智能吸顶灯的设计与制作、智能环境测试系统的搭建、智能回收桶的改造等，是电路设计部分、嵌入式程序设计部分内容的综合性应用。

【习题】

1. 编写程序，将 DHT11 数据显示在液晶屏上。
2. 编写程序实现按键控制电机并实现翻盖。

项目十二　智能光电产品拓展案例

【项目目标】

（1）通过带屏的智能蓝牙心率运动手环的设计，了解民用型日常电子产品的设计要点。
（2）通过智能工业控制接口板案例，了解工业产品的设计及应用。

12.1　带屏的智能蓝牙心率运动手环案例

12.1.1　智能手环功能分析

本次设计的带屏的智能蓝牙心率运动手环（以下简称“智能手环”）主要具有以下功能，如图 12-1 所示。

（1）计步功能，即具有统计用户运动步数的功能，且能在屏幕上显示。
（2）心率检测功能，即具有检测用户心率数据的功能，且能在屏幕上显示。
（3）时间显示功能，即具有实时时间显示的功能，且能在屏幕上显示。
（4）人机交互功能，即具有 OLED 低功耗显示屏、触摸式交互按键，有振动提醒功能。
（5）蓝牙收发功能，即能够与手机 App 进行蓝牙通信，双方可进行数据同步。

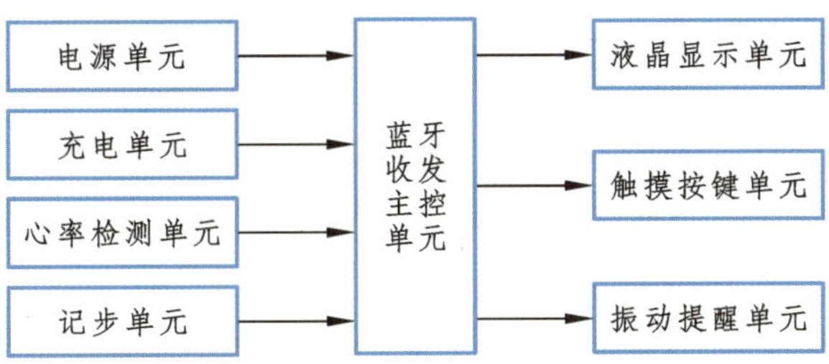

图 12-1　系统功能框图

12.1.2　智能手环硬件电路设计

1. 硬件电路选型

（1）蓝牙收发主控单元电路：本方案采用 DA14580 作为蓝牙收发器件，具体设计细节参考设计手册。

（2）心率监测单元电路：本案例中智能手环设备使用反射型光电式心率监测传感器进行心率监测。该传感器内置一个发绿光的 LED 和光感元件，LED 发出的绿色光波经人手反射后能被光感元件所检测。光敏元件将反射的光转化成电信号，再经过 AD 转换器采集转换成数字信号。人手臂血管中的血液在脉动的时候会发生密度改变而引起透光率的变化，心率传感器检测到的数据在脉动的时候会发生骤变，由此可检测到一次脉动信息。统计出每分钟心跳的次数，就是心率数据。

（3）计步单元电路：本方案采用 LIS2DS12 作为步数检测传感器。LIS2DS12 是一款超低功耗、高性能的三轴线性加速度计。

LIS2DS12 在极小的 2 mm ×2 mm ×0.86 mm LGA 封装尺寸上集成了专用的内部引擎，以处理芯片内部运动和加速度检测，包括自由落体检测、唤醒检测、单次轻触检测、双次轻触检测、活动/非活动检测、纵向和横向检测、步进计数器和步进检测。LIS2DS12 支持 IIC 和 SPI 两种接口与主机通信，同时还能以中断的方式通知主机。

LIS2DS12 芯片数据手册中的参考设计如图 12-2 所示。

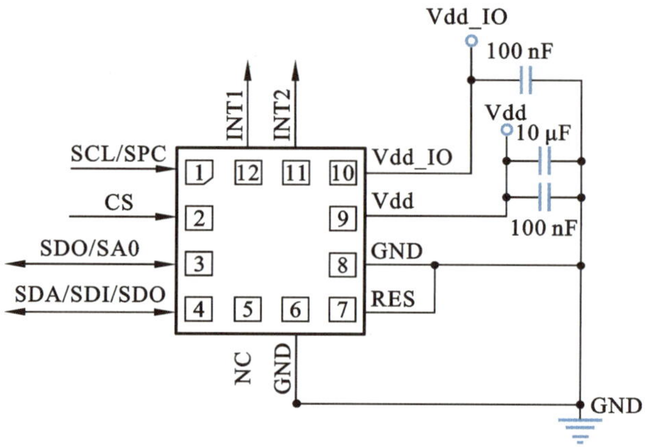

图 12-2　LIS2DS12 参考电路

图 12-2 中 Vdd_IO 为芯片的 IO 供电引脚，Vdd 为芯片核心供电引脚。芯片所有供电引脚和地脚都必须要正确连接，Vdd_IO 和 Vdd 引脚必须要添加去耦电容，以保证芯片稳定工作。主机可以通过 IIC 或者 SPI 接口对 LIS2DS12 进行访问，使用 IIC 时 CS 引脚必须拉高。INT1 和 INT2 是两个中断引脚，这两个中断引脚的功能、阈值与时序都可以通过编程设定。

（4）电平匹配电路：LIS2DS1 工作电压范围是 1.62~1.98 V，并且具有独立的 1.8 V IO 端口供电系统。考虑到 LIS2DS1 IO 电平与主机不匹配，需要添加电平转换电路，这里采用 ST2378EBJR。ST2378EBJR 芯片集成在体积极小的 Flip-Chip20 封装上，是一个 8 位双电源双向电平转换器，具有 OE 使能引脚，在失能模式下耗电电流将降低到 1 μA 以下，非常适合应用在低功耗设备上。

ST2378EBJR 芯片数据手册中的参考设计如图 12-3 所示。

图 12-3 所示电路是应用 ST2378EBJR 实现的一个典型的 1.8 V IO 电平到 3.3 V IO 电平的转换电路。需要注意的是，应保证左侧电压低于右侧，即 V_L 应小于 V_{CC}。左侧 1.8 V 供电的单片机，右侧可以是好几种电压供电的单片机，ST2378EBJR 实现不同单片机输出电压的匹配。

（5）振动提醒单元电路：振动提醒单元采用一个小体积偏心振动马达，该振动马达有两个电极，不分正负极。考虑到 DA14580 的 IO 不能直接驱动该马达，因此本设计使用一个三极管驱动该马达。

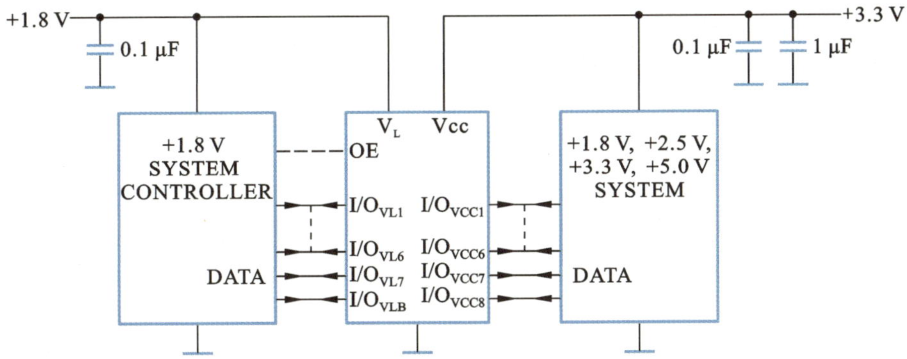

图 12-3　ST2378EBJR 参考电路

（6）触摸按键单元电路：智能手环一般都是使用电容式的触摸按键，本设计采用 RH6015c 来实现手环的按键交互功能。

RH6015c 是一款单通道电容式触摸感应控制开关 IC，可以使用它轻松代替传统的机械式开关。RH6015c 内置稳压模块，内置消抖电路，最高功耗仅为 5 μA/3 V，它被广泛应用在电子玩具、消费电子、穿戴设备等产品中。

RH6015c 芯片数据手册中的参考设计如图 12-4 所示。

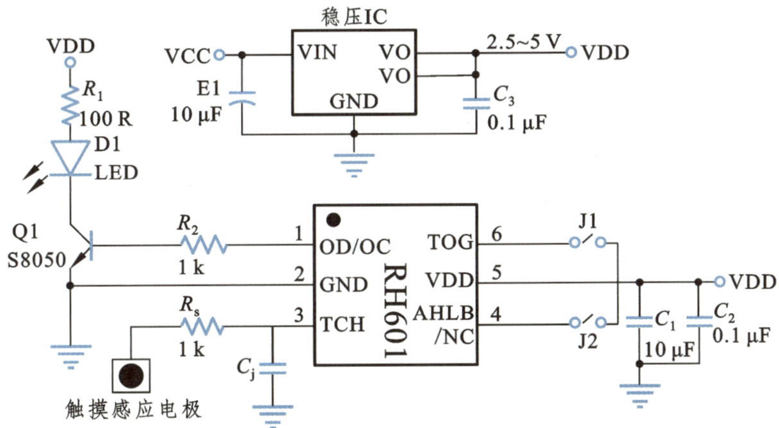

图 12-4　RH6015c 参考电路

图 12-4 所示为 RH6015c 的典型参考应用设计电路图，C_j 的容值范围为 1~50 pF，该电容用于调节触摸的灵敏度，C_j 的容值越大，灵敏度将越低。触摸电极和触摸输入引脚之间串联的电阻 R_s 用于提高触摸的抗干扰能力，该电阻一般取值 1 kΩ。为保证 RH6015c 稳定工作，VDD 引脚和 GND 引脚之间必须并联滤波电容，以消除电源噪声。

是否使用外部稳压 IC 需要视具体情况而定。如果电源纹波超过了 RH6015c 内部 LDO 的抗纹波范围，则需要添加该外部 LDO 以保证 RH6015c 触摸感应的稳定。

（7）液晶显示单元电路：液晶显示单元采用 0.96"的 OLED 显示屏，其特性如下：

① 工作温度范围：−40~+70℃。

② 支持 8-bit 8080/6800 并口、3/4 wire SPI 接口、IIC 接口。

③ 工作电压：3.3 V。

④ 分辨率：128×64。

该显示屏驱动 IC 为 SSD1306，是目前市面上最常用的一种低功耗小体积显示单元。SSD1306 芯片数据手册的参考设计如图 12-5 所示。

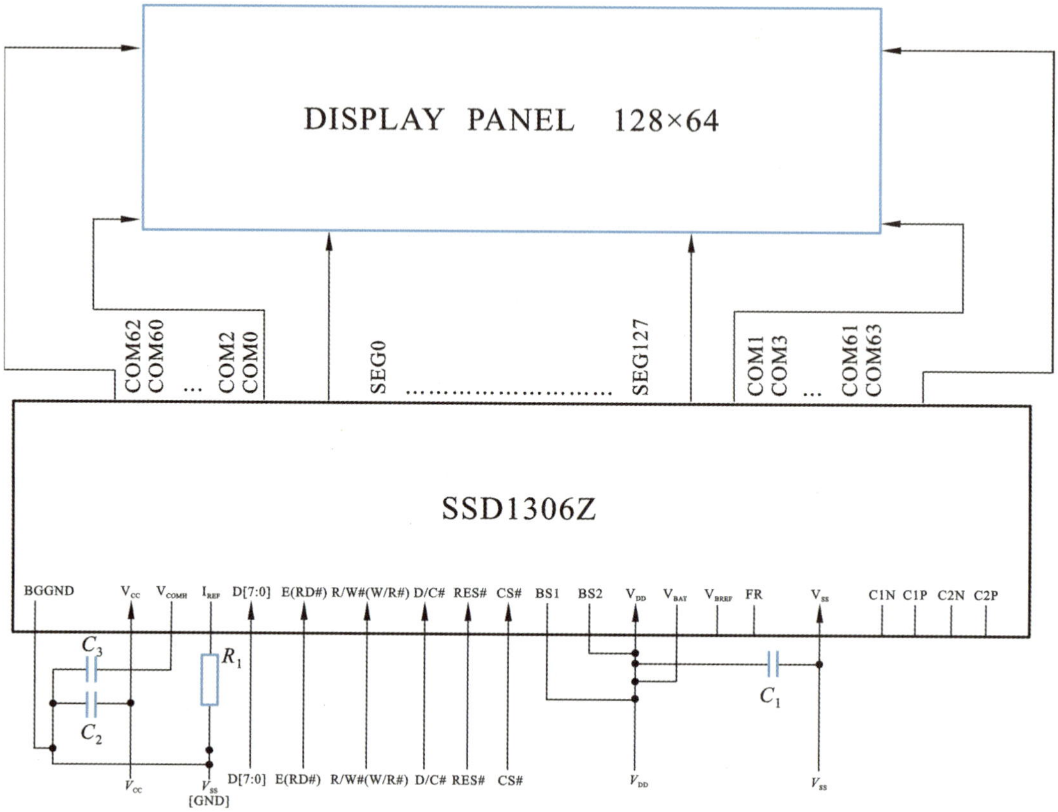

图 12-5 SSD1306 参考电路

图 12-5 所示为 8-bit 8080 接口驱动的 SSD1306 应用参考设计电路图，图中参数配置如下：

① V_{dd} = 2.8 V，V_{cc} = 12 V，I_{REF} =12.5 μA。

② C_1、C_2、C_3 分别为容值 1 μF、2.2 μF 和 2.2 μF 的陶瓷电容。

③ R_1 的阻值由公式(V_{cc}-2.5)/I_{REF} 确定，配置 R_1 为 760 kΩ。

为节省 IO 资源，本设计使用 IIC 接口驱动 SSD1306，不同驱动接口之间的配置可参照表 12-1。

表 12-1 驱动接口配置表

<table>
<tr><td rowspan="2">Bus Interface</td><td colspan="8">Data/Command Interface</td><td colspan="5">Control Signal</td></tr>
<tr><td>D7</td><td>D6</td><td>D5</td><td>D4</td><td>D3</td><td>D2</td><td>D1</td><td>D0</td><td>E</td><td>R/W#</td><td>CS#</td><td>D/C#</td><td>RES#</td></tr>
<tr><td>8-bit 8080</td><td colspan="8">D[7:0]</td><td>RD#</td><td>WR#</td><td>CS#</td><td>D/C#</td><td>RES#</td></tr>
<tr><td>8-bit 6800</td><td colspan="8">D[7:0]</td><td>E</td><td>R/W#</td><td>CS#</td><td>D/C#</td><td>RES#</td></tr>
<tr><td>3-wire SPI</td><td colspan="3">Tie LOW</td><td colspan="2">NC</td><td colspan="2">SDIN</td><td>SCLK</td><td colspan="2">Tie LOW</td><td>CS#</td><td>Tie LOW</td><td>RES#</td></tr>
<tr><td>4-wire SPI</td><td colspan="3">Tie LOW</td><td colspan="2">NC</td><td colspan="2">SDIN</td><td>SCLK</td><td colspan="2">Tie LOW</td><td>CS#</td><td>D/C#</td><td>RES#</td></tr>
<tr><td>I²C</td><td colspan="3">Tie L Ow</td><td colspan="2">SDA_OUT</td><td colspan="2">SDA_IN</td><td>SCL</td><td colspan="3">Tie LOW</td><td>SA0</td><td>RES#</td></tr>
</table>

由表 12-1 可知，使用 IIC 接口驱动 SSD1306 时，需要将 SSD1306 D3-D7、E、R/W、RES 引脚接地，同时使用 D/C 引脚对 IIC 从机地址的最低位进行配置，D0 作为 IIC 的时钟信号引脚，D1 与 D2 作为 IIC 的数据信号引脚。

（8）电源及充电单元电路：系统中所用到的芯片的工作电压见表 12-2。

表 12-2　各核心芯片的工作电压

型号	工作电压
DA14580	0.9~3.3 V
偏心振动马达	3.3 V
RH6015c	2.5~5 V
OLED 显示屏	3.3 V
LIS2DS12	1.62~1.98 V
ST2378EBJR	1.71~5.5 V
心率传感器	3.3 V

本设计案例使用标称电压为 3.7 V 的单节锂电池给整个系统供电，锂电池正常工作电压范围是 2.5~4.25 V。结合上表内容，选择用两片 LDO 将电池电压分别降压到 3.3 V 和 1.8 V 给整个系统供电。

1.8 V 降压方案使用的是 LDK120。LDK120 是低静态的电流、低噪声的低压线性稳压器，它的特性如下：

① 宽电压输入，输入电压范围为 1.9~5.5 V。

② 最高静态电流为 100 μA，关闭模式下仅为 1 μA。

③ 输出电流可达 200 mA。

④ 输出电压可配置，范围为 0.8~3.5 V。

此外，LDK120 还具有短路保护、过热保护等功能，被广泛应用在移动电话、数码相机、可穿戴设备等产品上。

LDK120 芯片数据手册中的参考设计如图 12-6 所示。

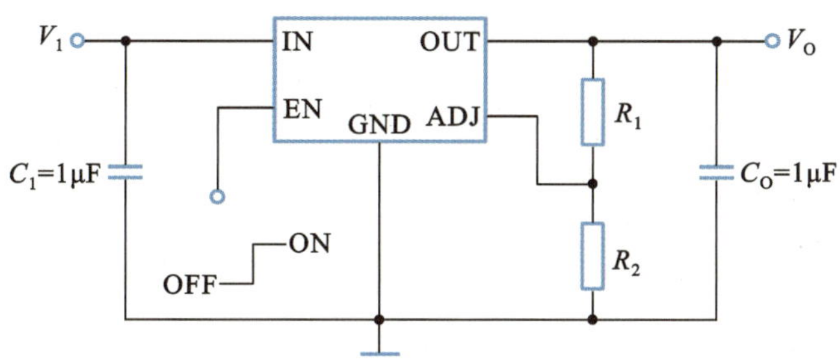

图 12-6　LDK120 参考电路

LDK120 具有一个 EN 使能引脚，可通过配置该引脚配置 LDK120 的工作模式，非常适合应用在低功耗的场合中。LDK120 的输出电压由两个分压电阻 R_1 和 R_2 进行配置，输出电压可由以下公式确定：

$$V_o = V_{ADJ}\,(R_1/R_2+1)$$

式中，V_{ADJ} 为 0.8 V。

2. 原理图设计与 PCB 设计

本节原理图使用 AD21 进行绘制。

3. PCB 布局与走线

下面针对本案例的 PCB 布局及 PCB 走线注意事项进行简要说明。

如图 12-7 和图 12-8 所示，摆放元器件的时候优先将 SWD 下载接口、UART 调试接口、OLED 显示屏接口、天线放在板子边缘，同时注意天线应尽可能远离振动马达放置。

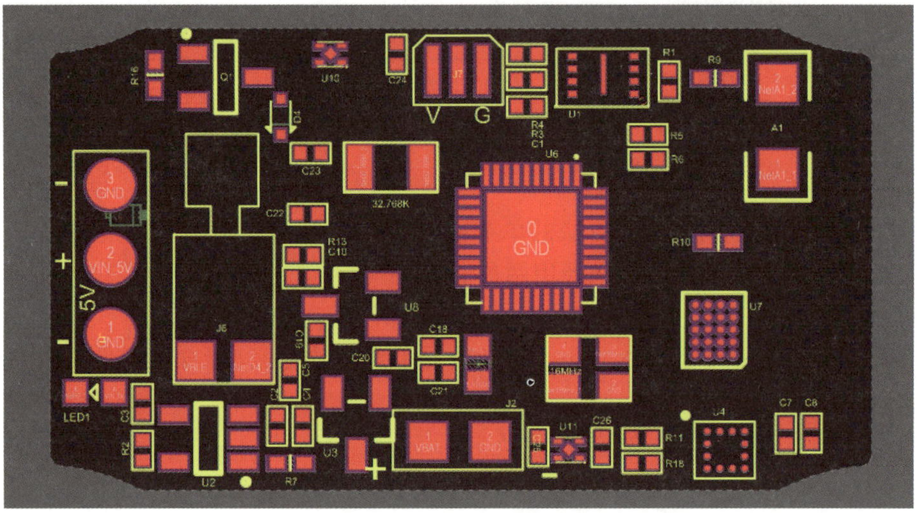

图 12-7　手环 PCB 顶层布局

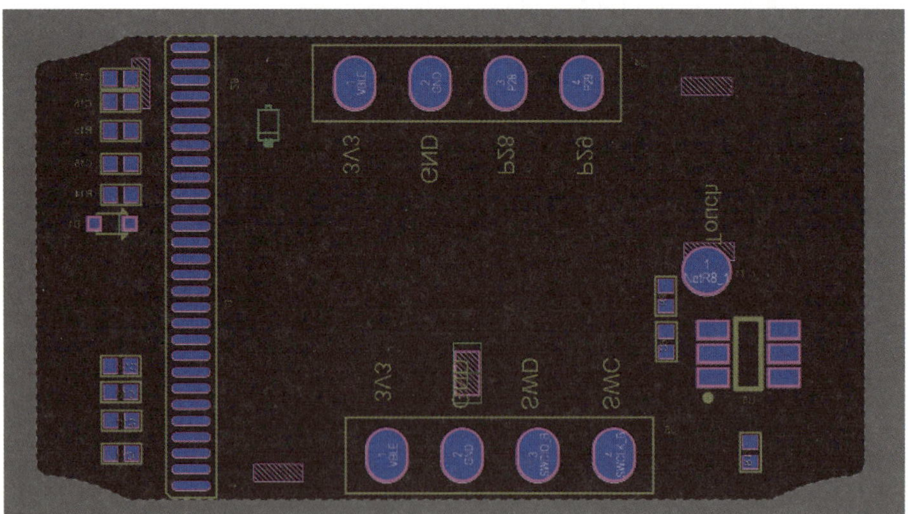

图 12-8　手环 PCB 底层布局

如图 12-9 和图 12-10 所示，PCB 走线应优先走电源、天线和 Flash 部分线路。电源走线应保证相对粗一些，天线部分走线尽可能走圆弧线和直线，同时不应该换层走线。

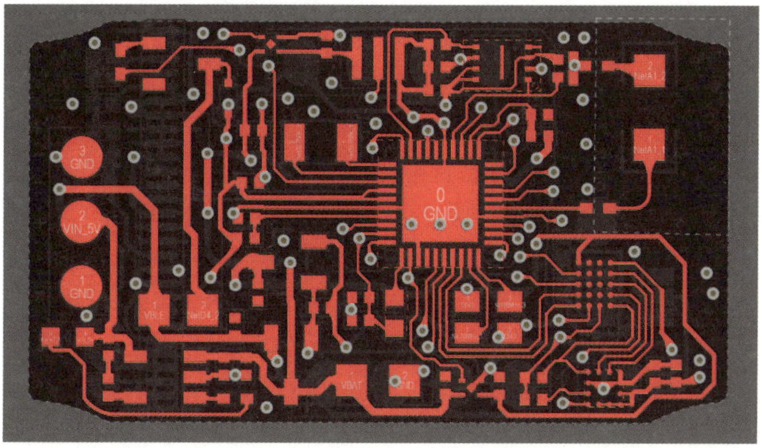

图 12-9　手环 PCB 顶层走线（屏蔽敷铜）

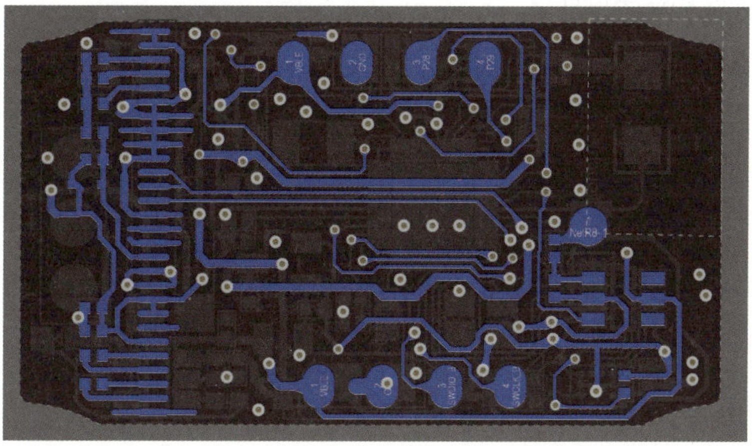

图 12-10　手环 PCB 底层走线（屏蔽敷铜）

智能手环 PCB 的 3D 预览图如图 12-11 和图 12-12 所示。

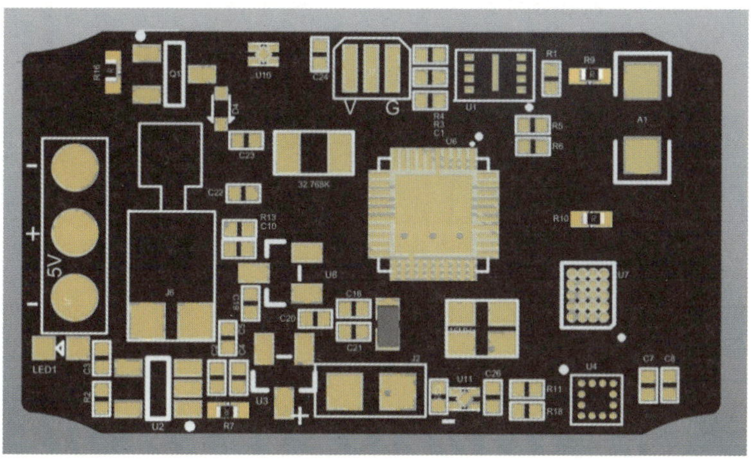

图 12-11　智能手环 PCB 板正面 3D 视图

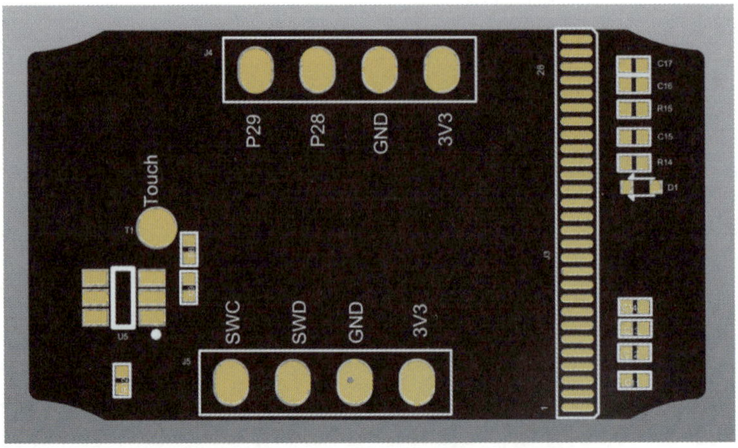

图 12-12　智能手环 PCB 板背面 3D 视图

12.1.3　智能手环程序设计

1. 程序设计思路

智能手环设备上电以后共有 5 种不同的运行状态，分别是系统初始化状态、外设初始化状态、运行状态、休眠状态和关机状态。

系统初始化状态：负责系统看门狗、时钟、GPIO、中断系统、蓝牙收发模块等初始化工作。

外设初始化状态：负责 GPIO 功能复用、外部中断、OLED 显示屏、三轴计步单元等外设单元初始化工作。

运行状态：系统时钟源使用外部 16 MHz 晶振，该模式下系统全速运行，负责处理手环核心业务内容，包括心率采集、更新步数、蓝牙收发、OLED 显示和电容触摸按键检测等工作。

休眠状态：该模式下系统将关闭 OLED 显示屏。

关机状态：系统进入深度睡眠状态，在此状态下，系统内部绝大部分电源被关闭，关闭 OLED 屏显示和三轴计步单元，同时 DA14580 系统时钟源将切换到 32.768 KHz 外部晶振，以保持系统内部的时基。

上述 5 种状态之间的关系如图 12-13 所示。

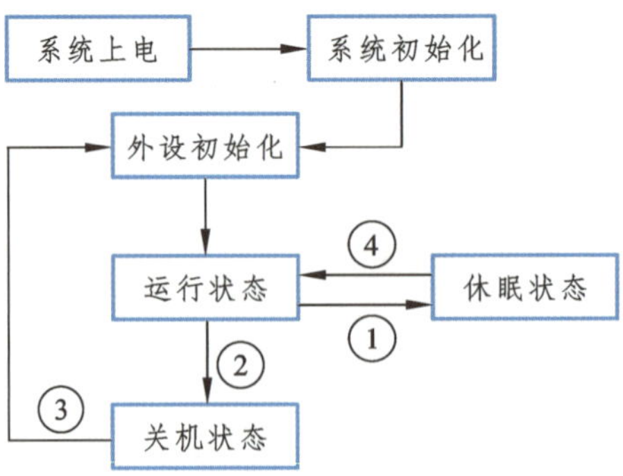

图 12-13　蓝牙智能手环的工作状态

程序设计过程中还要注意以下要点：

① 系统处于运行状态下，OLED 显示停留在任意功能界面下，10 s 内触摸按键无操作，则自动进入休眠状态。

② 系统处于运行状态下，OLED 显示停留在计时首页时，长按触摸按键 2 s 以上，系统进入关机状态。

③ 系统处于关机状态下，长按触摸按键 2 s 以上，系统将重新进行时钟、外设等初始化工作，完成初始化后进入运行状态。

④ 系统处于休眠状态下，轻触触摸按键即可唤醒系统，系统将重新进行初始化工作，接着进入运行状态。

2. 核心子块代码讲解

1）系统初始化

DA14580 上电启动后先调用了 system_init()函数进行系统初始化，代码如下:

```
wdg_init(0);                        //初始化看门狗
xtal16_calibration_check ();        //confirm XTAL 16 MHz calibration set_system_clocks();
                                    //设置系统时钟
GPIO_init();                        //初始化  GPIOs

// 初始化 NVDS 模块  module
nvds_init((uint8_t *)NVDS_FLASH_ADDRESS, NVDS_FLASH_SIZE);

nvds_read_bdaddr();                 // Check and read BD address
periph_init();                      //Peripherals initilization
srand(1);                           // Initialize random process
iq_trim_from_otp();                 //Trim the radio from the otp
init_pwr_and_clk_ble();             // Initialize BLE stack
rwip_clear_interrupts();            // Initialize rw
rwip_init(error);                   // Initialize rw
patch_llm_task();                   // Patch llm task
if (BLE_GTL_PATCH)                  // Patch gtl task
patch_gtl_task();
SetBits32(BLE_RWBTLECNTL_REG, RWBLE_EN, 1);        //Enable the BLE core

// Initialise random number generator seed using random bits acquired from
// TRNG
if (USE_TRNG)
init_rand_seed_from_trng();
```

```
if (BLE_HCIC_ITF)          //send a message to the host if an error occured
hcic_reset_message();
rcx20_calibrate ();
arch_disable_sleep();
if (user_app_main_loop_callbacks.app_on_init !=NULL)
user_app_main_loop_callbacks.app_ on_init();
lld_sleep_init_func();         //Initialise lld_sleep
xtal16__trim_init();           //set trim and bias of xtal16

//Enable the TX_EN/RX_EN interrupts,depending on the RF mode of operation enable_rf_
diag_irq(RF_DIAG_IRQ_MODE_RXTX);
```

系统初始化阶段进行看门狗、系统时钟、GPIO、NVDS 模块等初始化工作，并调用 periph_init()函数对外设模块进行初始化，初始化蓝牙收发主控的时钟与电源，初始化 RW 内核。

2）外设初始化

外设初始化流程如图 12-14 所示。

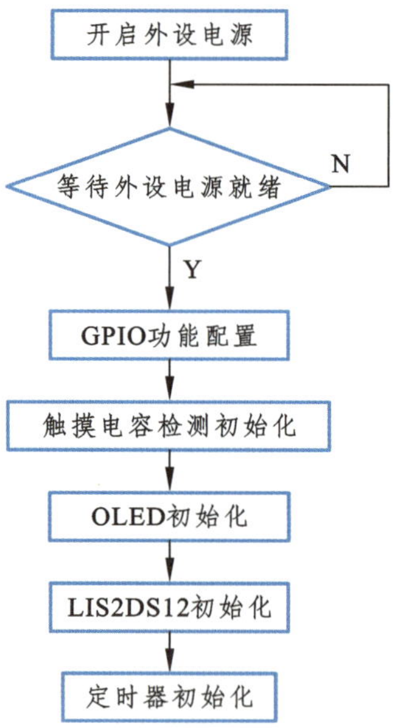

图 12-14　初始化流程图

外设初始化代码在 periph_init()函数中实现，代码如下：

```
void periph_init(void)
{
// Power up peripherals' power
SetBits16(CLK_16M_REG, XTAL16_BIAS_SH_ENABLE, 1);
```

```
            SetBits16(PMU_CTRL_REG, PERIPH_SLEEP, 0);
            while (!(GetWord16(SYS_STAT_REG) & PER_IS_UP)) ;
            patch_func();
            set_pad_functions();

#ifdef  CFG_PRINTF_UART2                    // (Re)Initialize peripherals
            SetBits16(CLK_PER_REG, UART2_ENABLE, 1);
            uart2_init(UART_BAUDRATE_115K2, 3);
#endif
            SetBits16(SYS_CTRL_REG, PAD_LATCH_EN, 1);    // Enable the pads
            my_int_init();
            oled_init();
            GPIO_SetActive(MOS_PORT, MOS_PIN);
            LIS2DS12_init();
            my_timer_init();                                 //初始化 timer0
}
```

在上面的程序段中，函数 my_int_init()启用电容触摸按键检测引脚外部中断功能，同时注册 IO 外部中断回调函数；函数 oled_init()：通过 IIC 接口初始化 OLED 显示屏并清屏；函数 LIS2DS12_init()复位三轴加速度计，并通过 IIC 接口对其进行初始化，清除步数数据；函数 my_timer_init()初始化软件定时器，该定时器每 10 ms 产生一次中断，为系统提供计时时基。

3）运行状态

运行状态流程如图 12-15 所示。

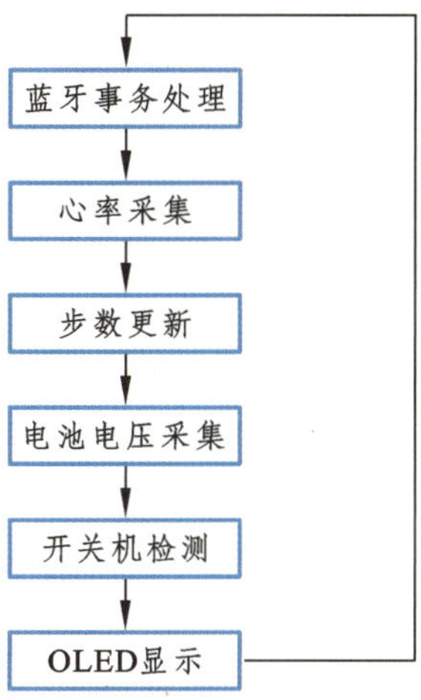

图 12-15　运行状态流程图

蓝牙事务处理流程如图 12-16 所示。

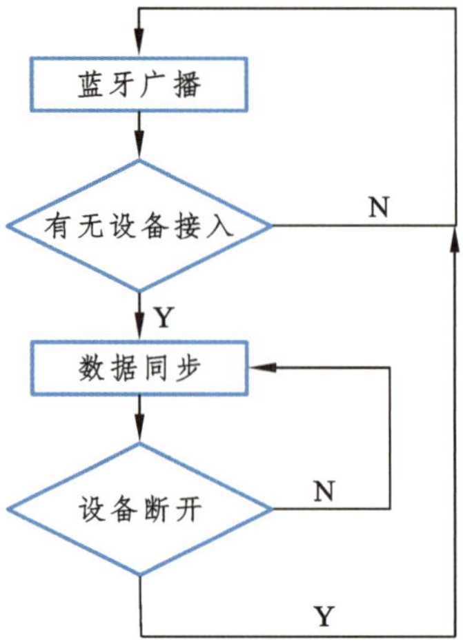

图 12-16　蓝牙事务处理流程图

运行状态下，DA14580 蓝牙核心将不断进行蓝牙广播，当有 App 设备接入时，智能手环将会与接入的 App 设备进行数据同步，App 设备断开后，蓝牙将会重新进行广播。

智能手环步数数据同步到 App 的示例代码如下：

```
attmdb_att_set_value(param->handle, param->length, (uint8_t*)&(param->value[0]));
memcpy(value_buf, &(param->value),param->length);      //读取 App 指令
...
        if( (value_buf[0] =='s')&&(value_buf[1] == 't')&&(value_buf[2] ==
'e')&&(value_buf[3] == 'p') )
{                       //步数读取指令
            value_buf[0]=Steps[0]+0x30;
            value_buf[1]=Steps[1]+0x30;
            value_buf[2]=Steps[2]+0x30;
            value_buf[3]=Steps[3]+0x30;
value_buf[4]=Steps[4]+0x30;
attmdb_att_set_value((custs1_env.shdl+CUST1_IDX_LONG_VALUE_VAL), 5,
 (uint8_t*)&(value_buf[0]));    //填充回包数据
                               //发送数据到 App
            prf_server_send_event((prf_env_struct *)&(custs1_env.con_info),
false, (custs1_env.shdl+CUST1_IDX_LONG_VALUE_VAL));
}
```

当智能手环功能切换到心率监测功能时，系统每 10 ms 会采集一次心率传感器数据。

```
if(ten_ms_flag==1)                      // 10ms 标记
{
        ten_ms_flag=0;                  // 清除标记
```

```
            if(heart_time_flag==1)            // 心率监测功能
    {
                adc_test(1);            // ADC 采集传感器数据
                ADC_flag =1;
            }
    }
```

当智能手环 OLED 显示停留在计时首页时，长按电容触摸按键 2 s 以上，系统将关机。

```
    if(Touch_release==1)        //触摸按键按下
    {
            Touch_release = 0;
            if(Time_Counter>200)        //按下时长  = Time_Counter*10(ms)
    {                //长按超过 2 s
                Time_Counter = 0;    //清 0 按下时间
                  if(!close_flag && OLED_Page == 1)
    {            // 运行状态且 OLED 显示计时首页
                    close_flag=1;                        //置位关机标记
                    GPIO_SetActive(SHOCK_PORT, SHOCK_PIN);    //打开振动马达
                    Delay_1ms(500);
                    GPIO_SetInactive(SHOCK_PORT, SHOCK_PIN); //关闭振动马达
                     oled_off();            //关闭 OLED 显示屏
                    OLED_dis_flag = 0;    //清除 OLED 屏显示标记
                    GPIO_SetInactive( HEART_PORT, HEART_PIN ); //关闭心率传感器
    //电源
                    arch_ble_ext_wakeup_on();        //蓝牙核心深度睡眠
                   system_nobusy_flag=1;            //关机标记，用于处理其他关机事务
                        }
    else ...
    }
            }
```

当系统关机标记 system_nobusy_flag 置位后，RW 内核主函数回调将会处理其他关机相关事务，代码如下：

```
    if(system_nobusy_flag==0x01)
    {
            wdg_freeze();                // 冻结关门狗，防止系统复位
            my_timer_dis_init();        // 关闭定时器
```

```
            LIS2DS12_sleep();          // 关闭计步单元
        GPIO_SetInactive(MOS_PORT, MOS_PIN);
        GPIO_ConfigurePin(MOS_PORT, MOS_PIN, INPUT, PID_GPIO, false);
        app_button_enable();           // 配置电容触摸按键用于唤醒系统
        system_nobusy_flag=0x02;
}
```

变量 OLED_Page 用于标记 OLED 显示屏的内容，该变量不同的值代表不同的显示页面。开机状态下电容触摸按键每短按一下，该变量将变化一次，代码如下：

```
if(Touch_release==1)    //触摸按键按下
{
if(Time_Counter>200)   //长按 2 s 以上...
{      }
else                   //短按
{
          if(!close_flag)
{         //开机状态
OLED_Page++;          //页数加 1
OLED_dis_flag = 1;   //置位 OLED 显示标记
          }
}
           if(OLED_Page >5 ) //最大页面限制
{   OLED_Page = 1;   }
}
OLED_Display()函数根据 OLED_Page 的值刷新显示内容。
void OLED_Display(void)
   {
           switch(OLED_Page)                       //显示页面选择
{
            case 1:                                //首页，显示时间
              if(OLED_dis_flag == 1)
{
                  OLED_dis_flag = 0;               //只刷新一次
                  for(i=0;i<=5;i++) oled_clean(0,64,i);   //清 0 OLED RAM
for(i=0;i<5;i++)
{
                      dis_shuzi1232(x,time_buff[i]);
                        x=x+13;
                      }
```

```
                        dis_string816(0,0,date_buff,5);
                    dis_batt();                                  //电量显示
                    oled_on();                                   //打开显示
                  }
break;
          case 2: ...
          case 3: ...
          case 4: ...
          case 7:                                                //休眠，关闭显示
           OLED_Page++;
           oled_off();
             default:   break;
       }
}
```

4）休眠状态

智能手环系统处于开机状态，超过 10 s 无操作系统会进入休眠模式。

休眠模式使用 OLED_Page 变量进行标记，该变量赋值 7 时系统进入休眠，可参考 OLED_Display()函数进行实现。

系统休眠检测在软件定时器回调函数时进行，代码如下：

```
void timer0_general_user_callback_function(void)
{
    DisplayTimer++;      //休眠检测，该变量在触摸按键按下时清 0
    if(DisplayTimer==1000)OLED_Page=7;      //累计 10 s 无操作，标记休眠
}
```

5）关机状态

关机状态下，系统进入深度睡眠状态，系统内部绝大部分电源被关闭，此时可以通过触摸电容对内核进行唤醒。系统被唤醒后会检测触摸电容按下的时间，如果按键按下时间超过 2 s，则智能手环系统将开机，否则系统将此次唤醒定义为误触操作，然后重新进入深度睡眠状态，代码如下：

```
if(Touch_release==1)
{         //触摸按键按下
          Touch_release = 0;
          if(Time_Counter>200)
              {        //按下时长 = Time_Counter*10(ms)
                                              //长按超过 2 s
                  Time_Counter = 0;           //清 0 按下时间
                  if(!close_flag && OLED_Page == 1)
```

```
{   // 运行状态
                ...
}
else
{                                   // 关机状态下时重新开机
                    close_flag=0;                           // 清 0 关机标记
                     GPIO_SetActive(SHOCK_PORT, SHOCK_PIN); //振动提醒
                      Delay_1ms(500);
                    GPIO_SetInactive(SHOCK_PORT, SHOCK_PIN);
}
            OLED_Page=1;                            // 开机后显示首页
            OLED_dis_flag = 1;                      // 置位显示标记
            app_easy_gap_undirected_advertise_start(); //蓝牙开始广播
}
...
}
```

12.1.4 固件烧写及 PCBA 功能测试

1. PCBA 介绍

完成原理图和 PCB 设计后，需要将生产文件发往 PCB 板厂生产、贴片，贴好芯片的 PCB 板通常称为 PCBA（Printed Circuit Board Assembly，印刷电路板）。手环最终的 PCBA 如图 12-17 所示。

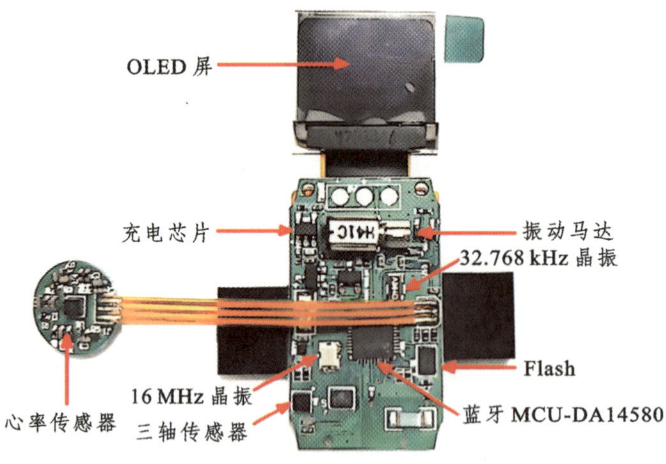

图 12-17　手环电路板正面

如图 12-17 所示，手环电路板的正面包含两颗晶振（16 MHz 和 32.768 kHz）、一颗低功耗蓝牙芯片 DA14580、一颗外部 Flash W25X20CL、一颗三轴传感器 LIS2DS12、一颗充电芯片

TP4055、一个振动马达、一块 OLED 白光屏以及一个心率传感器。

如图 12-18 所示，手环电路板的背面有一个 J-Link 下载调试接口、一个串口以及一颗单通道电容式触摸芯片 RH6015 等。

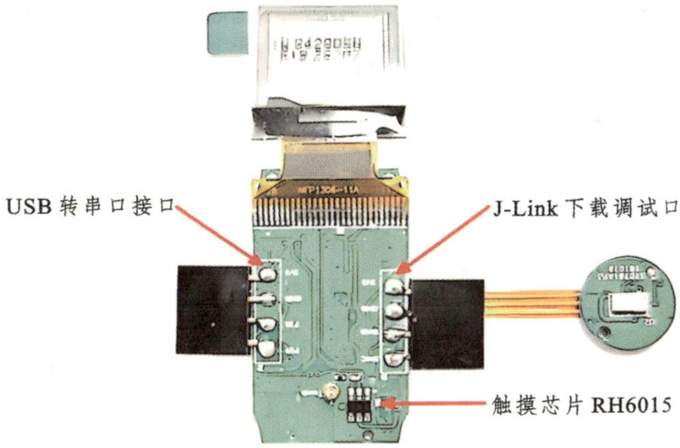

图 12-18　手环电路板背面

2. J-Link 驱动安装

J-link 是代码烧写调试的硬件工具。将代码固件烧写进智能手环主控芯片中，就是通过 J-link 这个硬件工具烧写进去的。在使用 J-link 前，需要先在计算机上安装对应的驱动。

图 12-19 所示为 J-link 下载调试器。智能手环预留了下载调试口，配合 J-Link 下载调试器即可实现智能手环代码烧写。

图 12-19　J-Link 下载调试器

J-Link 是为支持仿真 ARM 内核芯片推出的 JTAG 仿真器，配合 IAR EWAR、ADS、Keil、WINARM、RealView 等集成开发环境，支持所有 ARM7/ARM9/ARM11、Cortex M0/M1/M3/M4、Cortex A5/A8/A9 等内核芯片的仿真，与 IAR、Keil 等编译环境无缝连接，操作方便、连接方便、简单易学，是学习开发 ARM 的实用工具。

在使用 J-Link 下载调试前，需要先安装对应驱动程序。安装流程如下：

（1）运行 Setup_JLinkARM_V474b，弹出协议对话框，点击“Yes”，如图 12-20 所示。

（2）在接下来的界面中，点击“Next”→“Next”，勾选“Install USB Driver for J-Link-OB with CDC”，点击“Next”。然后，选择计算机中要使用到 J-Link 的开发环境，如图 12-21 所示，点击“Ok”。

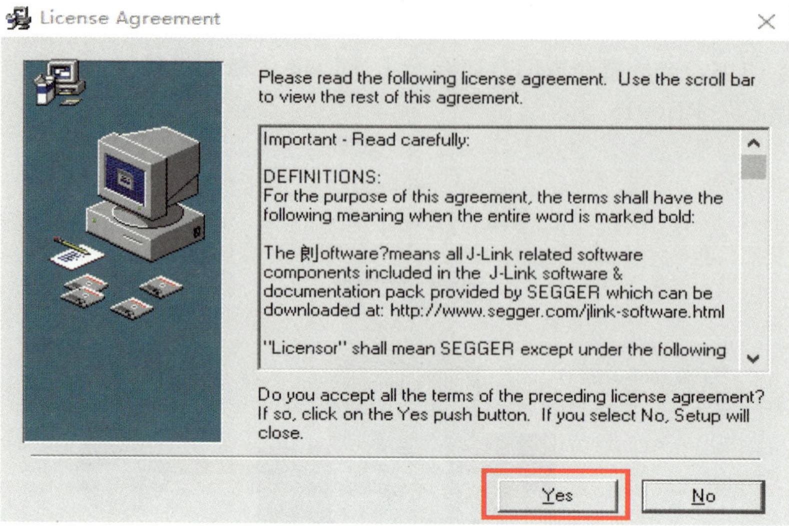

图 12-20　J-Link 驱动安装界面

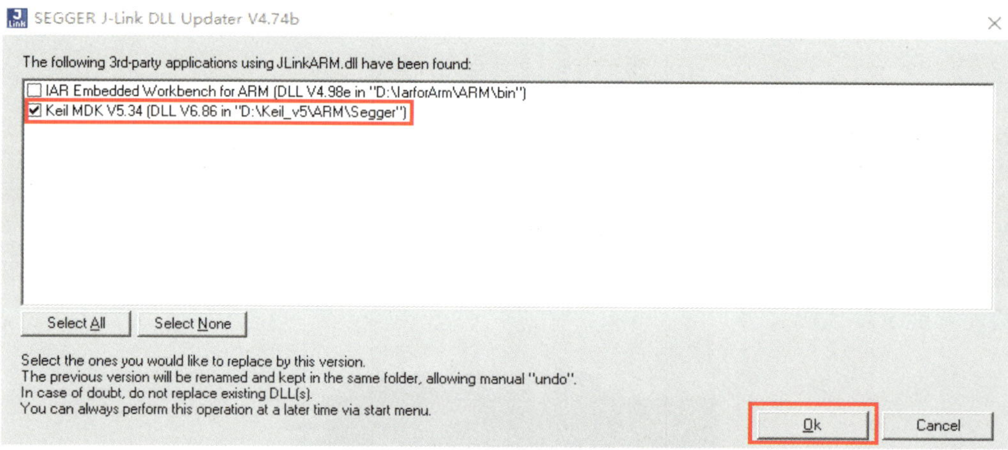

图 12-21　选中使用到 J-Link 的开发环境

（3）点击“Finish”，完成 J-Link 驱动的安装。

（4）J-Link 驱动安装完成后，将 J-Link 下载调试器接到计算机的 USB 口上，此时在设备管理器的通用串行总线控制器中会显示出 J-Link driver 设备，如图 12-22 所示。

图 12-22　插入 J-Link 下载器后可显示器件已插入

3. SmartSnippets 下载固件

SmartSnippets 是一个 DA14580 固件代码的下载工具。首先需要安装 SmartSnippets，安装步骤如下：

（1）打开 SmartSnippets_install_win64，两次点击“Next”。选择“I accept the terms of this license agreement”，点击“Next”，如图 12-23 所示。

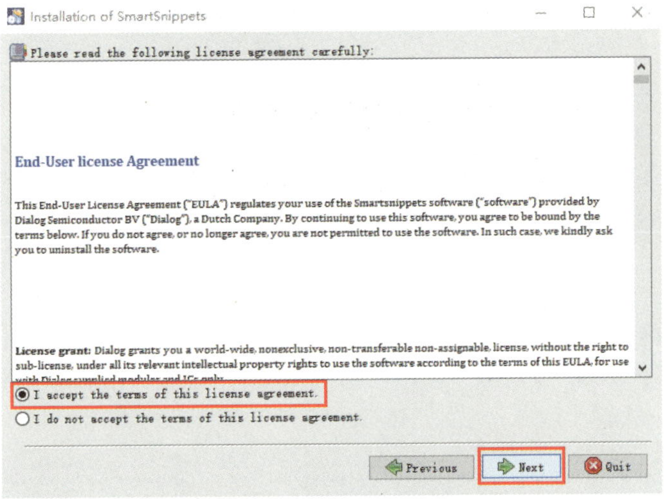

图 12-23　安装 SmartSnippets

（2）选择安装路径，点击“Next”。

（3）选择工作区路径，点击“Next”。

（4）选择安装包，点击“Next”，如图 12-24 所示。

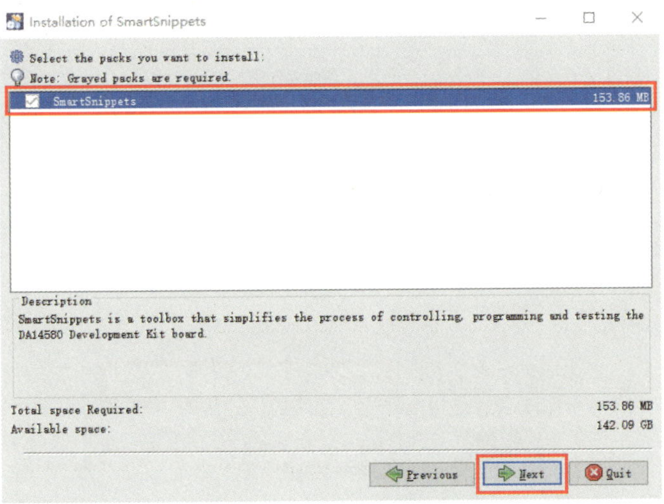

图 12-24　选择安装包

（5）两次点击“Next”，点击“Done”，完成安装。

完成 SmartSnippets 的安装后，将 J-link 下载调试器的排针插在智能手环的 J-link 下载调试口的排母上，此处要注意 J-link 下载调试器的 3V3、GND、SWD、SWC 等端口要与智能手环的 J-link 下载调试口的 3V3、GND、SWD、SWC 一一对应，同时把 J-Link 下载调试器接到计算机的 USB 口上，如图 12-25 所示。

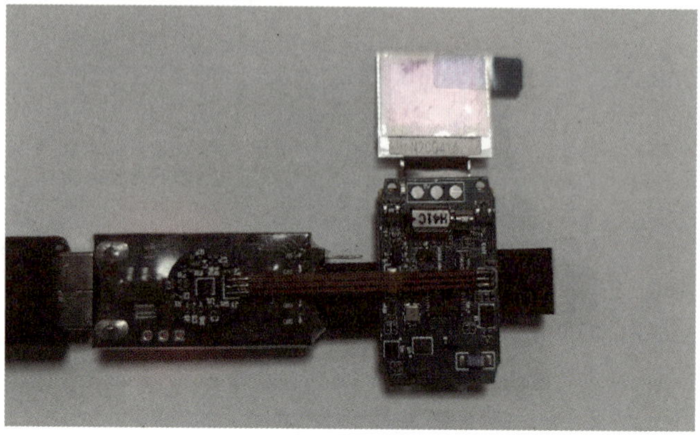

图 12-25　J-Link 将智能手环与计算机相连接

打开 SmartSnippets 软件，建立工程。

如图 12-26 所示，选择“JTAG”，芯片选择“DA14580-01”，点击“New”。

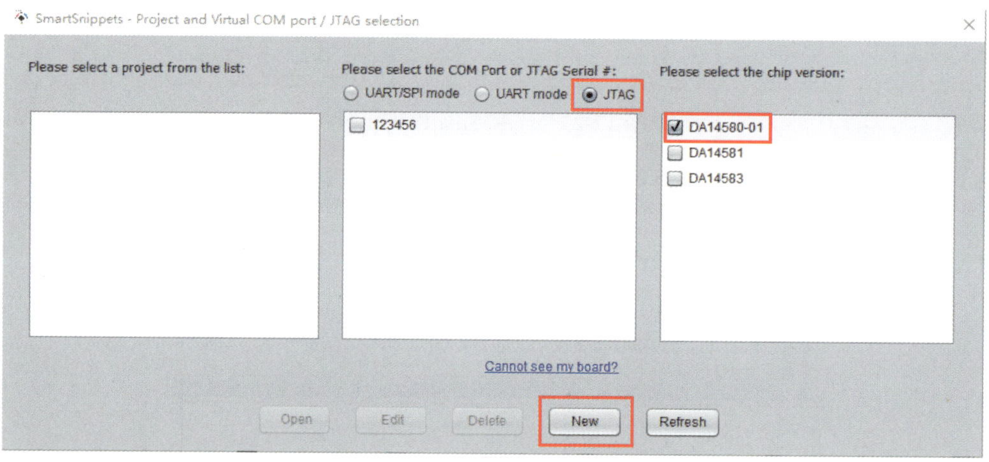

图 12-26　SmartSnippets 选择配置

如图 12-27 所示，输入工程名称和工程描述，点击“Save”进行保存。

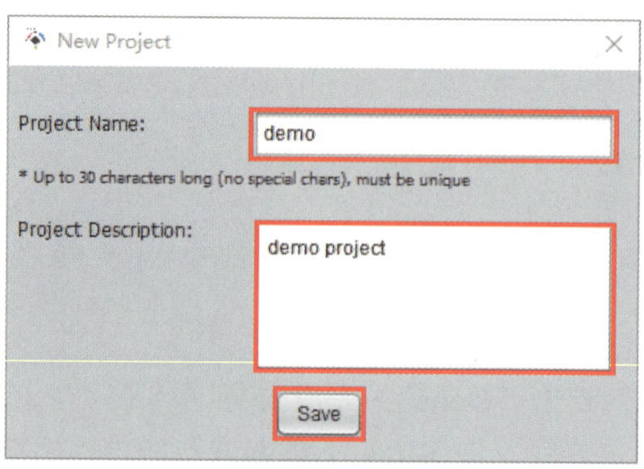

图 12-27　工程命名

如图 12-28 所示，选择“JTAG”，点击前两步所创建的工程“demo”，勾选“123456”和“DA14580-01”，点击“Open”。

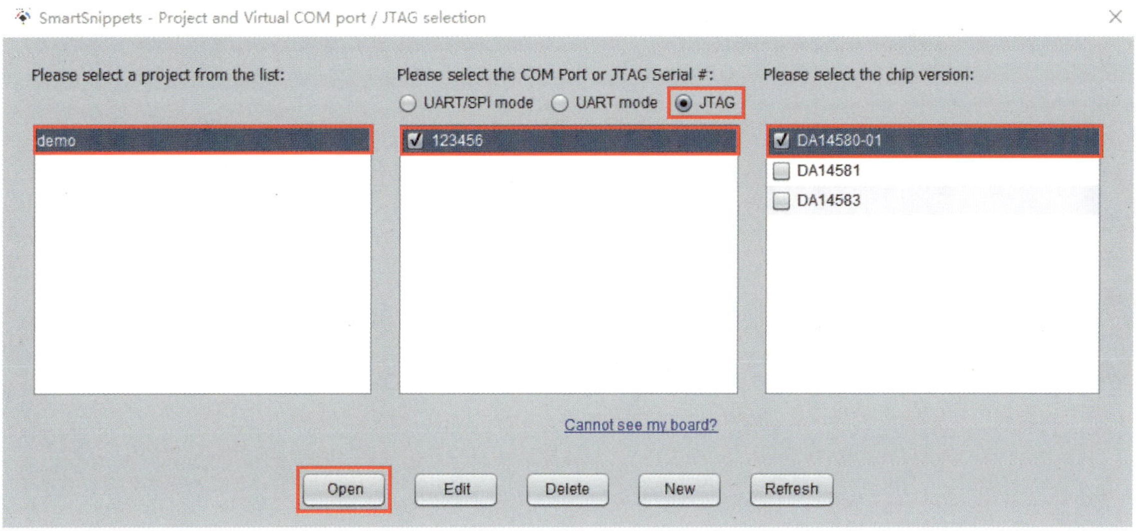

图 12-28　打开工程

这里是将代码下载到外部 Flash，如图 12-29 所示，点击界面左侧的 SPI Flash Programmer 图标，并最大化相应位置的面板。

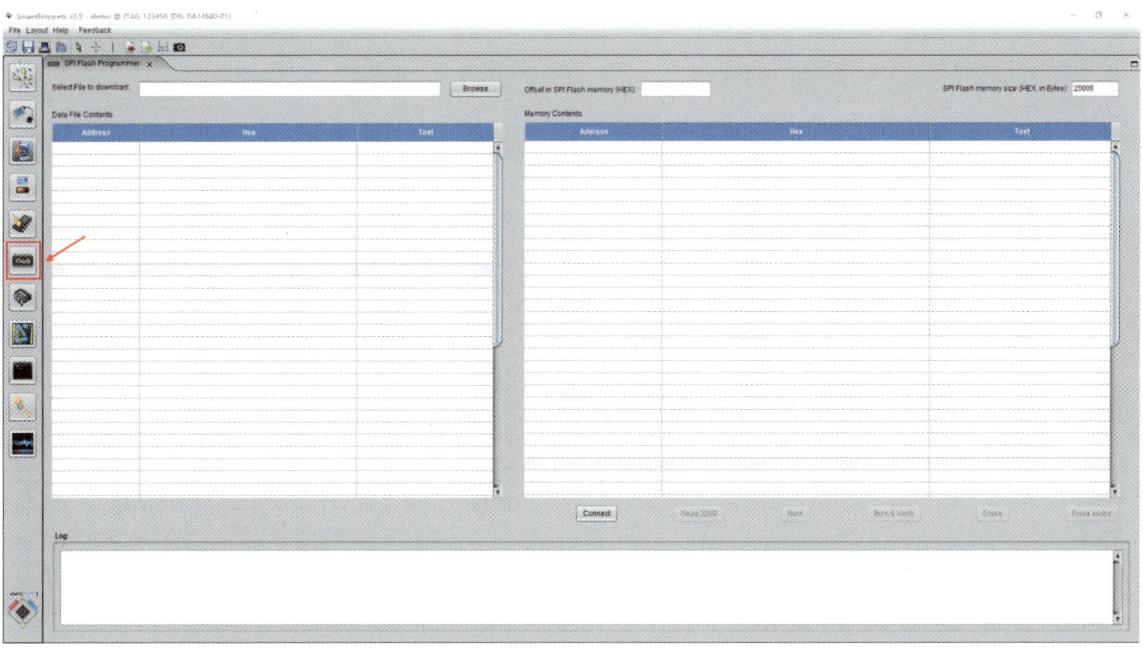

图 12-29　代码下载

如图 12-30 所示，点击“Connect”，连接到单片机。

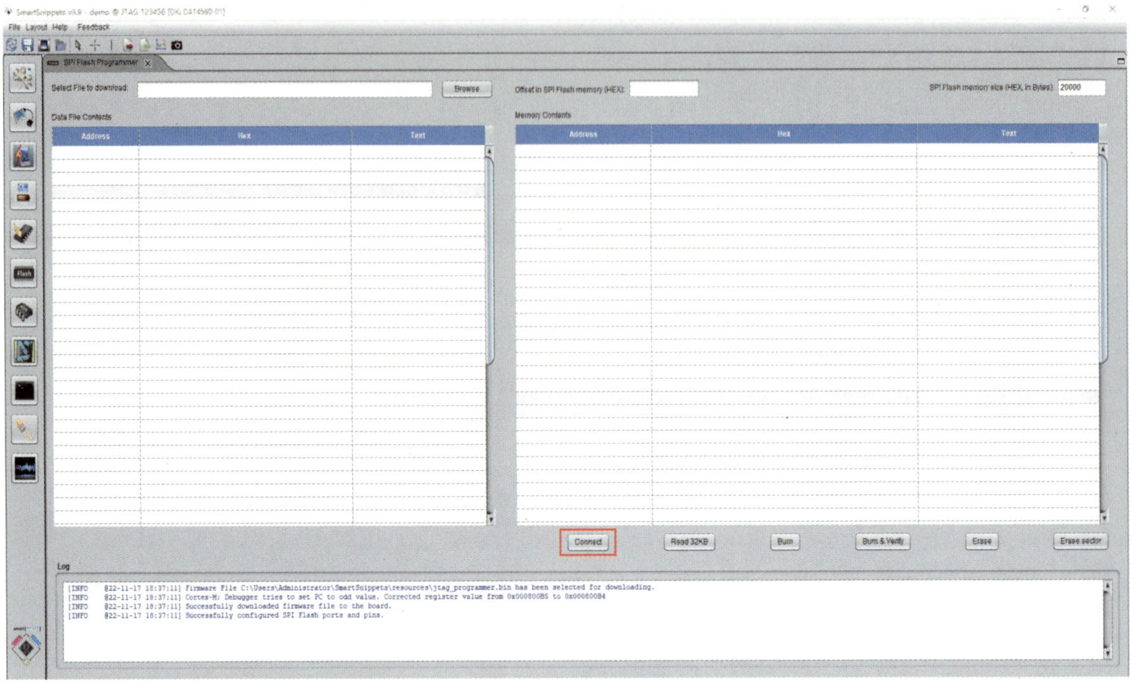

图 12-30　器件连接

如图 12-31 所示，点击“Erase”，擦除 Flash。

图 12-31　擦除 Flash

如图 12-32 所示，点击“Browse”，找到手环程序设计工程编译生成的.hex 文件。

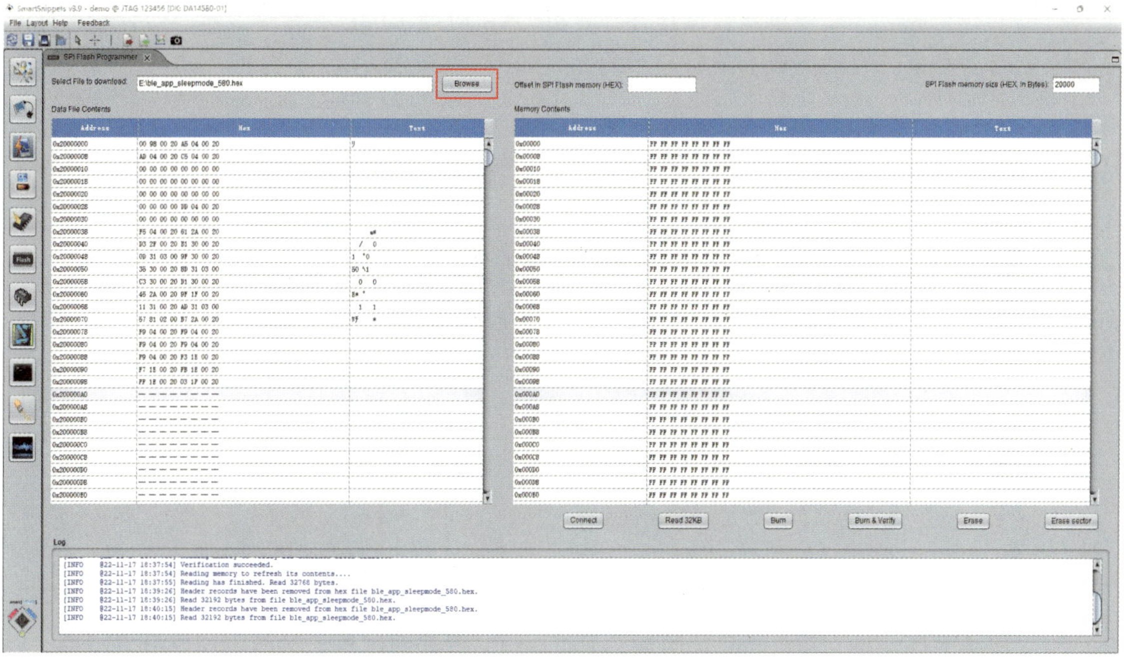

图 12-32 浏览找到.hex 文件

如图 12-33 所示，点击“Burn”，在弹窗中选择“Yes”，完成代码下载。

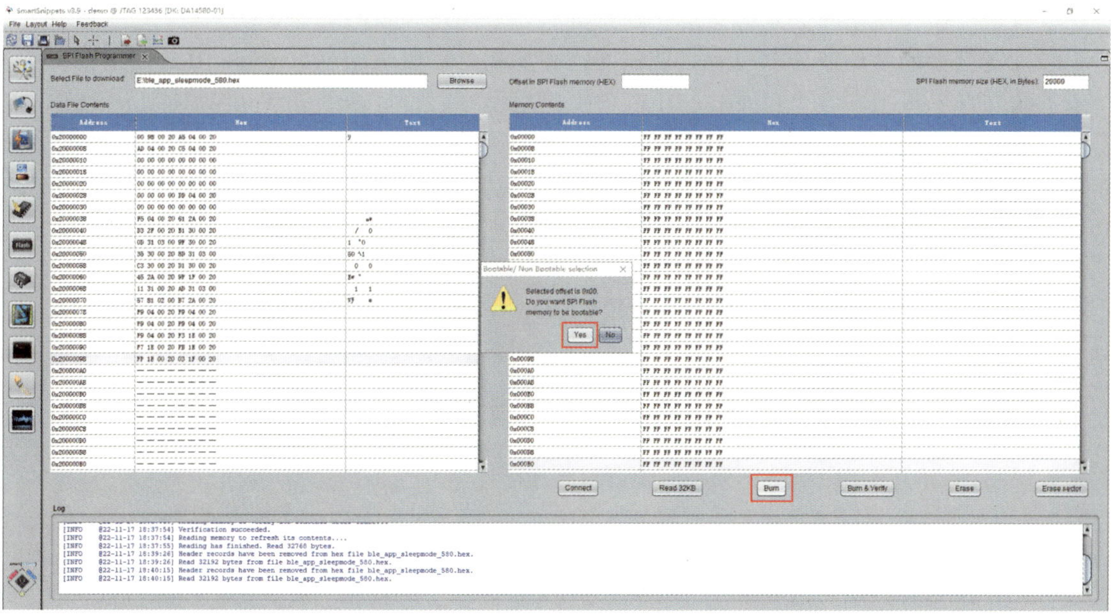

图 12-33 程序烧写

当智能手环大批量生产时，可以让芯片供应商给 Flash 烧录固件代码，省去用 SmartSnippets 给智能手环下载固件代码的烦琐步骤。

4. PCBA 功能调测

代码下载完成后，需要重新拔插接在计算机 USB 口的 J-link 下载调试器，使智能手环断电再上电启动，系统启动完成后屏幕显示的界面如图 12-34 所示。

图 12-34　系统启动界面

（1）智能手环关机、开机与息屏唤醒。通过 J-link 下载调试器给智能手环供电启动后，轻触智能手环电路板背面的金色触摸探针即可实现屏幕界面切换。轻触触摸探针切换到时间界面，在时间界面长按 3 s 触摸探针后松开，智能手环即可实现关机并伴随马达振动提示。在关机的状态下，同样长按 3 s 触摸探针后松开，智能手环开机显示时间界面并振动提示。智能手环在没有进行操作使用时会定时息屏，在息屏状态下通过轻触触摸探针唤醒。

（2）连接智能手环蓝牙与设置日期时间，需要配合手机 App Wolverine BLE 使用。

下载并在手机上安装 Wolverine BLE APK 应用程序后，打开手机 App Wolverine BLE，点击“Connect”，连接智能手环蓝牙设备 fk_moodband。发送 rtc+月日时分，设置日期时间。比如发送 rtc11111200，智能手环即设置日期为“11-11”，时间为“12:00”，如图 12-35 和图 12-36 所示。

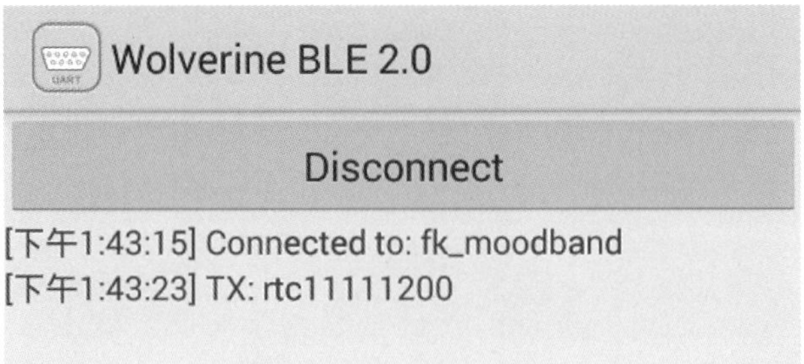

图 12-35　App 连接蓝牙

（3）轻触触摸探针切换到心率界面，此时心率显示默认值 74，如图 12-37 所示。在心率界面长按触摸探针 3 s 后松开，心率传感器亮起绿色指示灯，表示开始检测心率。可以把手指放在心率传感器上，等待心率检测完成。绿色指示灯熄灭后即心率检测完成，同时在心率界面显示检测的心率值。

图 12-36　时间显示

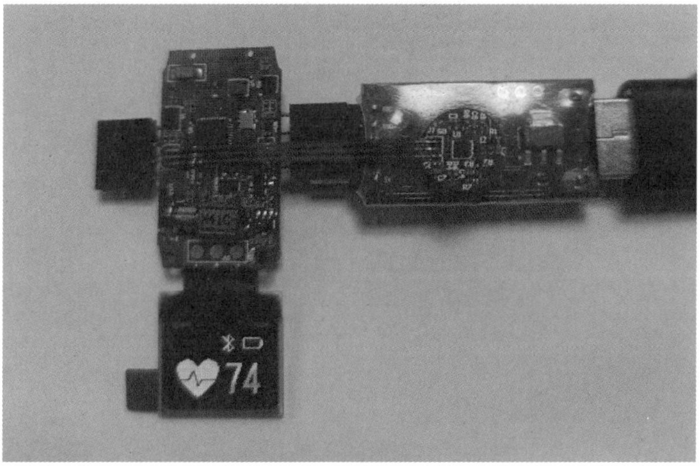

图 12-37　心率显示

（4）摇动智能手环几十次后，稍等一会儿，然后轻触触摸探针切换到步数界面，此时会显示刚才摇动检测出的步数，如图 12-38 所示。

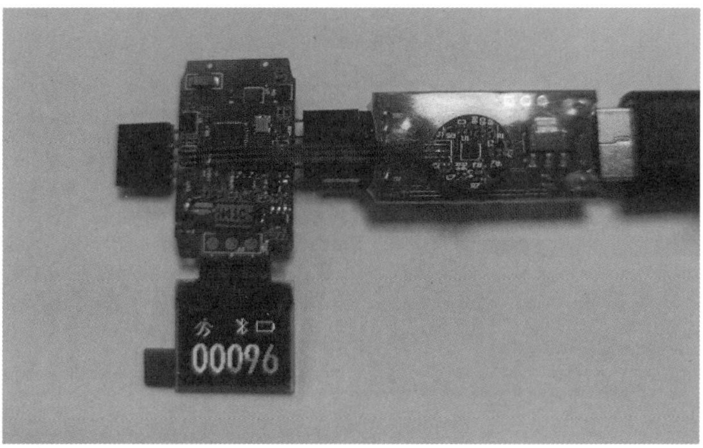

图 12-38　步数显示

（5）步数检测完成后，此时轻触触摸探针切换到卡路里（Calorie）界面，会显示出卡路里数据，如图 12-39 所示。

图 12-39　卡路里消耗数据显示

（6）用手机 App Wolverine BLE 获取手环的心率、步数、卡路里。打开 App Wolverine BLE，连接智能手环蓝牙设备 fk_moodband。App 发送 heart，获取心率；发送 step，获取步数；发送 cal，获取卡路里，如图 12-40 所示。

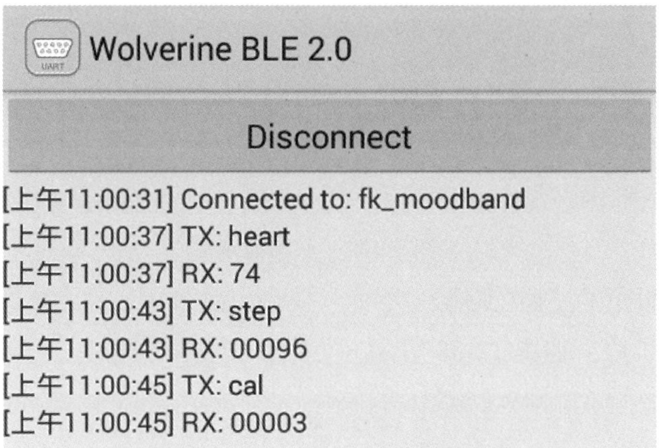

图 12-40　App 获取智能手环数据

12.1.5 智能手环组装与整机测试

1. 智能手环外壳组装

智能手环 PCBA 的硬件功能测试正常后，取下接在智能手环的 J-link 下载调试器，并用电烙铁焊接去掉智能手环左右两侧排母，如图 12-41 所示。

将一个 3.7 V 锂电池焊接到智能手环 PCB 板上预留的电池接口，此处要注意锂电池红色正极线接电路板的电池接口正极，锂电池黑色负极线要接电路板的电池接口负极，如图 12-42 所示。接着，使用海绵双面胶将电池固定在 PCB 板上。

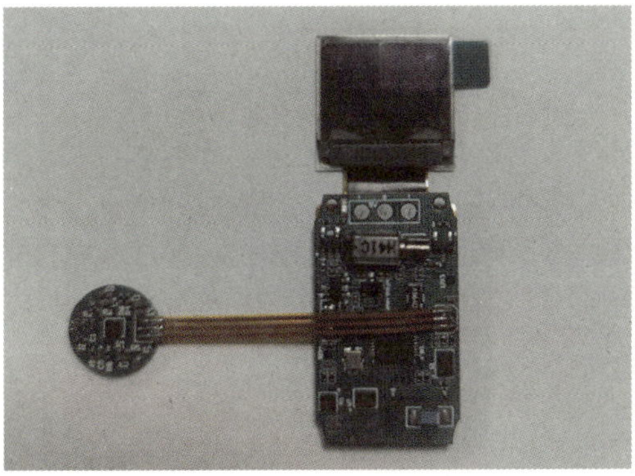

图 12-41　PCBA　外形

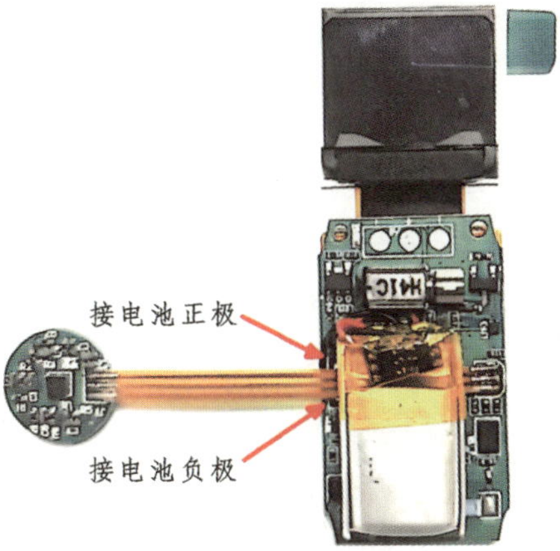

图 12-42　电池安装

图 12-43 所示为组装智能手环所用到的所有零部件，包括焊接了电池的手环电路板、表带、外壳上盖、外壳下盖、固定螺丝、黑色导电布、双面胶。

图 12-43　手环零部件展示

在外壳上盖与下盖边沿涂上胶水，将外壳上盖与下盖贴合，等待胶水凝固密封。至此，智能手环外壳封装完成，如图 12-44 所示。

图 12-44　上盖安装

2. 智能手环整机测试

如图 12-45 所示，用户可通过电容触摸按键进行人机交互。关机状态下，长按智能手环触摸按键 3 s 可实现开机，开机时伴随有马达振动提示。在时间显示界面，长按触摸按键 3 s 可实现关机。开机状态下，轻触触摸按键即可实现功能切换，包括时间显示、心率检测、步数检测、卡路里数据显示。

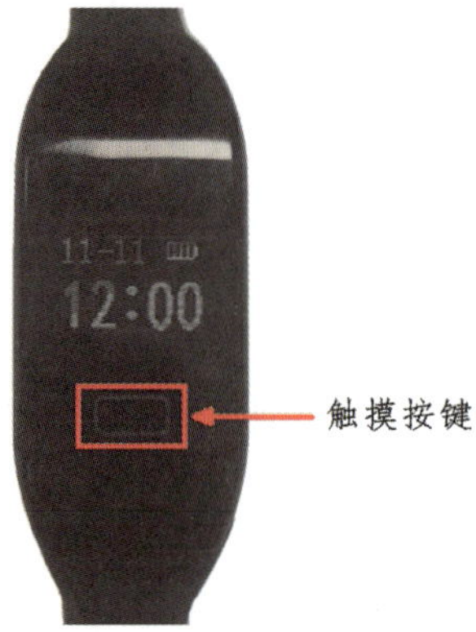

图 12-45　人机交互功能

图 12-46 显示了安装后的时间、心率、步数、卡路里消耗，其中时间是智能手环开机后的默认显示时间。通过触摸按键切换到心率界面，长按触摸按键 3 s 后，心率传感器指示灯亮起并开始检测心率，检测心率完成后指示灯熄灭，屏幕上将会显示出检测的心率数据。

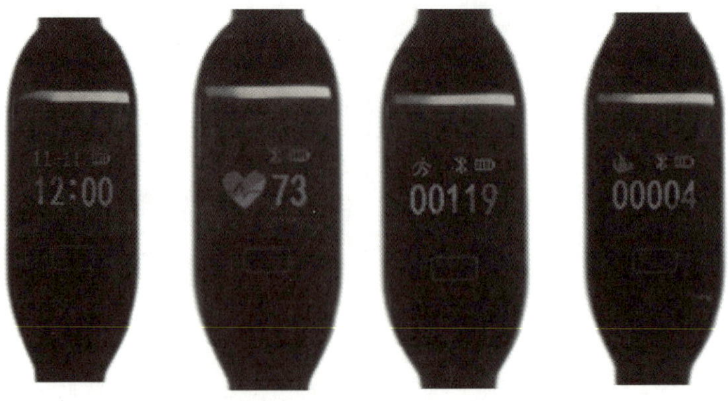

图 12-46　安装完成后显示的时间、心率、步数、卡路里消耗

如图 12-47 所示，智能手环充电夹有 3 个充电探针，分别为 GND、5V、GND，智能手环背面的 3 个充电触点也分别是 GND、5V、GND。如图 12-48 所示，充电夹夹住智能手环，此处要注意充电夹充电探针要与智能手环背面的充电触点一一对应，把充电夹接到计算机 USB 口后，开始给手环进行充电。充电过程中智能手环右上方亮起绿色充电指示灯，电量充满后充电指示灯熄灭，同时屏幕实时显示电量。

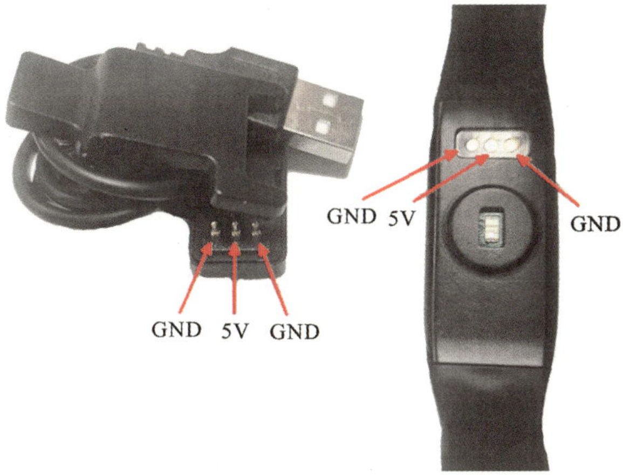

图 12-47　充电夹

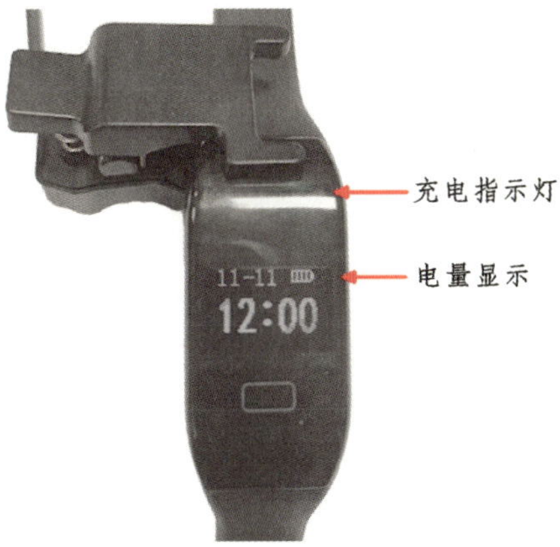

图 12-48　充电

如图 12-49 所示，打开手机软件 Wolverine BLE，点击“Connect”连接上智能手环蓝牙设备 fk_moodband。通过该 App 对智能手环发送数据和指令，可对智能手环进行时间对时，可读取当前的心率、步数和卡路里。

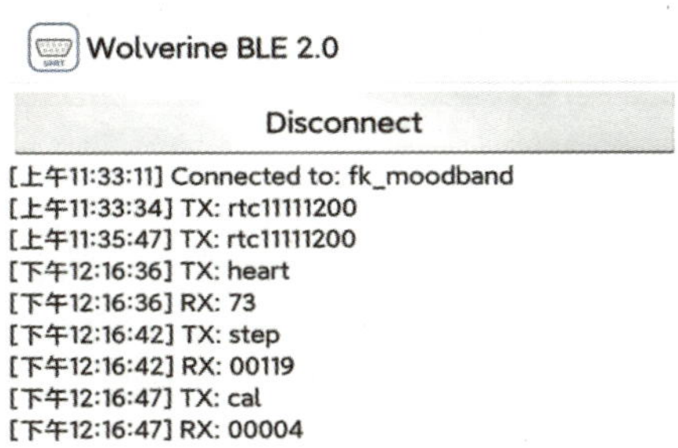

图 12-49　数据同步

图 12-49 所示为设置和数据获取过程，例如发送 rtc+月日时分，可以设置日期时间；发送 heart，会获取心率；发送 step，会获取步数；发送 cal，会获取卡路里。

12.2　智能工业控制接口板案例

12.2.1　功能设计

设计案例由计算机、STM32F407 核心板、STM32F103 从板等构成，如图 12-50 所示。计算机和 STM32F407 核心板以网线相连，采用 UDP 协议；STM32F407 核心板和几个从板之间以 485 总线的方式连接。

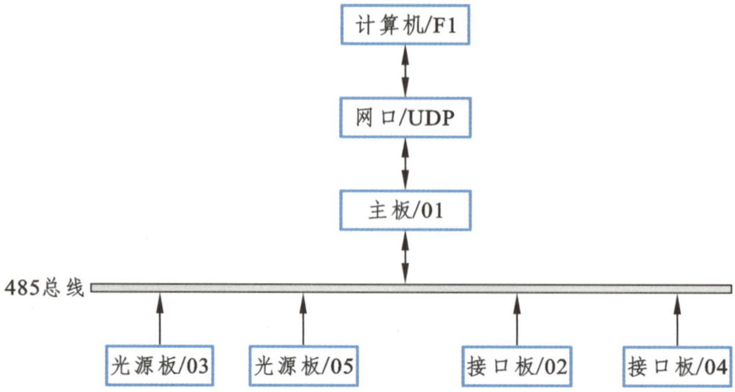

图 12-50　系统框图

计算机发送的指令，经 STM32F407 核心板转发后，送到 485 总线；从板的信息等，经 485 总线送到 STM32F407 核心板，并经网线送往计算机。计算机问询和控制指令，问询主要询问几个从板的温度等信息，控制主要通过从板控制其他的设备，如电机、阀门、风扇（温控）等。

12.2.2　硬件系统

图 12-51 所示为 STM32F407 核心板，可以实现接收上位机的信息，并将收到的信息翻译后转发给 485 从机。

图 12-51　STM32F407 核心板

网络接口是 DP83848，负责以太网物理层接口，接收的信息送入 STM32F407。网络传输数据采用 UDP 的方式传输数据。STM32F407 和几个从板之间通过 485 总线连接起来，从板的主控芯片是 STM32F103，其 485 总线地址分别为 02、03、04 等。

12.2.3　协议设计

系统通信时采用 Modbus 协议。Modbus 协议是一个 Master/Slave 架构的协议。有一个节点是 Master 节点，其他使用 Modbus 协议参与通信的节点是 Slave 节点。每一个 Slave 设备都有一个唯一的地址。在串行和 MB+网络中，只有被指定为主节点的节点可以启动一个命令（在以太网上，任何一个设备都能发送一个 Modbus 命令，但是通常也只有一个主节点设备启动指令）。

一个 ModBus 命令包含打算执行的设备的 Modbus 地址。所有设备都会收到命令，但只有指定位置的设备会执行及回应指令（地址 0 例外，指定地址 0 的指令是广播指令，所有收到指令的设备都会运行，不过不回应指令）。所有的 Modbus 命令包含检查码，以确定到达的命令没有被破坏。基本的 ModBus 命令能指令一个 RTU 改变它的寄存器的某个值，控制或者读取一个 I/O 端口，以及指挥设备回送一个或者多个其寄存器中的数据。

许多调制解调器和网关都支持 Modbus 协议，这是因为 Modbus 协议较为简单且易于复制。其实现方法多样，包括有线通信、无线通信，甚至短消息和 GPRS 等。然而，设计者需要克服一些问题，如高延迟和时序问题。

上位机发送的帧共由 14+n+1 个字节组成，见表 12-3。

表 12-3　协议格式

帧头	信宿	信源	指令	读写	参数设置	CRC 校验	帧尾	帧号
2 B	2 B	2 B	2 B	1 B	2 B+n B	2 B	2 B	1 B

帧头由 2 字节组成，固定字节。上位机和主板之间的帧头为 7D 7B；主板和接口板之间的帧头为 5D 5B。

信宿共 2 字节，指明一帧信号的去处；信源共 2 字节，指明信号的来源。上位机的识别字节是 01 F1，主板的识别字节是 01 01，光源板的识别字节是 01 03/（01 05/01 07 等，扩展），接口板的识别字节是 01 02/（01 04/01 06 等，扩展）。

上位机→主板的发送固定为 01 01 01 F1；

主板→上位机的发送固定为 01 F1 01 01；

主板→接口板的识别帧固定为 01 02 01 01/01 04 01 01 等；

接口板→主板的识别帧固定为 01 01 01 02/01 01 01 04 等。

指令共 1 字节，和读写选择一起指明要做什么。

上位机→主板的设备类型：11 读仪器实时状态，即心跳；1B 仪器真空控制参数；12 仪器温度控制参数，1F 仪器温控特性参数；1E 仪器信息；1C 电磁阀控制；1D 疲劳灯控制；16 暗电流扣除方式；14 当前分析模型；15 激发任务参数；19 激发运行命令；13 原始光谱读取；1A 原始光谱读取结束。17、18、3C 为新扩展。

主板→接口板的设备类型：54，参数查询，与心跳帧对应；55 继电器控制，读写选择 1 字节；11 读取，成功返回收到 EE；22 写入，成功返回收到 DD；1F 读写，成功返回收到 DD。

参数设置由 2 字节的参数长度和 n 字节的设置参数组成。当读写选择为 11 时，仅读取，因此参数设置为 00 00，表示读取时无参数设置；当读写选择为 22 时，跟随需要设置的参数，如 5 个参数设置的格式为 00 05 ×× ×× ×× ×× ××。

CRC16 校验由 2 字节组成，第一个字节代表 CRC16L，后一个字节代表 CRC16H。

帧尾由 2 字节组成，固定字节。上位机和主板之间的帧头为 7D 7D；主板和接口板之间的帧头为 5D 5D。

最后是 1 个字节的帧号，代表指令的序号。

上位机发： 7D 7B 01 01 01 F1 1C 11 00 01 01 cc 57 7D 7D 14

主板向下写：5D 5B 01 02 01 01 55 11 00 01 01 5E C8 5D 5D 0

接口板返回：5D 5B 01 01 01 02 55 EE 00 01 01 2E FA 5D 5D 33

上位机收： 7D 7B 01 F1 01 01 1C EE 00 02 01 01 72 81 7d 7d 14

12.2.4 程序设计

嵌入式程序系统由 RT_Thread 实时操作系统、Modbus 协议等构成，界面如图 12-52 所示。上位机和主板通信时，上位机为 Modbus 主机，主板为 Modbus 从机。主板和其他板通信时，主板是主机，其他板是从机，因此，主板具备双重身份。

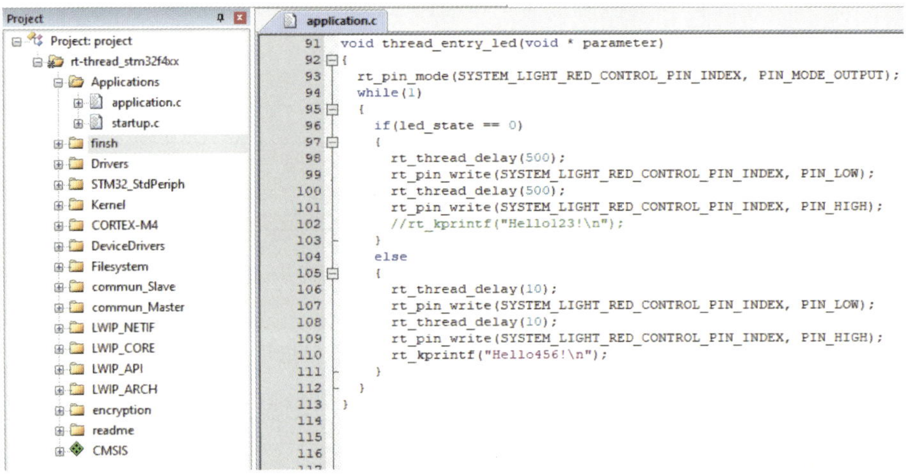

图 12-52 主板程序

程序中通过启动某个线程而一直循环调用 eMBPoll(),以循环轮询 Modbus 接收到的数据，并进行数据处理。此轮询机制处理上位机和主板之间的数据。

程序通过调用另一个线程，以循环调用另一个函数 eMBMasterPoll()，此函数是将主机当成主机，其他板当成从板而使用的。

程序中也有其他的线程，如 LED 循环、温度测量等。

12.2.5 系统功能调测

可以通过上位机软件，如 TCP、UDP 调试工具、NetAssist v5.0.2 等，从上位机发送如下数据段 7D 7B 01 01 01 F1 1C 11 00 01 01 cc 57 7D 7D 14，同时观察下位机的返回如 7D 7B 01 F1 01 01 1C EE 00 02 01 01 72 81 7d 7d 14，再结合协议进行分析，了解程序的执行过程。

可以通过抓包软件抓取网络数据进行分析，了解 UDP 数据的构成，理解数据帧封装过程及解封装过程等。

可以在 485 总线上，通过 485 转 USB 模块抓取 485 总线上的数据，例如：

5D 5B 01 02　01　01 55 11　00　01　01　5E　C8　5D　5D　0

5D 5B 01 01　01　02 55 EE　00　01　01　2E　FA 5D　5D 33

对数据进行分析，可以通过具体的指令产生控制动作，进行阀门的控制。

测试界面如图 12-53 所示。

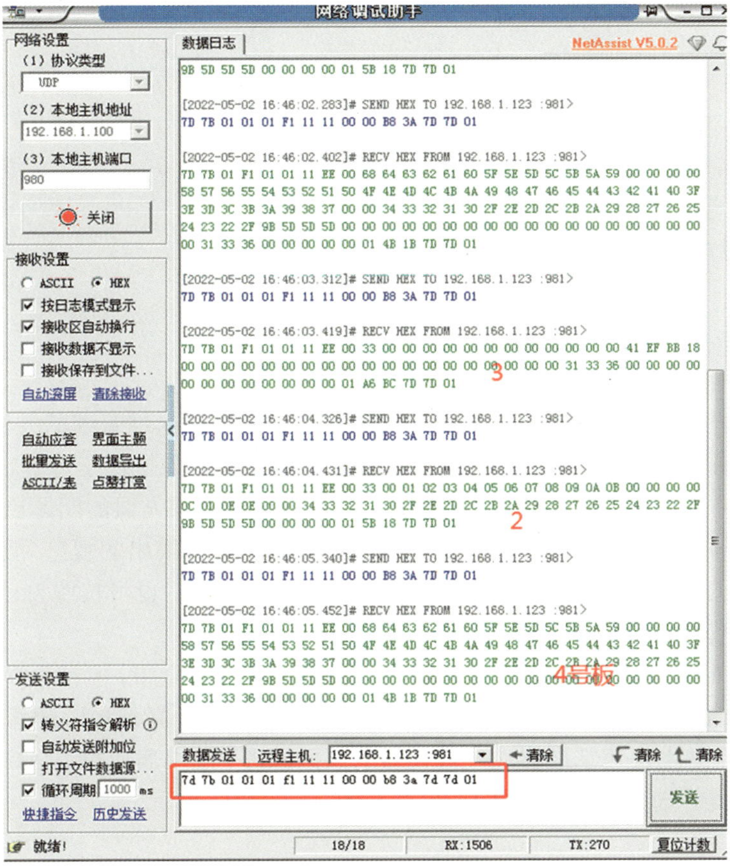

图 12-53　系统测试图

【项目小结】

本项目通过带屏的蓝牙智能手环的设计，让学习者了解民用型日常电子产品的设计要点、编程思路等；通过智能工业控制接口板案例，让学习者加深对协议、控制、数据的理解。

【习题】

1. 简述智能手环设计流程。
2. 简述工业物联网应用案例中的协议设计。

项目十三 智能光电运维部署

【项目目标】

（1）了解智能光电运维部署平台。

（2）能够将数据上传到智能光电运维部署平台并进行显示。

智能硬件部署运维

13.1 智能光电运维部署平台介绍

随着数字化社会的不断发展，人们对电子设备信息数据的运维管理的关注程度越来越高。运维管理可在事前提供预警以发现故障，可在事后提供翔实的数据用于追查定位，可自由联动设备间的状态信息等。如何高效、便利地解决设备数据运维管理方面的问题已成为各大企业共同关注的焦点。例如小米推出的米家智能光电管理平台和华为推出的智慧生活硬件管理平台，可快速实现设备的添加与操作，可实现智能设备间的互联互通，也可按照自己的使用习惯，设置个性化的智能场景要求。

硬件设备运维检测、移动互联现已在商业化的市场中广泛应用，但在教育教学行业中还是一片空白，因此北京杰创永恒科技有限公司研发设计了适用于高校教学的智能光电部署运维平台，此平台可让学生快速掌握移动硬件设备的组网原理、底层通信协议、终端硬件结构及驱动程序的开发配置等知识和技能，实现产学结合的教学新模式。

13.2 智能光电运维部署案例

随着人们生活水平的不断提高，人们对社区居住环境、公共服务、便利化程度有了更多的需求，智慧化的管理模式越显重要。本综合案例运用智能光电运维部署平台（以下简称“平台”）搭建智慧社区的智能化应用管理系统。

智慧社区使用的终端设备有 LED 灯、智能回收桶、温度检测器和扫地机器人等，如图 13-1 所示。需要在运维部署平台上完成终端的添加，联动关系配置等，以满足应用场景需求，如在社区内扫地机器人可根据平台下发指令按照既定线路进行清扫作业工作，当清理完成后自动查找就近回收桶完成倾倒，智能回收桶具有称重、位置检测，桶内超过预定限值自动上报平台系统。LED 灯检测外部光照变化，夜间自动开启社区内灯光照明，节省能源，提高使用效率。温度检测器检测天气温度变化并实时显示，供社区内居民参考，可给出穿衣、出行、洗车等建议。

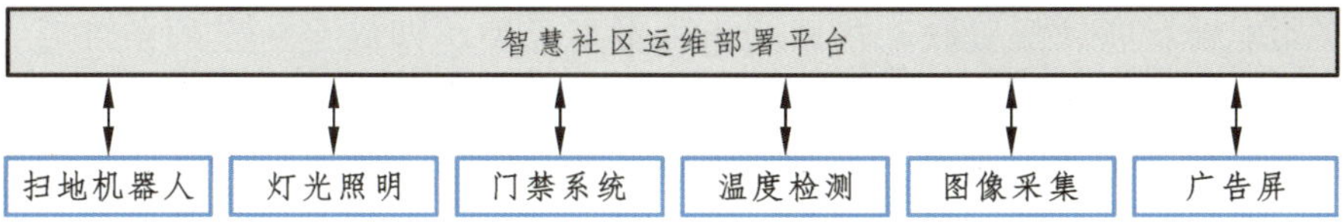

图 13-1　智慧社区运维部署平台

13.2.1　功能设计

部署运维由应用场景部署平台、无线智能网关和多种自定义外围智能设备构成，实现了基于无线网络的远程智能检测控制，可选择通过多种网络协议类型实现通信。

平台基于 Windows 操作系统，采用 B/S 架构，使用浏览器形式登录访问固定地址，实现数据采集、储存和分析，达到对各种智能光电的控制与监控，实现数据信息的交互。

平台由系统主页、设备列表、联动配置、设备管理、设备搜索、实验面板、用户管理、系统设置和系统日志等九大功能块组成。

（1）系统主页：图 13-2 所示为系统主页，也是最初的登录界面。

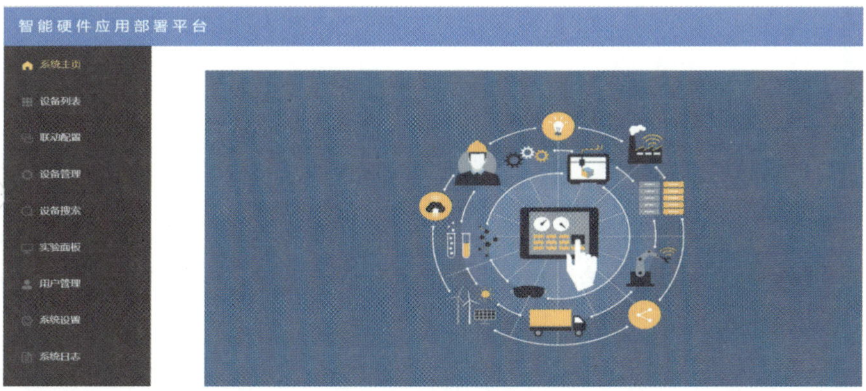

图 13-2　系统主页

（2）设备列表：包括刷新列表，根据连接设备情况自动识别外围设备种类，可同时导出设备配置和导入设备配置操作，如图 13-3 所示。

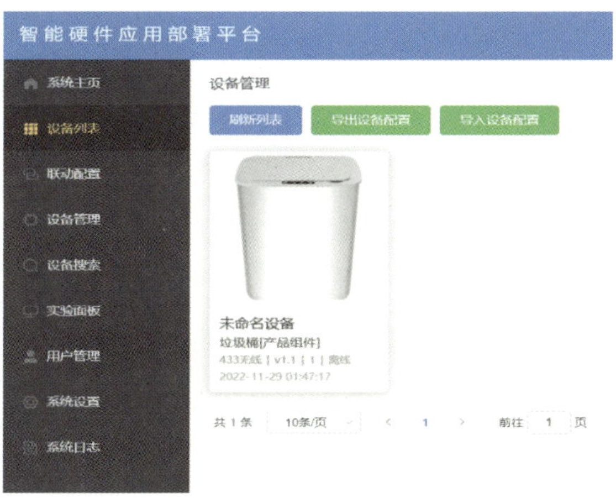

图 13-3　设备列表

（3）联动配置：联动配置联动规则为事件触发类型，即满足一定的条件后，触发某个器件执行动作。触发动作的条件根据应用场景具体的需求进行人工设定。设定完成后当应用场景部署平台检测到调节满足后就会触发调节执行指令，向智能光电产品发出广播通知，通知相应的智能光电产品执行动作，从而满足多个智能光电产品联动的应用场景。功能块涉及添加规则、从文件导入、导出至文件、刷新列表、删除选中规则、清空规则列表等，如图 13-4 所示。

图 13-4　联动配置

（4）设备管理：可以查看控制设备详细信息与远程操作设备，具有刷新列表、导出设备配置、导入设备配置等功能。设备基本信息包括名称、设备 ID、设备图片、软件版本、协议类型、激活时间等，如图 13-5 所示。

图 13-5　设备管理

（5）设备搜索：包括开始搜索、停止搜索、刷新设备、添加设备等功能，为了完成外围设备在线连接分析，只有当设备搜索到部署平台时，才可对设备进行控制与监控，如图 13-6 所示。

图 13-6　设备搜索

（6）实验面板：包含刷新设备、清空面板、面板全屏、从文件导入（输入）、导出至文件（保存）及设置面板菜单（可自定义外围设备种类）等功能，如图 13-7 所示。

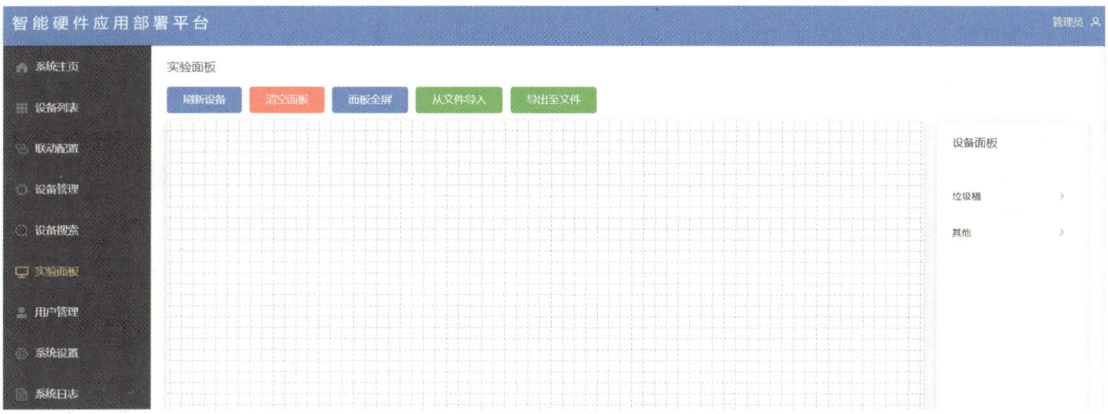

图 13-7　实验面板

（7）用户管理：用来管理用户编号、用户 ID、用户类型、登录时间、操作信息等，满足集中统一化管理模式要求，如图 13-8 所示。

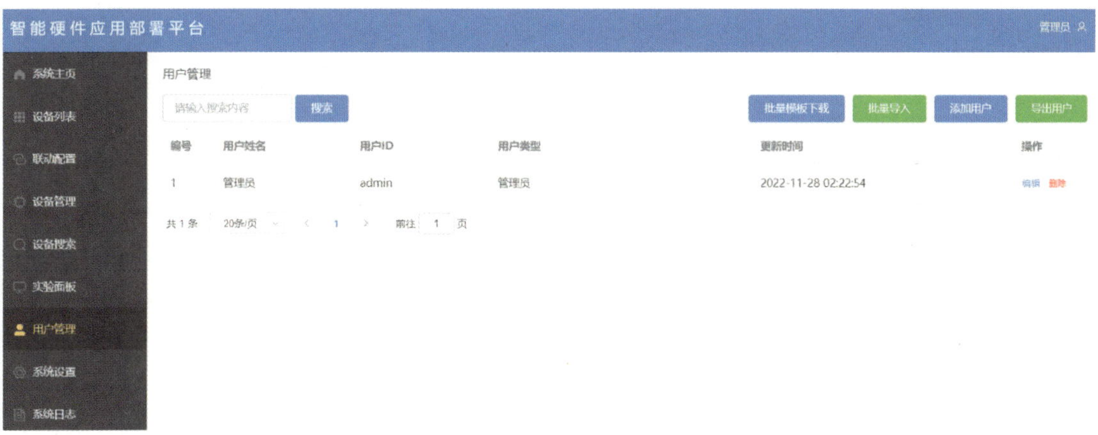

图 13-8　用户管理

（8）系统设置：包括各种配置协议（如 ZigBee、Bluebooth、433、Rola、串口等）选择及重置数据库操作，如图 13-9 所示。

图 13-9　系统设置

（9）系统日志：分为操作日志和设备日志。“操作日志”可查看用户操作相关记录的日志，应用场景部署平台可自动记录用户对智能光电产品组件操作状态的日志。“设备日志”可查看设备运行相关记录的日志，应用场景部署平台可自动记录智能光电产品组件运行状态相关日志，如图 13-10 所示。

图 13-10　系统日志

13.2.2　硬件系统搭建

1. 智能回收桶

部署应用运维平台可根据用户需求选择添加自定义终端设备类型。本节以智慧社区添加智能回收桶为例进行介绍。智能回收桶产品具有红外感应开合、内部温度检测、桶内重量检测等功能；运用物联网技术，可无线设置控制，结合部署运维平台，能够实现平台与智能收回桶的远程交互。

实现 24 h 实时监控，可设置定期对回收桶温度进行采集，当采集容量高于设定值时，主动上报平台，做到防范火灾风险。智能回收桶内垃圾容量检测，当垃圾容量高于设定值时，主动上报平台，并对垃圾进行及时处理。

智能回收桶终端设备具体功能描述如图 13-11 所示。

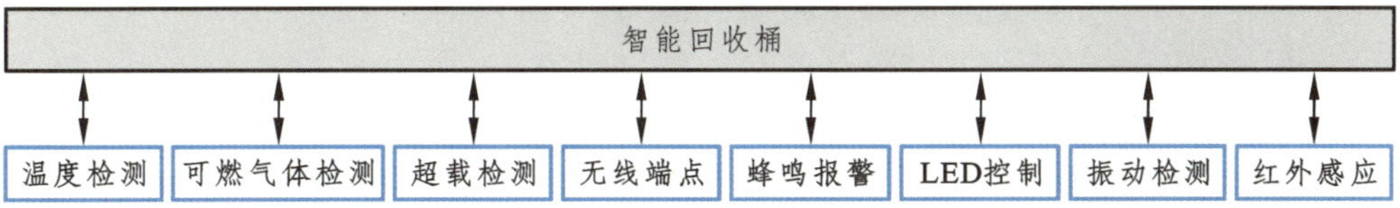

图 13-11　智能回收桶功能描述

智能回收桶与部署平台连接配置：进入应用场景平台界面，点击“系统设置”，选择 433“通信配置”，如图 13-12 所示。

图 13-12　433 通信配置

在 433 通信配置界面选择正确的串口号。默认配置：波特率为“115200”，数据位为“8”，校验位为“NONE”，停止位为“1”，通道号为“1”，通信使能打开。配置完成后点击“确定”，如图 13-13 所示。

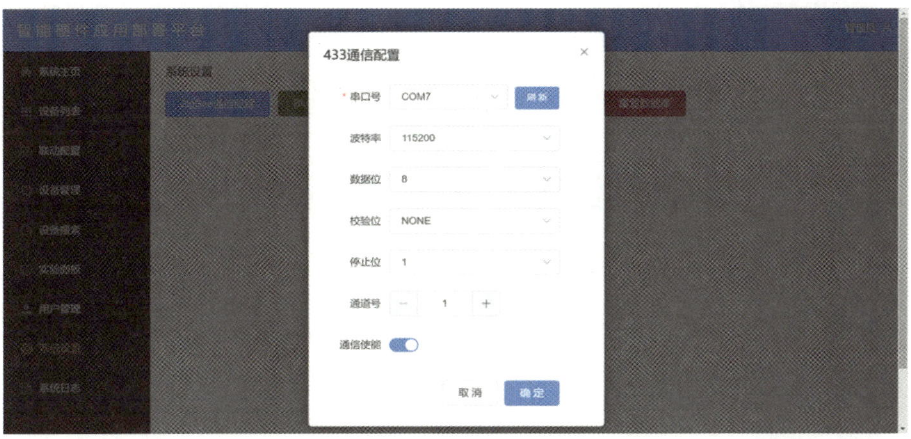

图 13-13　433 通信参数设置

进入设备搜索界面点击“开始搜索”按钮，再点击“刷新设备”按钮，可以看到搜索到的设备为智能回收桶。选中相应设备，点击“添加设备”，系统提示“添加成功”，如图 13-14 所示。

图 13-14　设备搜索

设备添加完成后，打开设备列表，点击“刷新列表”，可以看到刚才添加的智能光电产品组件已经加入设备管理列表中，如图 13-15 所示。

图 13-15　设备管理

点击智能回收桶图标，设备 ID 为 1，然后点击“保存设备信息”，如图 13-16 所示。

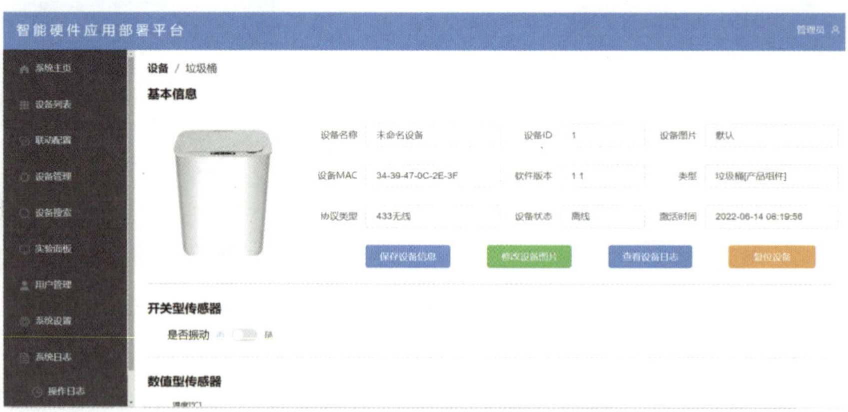

图 13-16　设备信息

智能光电产品组件下可以配置查看相关组件的参数信息及显示读取到的传感器状态，如图 13-17 和图 13-18 所示。

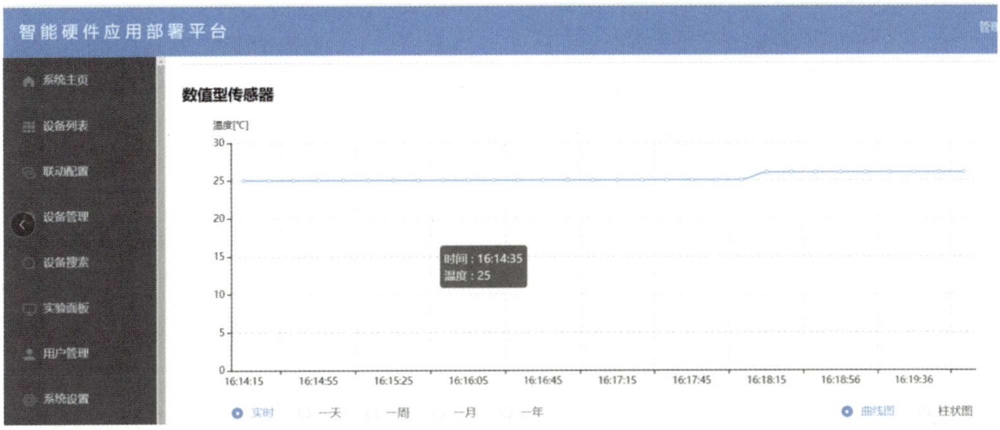

图 13-17　温度实时信息显示

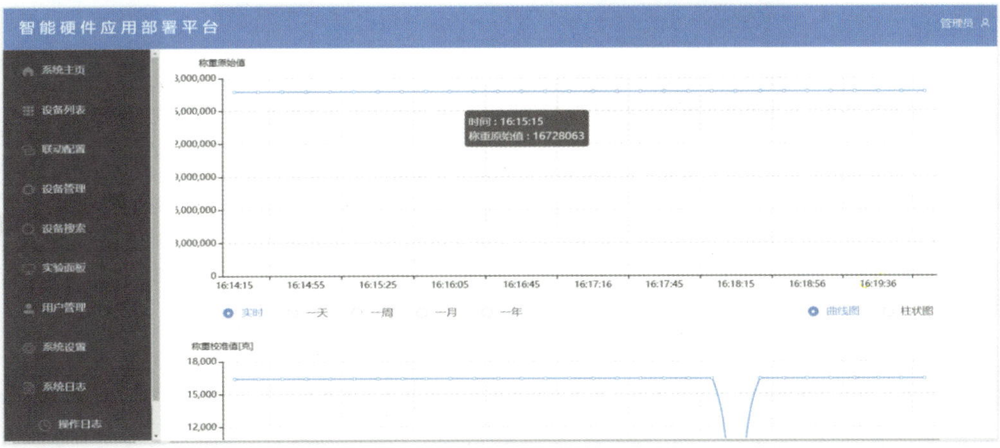

图 13-18　称重实时信息显示

2. 智能灯

本节以添加智能 WS2812 彩灯模块为例进行介绍。智能 WS2812 彩灯模块具有灯光照明，光线亮度调节变化；使用 STM32 口袋机作为主控芯片，通过无线方式与应用场景部署平台进行远程数据交互，模拟智慧社区灯控场景部署。

智能灯构成由以下几部分组成，如图 13-19 所示。

（1）执行端：LED 矩阵灯珠，用来进行发光，通过不同颜色变换实现照明效果。

（2）控制端：利用 STM32 口袋机进行与平台数据交互，并控制 LED 进行颜色切换。其中与平台通信方式为无线 433 通信方式。

（3）平台端：利用应用场景部署平台实现数据读取及命令发出。

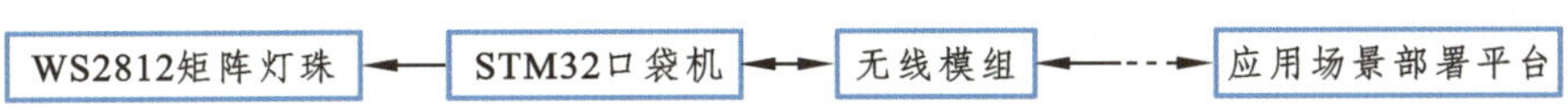

图 13-19　智能灯构成

智能灯与部署平台连接配：将无线收发器（网关设备）通过 USB 先连接到应用部署平台服务器主机或计算机设备，如图 13-20 所示。

图 13-20　无线收发器连接到服务器主机或计算机设备

使用 STM32 口袋机、WS2812 灯珠模块、433 MHz 无线模块搭建硬件实验电路，实现模拟社区智能灯光照明系统，如图 13-21 所示。

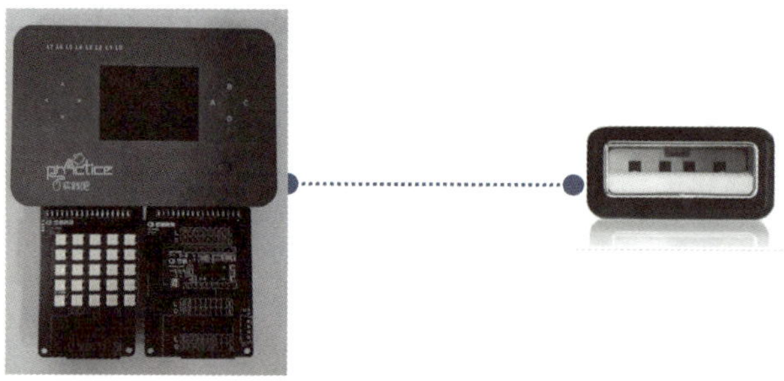

图 13-21　设备端系统连接

进入应用场景平台界面，点击“系统设置”，选择“433 通信配置”。在 433 通信配置界面选择正确的串口号。默认配置：波特率为“115200”，数据位为“8”，校验位为“NONE”，停止位为“1”，通道号为“1”，通信使能打开。配置完成后点击“确定”。

进入设备搜索界面点击“开始搜索”按钮，片刻后点击“刷新设备”按钮，可以看到搜索到的两个设备分别是吸顶灯和垃圾桶。选中相应设备，点击“添加设备”，系统提示“添加成功”，如图 13-22 所示。

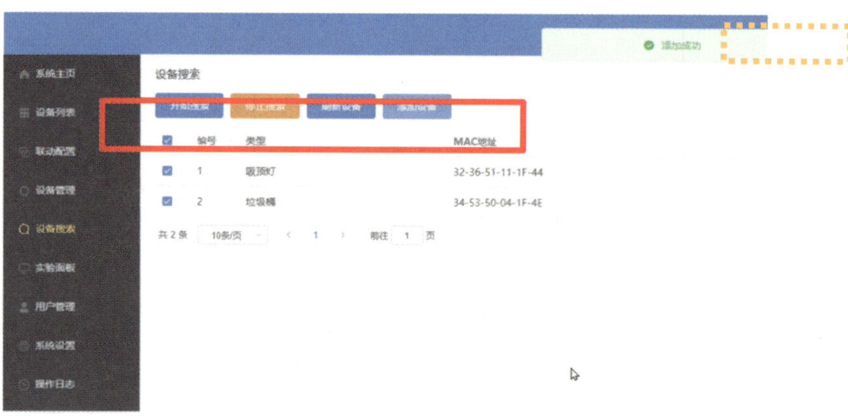

图 13-22　服务器主机设备搜索

设备添加完成后，打开设备列表，点击“刷新列表”，可以看到刚才添加的智能光电产品组件已经加入设备管理列表中，如图 13-23 所示。

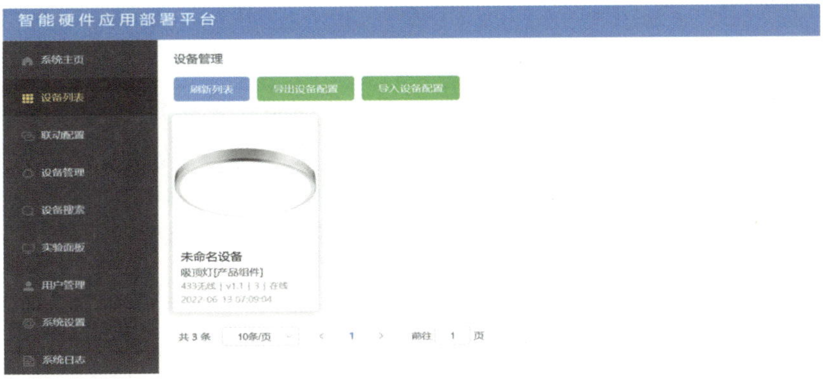

图 13-23　服务器主机设备添加

点击吸顶灯，设备 ID 为 3，然后点击“保存设备信息”，如图 13-24 所示。

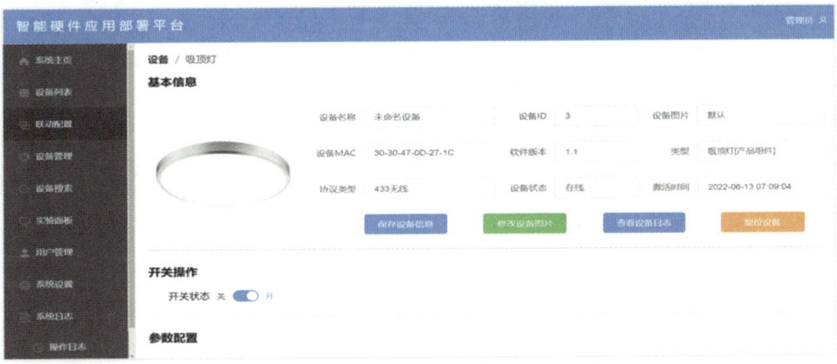

图 13-24　服务器主机开关控制

部署平台中设置灯光为开启状态，在灯光开启状态下滑动亮度值，可改变灯光亮度，并可完成亮度状态保存，下次上电会执行保存的亮度值，如图 13-25 所示。

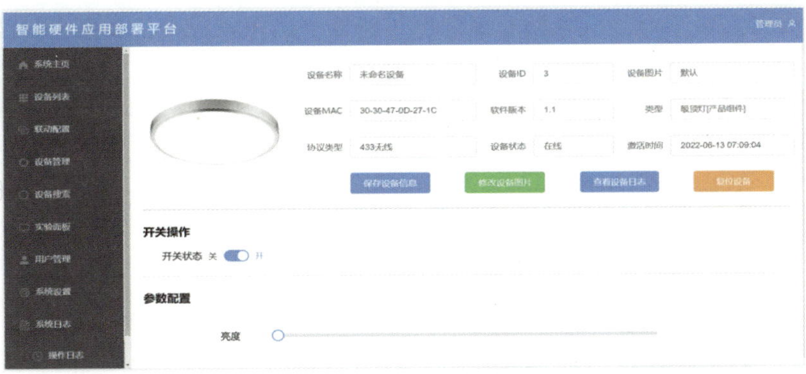

图 13-25　亮度调节

3. 智能温度检测

本节添加温度测量传感器作为模拟社区温度采集端，传感器为单总线通信方式，采用 STM32 口袋机进行数据处理，通过 433 无线通信模组进行数据交互，模拟智慧社区温度采集场景部署。

智能温度检测构成如图 13-26 所示。

（1）采集端：通过 DHT11 温湿度测量传感器进行前端数据采集。

（2）控制端：利用 STM32 口袋机进行与平台数据交互，读取传感器数据并显示数据，然后将数据发送给远程平台，通过无线 433 通信协议与平台相互传输。

（3）平台端：利用应用场景部署平台实现数据读取及命令发出。

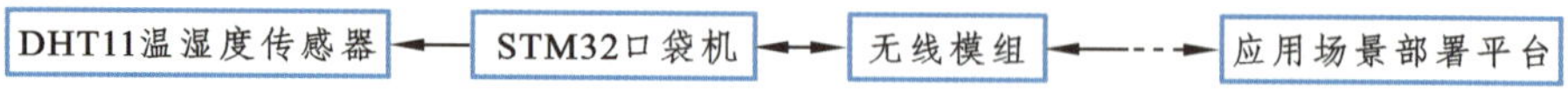

图 13-26　智能温度检测构成

智能温度检测与部署平台连接配置：将无线收发器（网关设备）通过 USB 先连接到应用部署平台服务器主机或计算机设备。使用 STM32 口袋机、DHT11 温湿度测量模块、433MHz 无线模块搭建硬件实验电路，模拟温度测量场景，如图 13-27 所示。

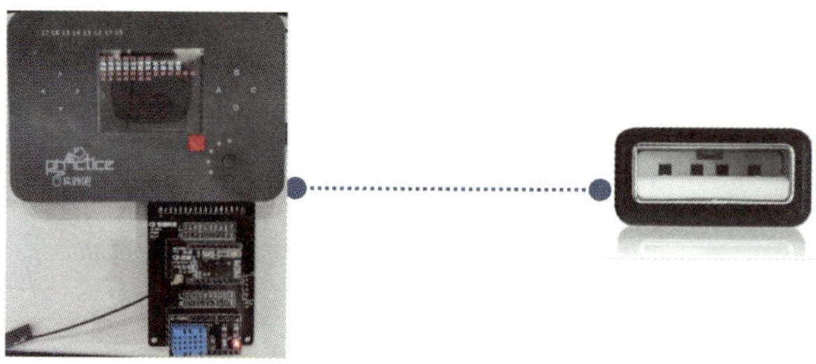

图 13-27　温度连接

进入应用场景平台界面，点击“系统设置”，选择“433 通信配置”。

在 433 通信配置界面选择正确的串口号。默认配置：波特率为“115200”，数据位为“8”，校验位为“NONE”，停止位为“1”，通道号为“1”，通信使能打开。配置完成后点击“确定”。

进入设备搜索界面点击“开始搜索”按钮，片刻后点击“刷新设备”按钮，可以看到搜索到的三个设备分别是吸顶灯、垃圾桶和温湿度传感器。选中相应设备，点击“添加设备”，系统提示“添加成功”。

设备添加完成后，打开设备列表，点击“刷新列表”，可以看到刚才添加的智能光电产品组件已经加入设备管理列表中，如图 13-28 所示。

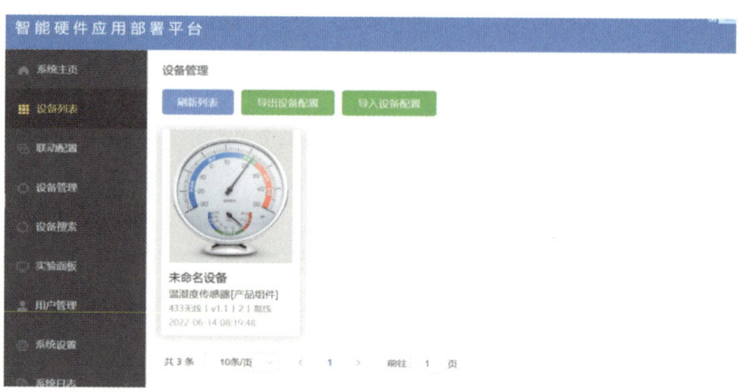

图 13-28　设备管理

点击温湿度传感器，设备 ID 为 2，然后点击“保存设备信息”，如图 13-29 所示。

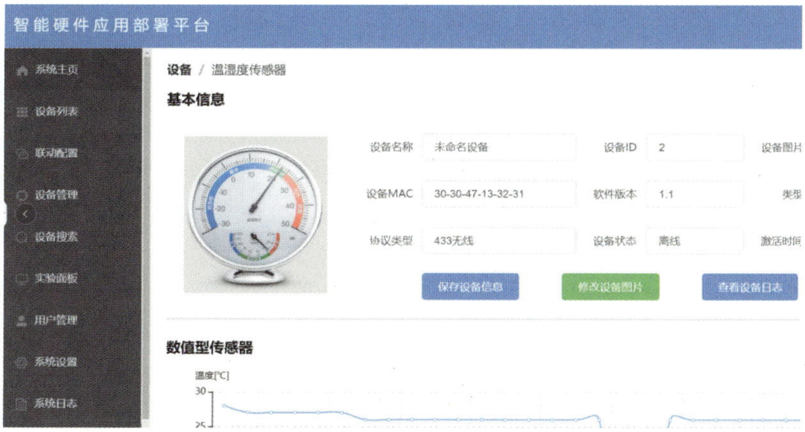

图 13-29　设备信息及传感数据

在智能光电产品组件下可以配置相关组件的参数及显示读取到的传感器信息，以实现本案例中应用场景部署平台要求的功能。

图 13-30 所示为温湿度数据已经可以上传到应用场景部署平台，用户可以查看实时温湿度数据。

图 13-30　传感器数据

13.2.3　协议分析

智能光电设备部署网络通信通过无线 433 协议实现数据交互。433 无线具有宽工作段、传输距离远、多信道、多速率、高速无线通信、大的数据缓冲区、低功耗、高可靠性等特点。

1. 协议流程

在平台网络部署中，无线收发器与设备节点的通信遵循一定的逻辑，其协议流程包括 4 个步骤，如图 13-31 所示。

（1）初始化部分：主要实现设备节点上电注册，实现与上位机配置信息同步。

（2）上位机请求和控制部分：主要实现上位机请求设备节点信息、发送控制设备信息流程。

（3）节点信息处理部分：主要实现节点发送数据报文流程和节点异常处理流程。

（4）信息报警部分：主要实现对信息异常、节点及时上报信息处理流程。

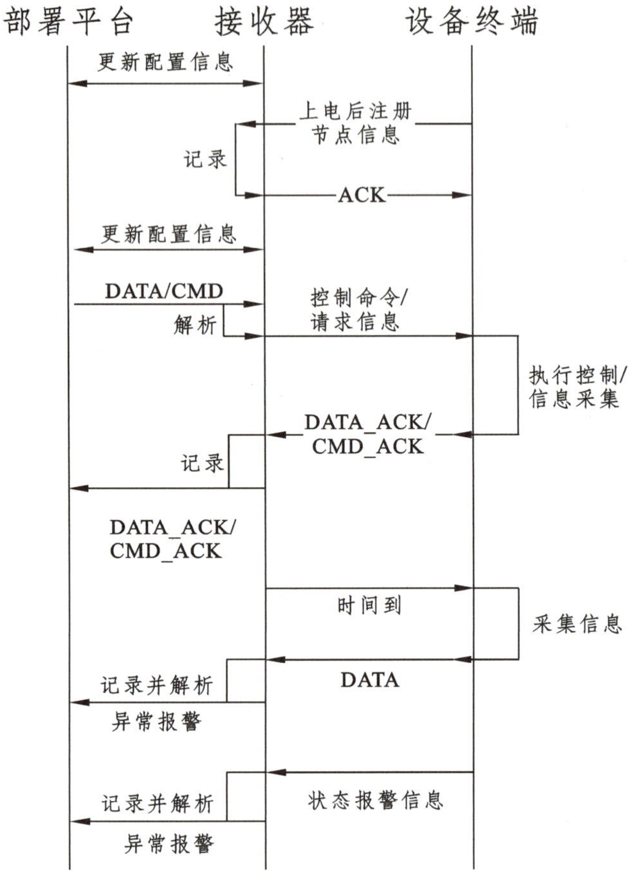

图 13-31　协议流程

终端设备与应用场景部署平台通信过程：智能产品组件作为设备端，为被动应答从机，应用场景部署平台为主机，主动发送广播信息。智能光电产品组件主机设备发送的广播地址信息，被从机接收并进行解析，若解析后的设备地址与广播的目标地址相同，那么从机就会根据主机发送的请求命令类型进行相应的应答，从而完成部署平台与智能光电产品组件设备的数据通信交互，如图 13-32 所示。

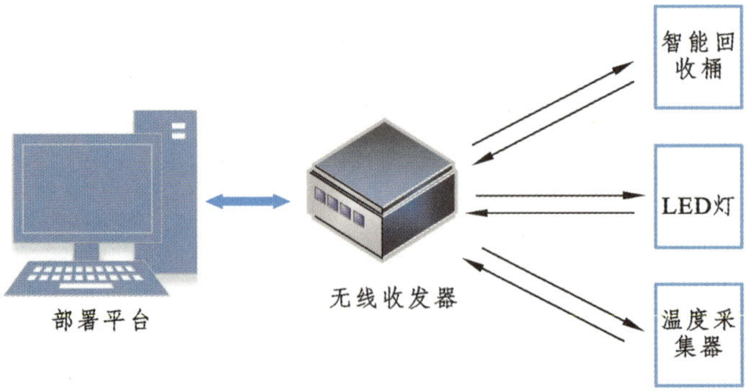

图 13-32　协议通信框架

2. 通信协议

在无线通信中，无线收发器和设备节点间数据包采用固定的格式设计。帧结构数据包括帧头、长度、目的 ID、源 ID 、帧类型、帧序号、命令、数据和校验。

表 13-1 中给出了数据包格式，字段分别是：前两字段是帧头和长度；第三、四字段是发送地址和接收地址；第五、六字段是帧类型和序列号；最后三段分别为命令、数据和校验，长度为 1 字节的命令字段携带数据内容，其中数据长度因节点应用不同而有所差异。1 字节校验字段负责验证整帧的完整性。

表 13-1　运维部署协议

1 B	2 B	2 B	2 B	1 B	1 B	1 B	*x* B	1 B
帧头	长度	目的 ID	源 ID	帧类型	序列号	命令	数据	校验

13.2.4　程序设计

本例程程序以智能回收桶终端为例。编写语言格式为 C 语言架构形式，具有代码移植方便、程序复用率高、程序架构清晰、管理较为容易等特点。表 11-6 列出了智能垃圾桶使用的功能块函数定义，其他终端设备代码可参考编写。

13.2.5　系统功能调试

前面已经添加智能回收桶产品终端（见图 13-33），在智能光电产品部署完成后，通过设备联动配置可以实现终端的控制和传感器信号采集来完成协同工作任务，可根据实际使用需求自行添加终端组件联动功能，以满足智慧社区应用场景。

图 13-33　设备管理

1. 添加联动规则

智能光电设备产品组件添加完成后，点击“联动配置”，在此界面下可以添加联动规则。联动规则为事件触发类型，即满足一定的条件后，触发某个器件执行动作。触发动作的条件根据应用场景具体的需求进行人工设定。设定完成后当应用场景部署平台检测到调节满足后就会触发调节执行指令，向智能光电产品发出广播通知，通知相应的智能光电产品执行动作，从而满足多个智能光电产品联动的应用场景。

点击“添加规则”，在图 13-34 所示界面可以进行智能光电产品组件联动规则的添加。

图 13-34　添加规则

添加规则 1：当温湿度传感器测量温度过高、垃圾超过阈值时，触发智能回收桶小盖开启，提示尽快移除垃圾，如图 13-35 所示。

图 13-35　垃圾桶条件及执行列表

添加规则 2：添加时间条件，重复每天执行，设置完成后点击“确定”，如图 13-36 所示。

图 13-36　规则编辑

此时，在联动管理列表中，添加的规则已经加入列表，如图 13-37 所示。

图 13-37　联动配置

2. 智慧社区运维

智能设备通过适配后，通过平台实时监控，记录社区内设备运行数据并定期分析数据，以保证设备正常运行。可查看和导出设备日志，通过日志可以对单个设备进行智能光电设备的监控。若是多个终端设备，可以通过应用场景部署平台实验面板实现“大屏运维监控”效果，对多个设备进行监控，实现运维的目的。图 13-38 所示为智慧社区内智能回收桶、吸顶灯、温湿度传感器的实时数据显示效果。

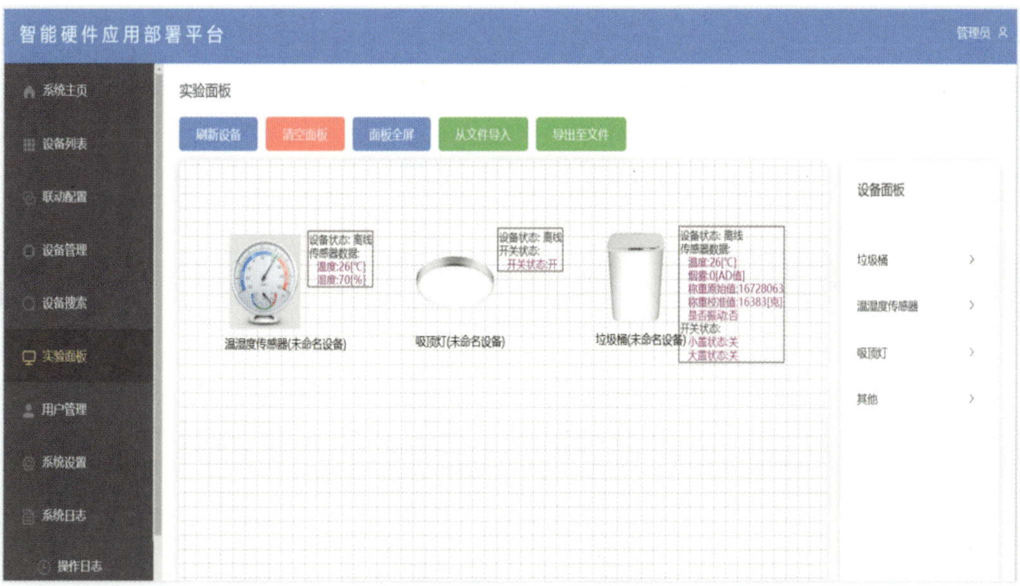

图 13-38　智慧社区实时数据显示

【项目小结】

本项目介绍了智能光电运维部署平台，学习者通过进行搭建、传输、展示、控制等操作，将数据传输至智能光电运维部署平台，从而实现完整物联网系统的搭建，同时加深学习者对完整智能光电产品的理解。

【习题】

1. 将 2 路温度信息显示到智能光电运维部署平台。
2. 远程控制一个实际的吸顶灯。

参考文献

[1] 王永仲. 智能光电系统[M]. 北京：科学出版社，2019.
[2] 王亮，刘京京，张志勇. 智能光电感知[M]. 北京：中国青年出版社，2022.
[3] 周广大，刘招荣，陈宏斟. 智能光电技术应用实训[M]. 北京：电子工业出版社，2023.

理论题库

实操题库